汉襄肱骨　神韵随州

——随州高质量发展的路径探索

主　编：詹家安

副主编：杨世勇　余　洋

编委会成员：（以姓氏笔画为序）

　　　　　刘俊玲　杨世勇　余　洋　张国安

　　　　　揭　冰　蒋兴勇　詹家安　魏忠俊

WUHAN UNIVERSITY PRESS

武汉大学出版社

图书在版编目(CIP)数据

汉襄肱骨 神韵随州:随州高质量发展的路径探索/詹家安主编.
—武汉:武汉大学出版社,2021.6
ISBN 978-7-307-22255-7

Ⅰ.汉… Ⅱ.詹… Ⅲ.城市规划—研究—随州 Ⅳ.TU984.263.1

中国版本图书馆 CIP 数据核字(2021)第 072194 号

责任编辑:张 欣　　责任校对:汪欣怡　　版式设计:马 佳

出版发行:**武汉大学出版社**　(430072 武昌 珞珈山)
　　　　(电子邮箱:cbs22@ whu.edu.cn 网址:www.wdp.com.cn)
印刷:武汉科源印刷设计有限公司
开本:720×1000　1/16　印张:18.25　字数:260 千字　插页:1
版次:2021 年 6 月第 1 版　　2021 年 6 月第 1 次印刷
ISBN 978-7-307-22255-7　　定价:68.00 元

序

　　随州地处鄂豫要冲，扼汉襄咽喉，从夏商至今已有 4000 余年的建制历史，随州城自战国晚期楚置随县以来，已有 2300 余年历史。自秦汉以后，随州先后设置郡、州、县，建制虽不一，但"随"地名一直未改。目前，随州市总人口约 258 万，面积 9636 平方公里，辖一市一县一区和随州高新技术产业开发区、大洪山风景名胜区，素有"汉襄咽喉""鄂北明珠"之称。随州人杰地灵，历史悠久，物产丰饶，文化璀璨，是国家历史文化名城、炎帝神农故里、中国编钟之乡、中国专用汽车之都，相继被授予中国优秀旅游城市、全国绿化模范城市、国家园林城市、国家森林城市、省级文明城市、省级卫生城市、"人居环境范例奖"（"一湖两岸"建设项目）等称号，荣获 2017 年度央视《魅力中国城》"全国十佳魅力城市"。

　　随州拥有优质的文化资源。作为中华文明最早的发源地之一，随州集丰富的炎帝文化、编钟文化、曾随文化、佛教文化、红色文化于一体，"既有以炎帝神农为代表的中华民族精神旗帜，以曾侯乙编钟为代表的礼乐文化巅峰，以大洪山曹洞宗中兴之地为代表的佛教文化光环，以春秋时期随国大贤季梁为代表的民本思想源流，又有以新四军第五师九口堰以及老一辈无产阶级革命家等为代表的红色文化基因"。在随州，散发着世界华人谒祖圣地的庄严厚重，曾随古国编钟乐都的大气雍容，大洪山佛教的恢弘神圣，大别山革命老区的炽热火红。古今贤达圣人、帝王名相，对随州评价不乏惊叹之言和赞美之词。无论是《左传·桓公六年》书中"汉东之国随为大"的史料记载、诗人李白笔下"彼美汉东国,川藏明月辉"的不朽诗篇,书法家、文学家黄庭坚笔下"诗到随州更老成,江山为助笔纵横"的感慨之辞,或是史学家王春瑜笔下"华夏悠悠文明史,烈山脚下是源头"的精妙论述,抑或是作家余秋雨笔下"哪儿的泥土曾经留下过中华文明第一组伟大的脚印?随州。哪儿的金属曾经铸就过战国时代第一组完整的乐音?随州。哪儿的明月曾经陪伴过唐代第一诗人的青春生命?随州……"的诗意礼赞,均是对随州历史源远流长、文化底蕴深厚、自然风景秀丽的有力注脚。

随州拥有优良的生态资源。随州地处北方黄河流域和南方长江流域的交汇地带,山脉与河流交错,山谷与坡地相衔,丘陵与平地呼应,北面为淮阳山脉西段的桐柏山,西南面为褶皱断块山大洪山,中部为西北——东南走向的狭长平原(随枣走廊),平原之上,涢水、㵐水、漂水、溠水、均水、浪河等主要水系贯穿其中,山水格局世间少有,生态结构优良,生态资源富集,森林覆盖率达 50.85%,超过全国、全球平均水平,国家森林城市、国家园林城市称号尽收囊中。据评估,随州的生态价值超过千亿元。

随州拥有优越的发展环境。专用汽车、食品工业、电子信息、风机、香菇、铸造等重点成长型产业集群持续健康发展。随州先后被纳入长江经济带、大别山革命老区振兴、汉江生态经济带、淮河生态经济带,重大国家战略叠加效应明显,为其发展提供了千载难逢的契机。当前,随州正在奋力打造"汉襄肱骨、神韵随州",建设全国有引领力的专汽之都、建设全国有影响力的现代农港、建设全国有吸引力的谒祖圣地、建设全国有竞争力的风机名城,打造全省特色增长极,产业发展如火如荼,当下可为,未来可期。

"桐花万里丹山路,雏凤清于老凤声。"作为 2000 年设立的地级市,随州市在历届市委市政府的正确领导和全市人民的共同努力下,历经 20 年的发展,逐步展现出蓬勃向上的现代风采。进入新时代,社会主要矛盾正在发生变化、城市发展新旧动能正在发生转换、城市区域竞争更为激烈、人民对美好生活的需要更加全面，无疑对城市发展提出了新的课题和挑战。目前，随州市经济社会发展水平不如一二三线城市，与省内兄弟州市相比，亦面临着"标兵渐行渐远、追兵越来越近"的严峻挑战。"苔花如米小，也学牡丹开。"作为湖北省最年轻的地级市，在中央和省级政策持续给力、各方积极助力下，随州广大干部和人民群众以"敢为人先、克难奋进、自强不息、开拓创新、无私奉献、务实亲民"的炎帝精神，奋发努力，创造了一个又一个的发展奇迹。

"一花独放不是春，百花齐放春满园。"在新的历史方位和历史节点上，怎样认识随州、建设一个什么样的随州、如何建设随州，是摆在随州面前的新课题。为更好贯彻落实习近平总书记关于经济社会发展的一系列重要论述，贯彻落实省委省政府"一主引领、两翼驱动、全域协同"的区域发展布局，谱写随州高质量发展新篇章，市委四届七次全会提出，奋力打造"汉襄肱骨、神韵随州"，为随州今后的发展作出了战略部署。"潮平两岸阔，风正一帆悬。"全市国民经济和社会发展第十四个五年规划和二〇三五年远景目标已然绘就，未来一段时期内，随州将立足新发展阶段、坚持新发展理念、融入新发展格局，奋力打造"汉襄肱骨、神韵随州"，为我省"建成支点、走在前列、谱写新篇"作出应有贡献。

目　录

总论部分　理论阐释

分论部分　实践路径

专题部分　热点聚焦

总论部分

理论阐释

第一章
"汉襄肱骨、神韵随州"建设的政策意蕴

> "城市是一本打开的书，从中可以看到它的
> 抱负。"
>
> ——伊利尔·沙里宁

每种发展战略皆有其相应的理论脉络和现实基础，从而需要结合特定的历史背景和环境对其加以廓清。"汉襄肱骨、神韵随州"作为当前随州发展主战略，可分为"汉襄肱骨"的打造和"神韵随州"的建设两个方面，前者侧重布局承接的外向拓展，后者侧重城市品质的内在提升，二者的有机结合有助于补齐随州区域发展短板、提升区域竞争力，有助于补齐随州城市功能短板、提升城市品质，为新时代随州高质量发展标定了历史坐标、明确了基本方略、提供了行动路径。

一、"汉襄肱骨、神韵随州"战略的时代坐标

"汉襄肱骨、神韵随州"应运而生于国家战略、省级战略、区域战略、流域战略等在随州的多层叠加和有机融合，"立足新发展阶段、坚持新发展理念、融入新发展格局"是"汉襄肱骨、神韵随州"建设的时代坐标。

(一) 立足新发展阶段

在"十三五"迎来收官、"十四五"即将启程之际，我国已经进入新发展阶段。党的十九届五中全会明确了"十四五"时期经济社会发展的基本思路、主要目标以及 2035 年远景目标，并指出我国将进入新发展阶段。新发展阶段蕴含丰富内涵，具有鲜明的时代特征。对于新发展阶段的特点，有人提出，"新发展阶段是全面回应我国社会主要矛盾发生变化，不断满足人民美好生活需要的发展新阶段；是高质量发展阶段，不断实现更加平衡更加充分的发展新阶段；是开启全面建设社会主义现代化国家新征程、向第二个百年奋斗目标进军的发展新阶段；是全面应对世界大变局，统筹国际国内两个大局，主动延长和塑造战略机遇期的发展新阶段"①。也有学者认为，"新发展阶段是经济社会高质量发展的新阶段，是全面建设社会主义现代化国家的新阶段，是全面深化改革开放的新阶段，是以人民福祉为中心发展的新阶段，是由全面小康向美好社会转换的新阶段"②。新的发展阶段，对随州的发展提出了新的要求和挑战。

随州由县级市 (1979 年) 到省直管市 (1994 年) 再升格为地级市 (2000 年)，经过几十年发展，经济社会得到长足进步。近年来 ("十一五""十二五""十三五""十四五"时期)，历届市委市政府审时度势，相继提出"兴工富市""四个随州""工业兴市""圣地车都、神韵随州""品质随州""汉襄肱骨、神韵随州"等发展主战略 (见表 1.1)，对推动随州经济社会的发展起到了重要作用。应该说，每个历史阶段发展主战略的提出都有其深刻的历史背景，内蕴着党中央路线方针政策、省委重大决策与随州实际紧密结合的衍变历程，展现了一脉相承的战略思考、前后相

---

① 石建勋：《我国将进入新发展阶段，这个"新"究竟指什么？》，https://web. shobserver. com/wxShare/html/317617. htm？from＝timeline。

② 虞崇胜：《深刻认识新发展阶段的重大意义》，载《国家治理》2020 年第 33 期。

续的战略研判。如 2012 年,随着全省"一元多层次"战略体系的丰富和完善,以及"两圈一带"战略的深入实施,"圣地车都"战略应运而生;2018 年,为更好地融入当时全省"一芯两带三区"区域和产业发展布局、推动高质量发展,随州提出建设"品质随州"。进入新的发展阶段,随州正处于战略机遇叠加期、政策红利释放期、发展布局优化期、蓄积势能进发期、市域治理提升期,居于转型升级、爬坡过坎的关键阶段,在国家层面和省级层面相关战略发生变化的情形下①,亟需随州在发展战略层面也作出相应调整。由此,随州立足国内国际,放眼长远发展,提出"汉襄肱骨、神韵随州"的发展主战略可谓正当其势、恰逢其时。

表 1.1 　　　　　　　　　**地级随州市成立以来发展主战略概览**

阶段	主战略	战略要义
2000—2006	兴工富市	坚持以经济建设为中心,以工业经济为重点,推进随州经济快速发展。
2006—2010	四个随州	特色随州、开放随州、文化随州、和谐随州。
2010—2012	工业兴市	工业兴,则随州兴;工业强,则随州强。
2012—2013	圣地车都	建设"世界华人谒祖圣地",打造"中国专用汽车之都"。
2013—2017	神韵随州	"神"在铸文化之魂,"韵"在绘山水之美。
2018—2020	品质随州	全力打造"三城四基地",即产业新城、文旅名城、生态绿城,应急产业基地、地铁装备产业基地、香菇产业基地、编钟文化产业基地。
2020—至今	汉襄肱骨、神韵随州	桥接汉襄、融通鄂豫、众星拱月;建设具有引领力的专汽之都、建设具有影响力的现代农港、建设具有吸引力的谒祖圣地、建设具有竞争力的风机名城。

① 如十四五规划及未来远景目标的提出,我省"一主引领、两翼驱动、全域协同"区域发展布局的调整等。

（二）坚持新发展理念

改革开放以来，我国经济发展大致经历了"又快又好"→"又好又快"→"高质量发展"的衍变历程。我国在"九五"计划（党的十四届五中全会）提出"经济增长方式要从粗放型向集约型转变"；"十一五"规划提出"加快转变经济增长方式"。我国经济经过近几十年的持续高速发展，粗放型经济发展方式在推动经济跨越式增长的同时，亦积累了诸多问题和矛盾。这些问题和矛盾与侧重强调"快"而忽视"好"具有较大关系。2006年召开的中央经济工作会议，及时将经济发展从"又快又好"转变为"又好又快"，从强调发展速度调整为更加注重发展的效益、增长的质量，实现科学发展。由"量的发展"到"质的提升"是经济发展的规律使然。党的十七大报告则改变了以增长为核心定语，转而以"加快转变经济发展方式"来定义，并在党的十八大报告中加以重申。

党的十八大以来，在以习近平同志为核心的党中央坚强领导下，各地区各部门牢固树立和贯彻落实"创新、协调、绿色、开放、共享"新发展理念，紧紧抓住和用好重要战略机遇期，统筹推进"五位一体"总体布局，协调推进"四个全面"战略布局，妥善应对重大风险挑战，适应经济发展新常态，科学统筹稳增长、促改革、调结构、惠民生、防风险，战胜了诸多矛盾叠加、风险隐患交织的严峻挑战，我国经济保持了总体平稳、稳中有进的良好发展态势。然而，经济发展的常态并非总是线性上升。进入新发展阶段，我国经济发展整体呈现出"增长速度要从高速转向中高速，发展方式要从规模速度型转向质量效率型，经济结构要从增量扩能为主转向调整存量、做优增量并举，发展动力要从主要依靠资源和低成本劳动力等要素投入转向创新驱动"等特点，经济增速快一点抑或慢一点已非主导性问题，而经济发展中的质量变革、效率变革、动力变革刻不容缓。在经济发展新常态下，质量和效益之间的矛盾不断积累，更为深层的矛盾和问题日益突出，从而要求发展更加强调质量而非速度。因此，为实现更高质量、更有效率、更加公平、更可持续的发展，如期实现全面建成小康社会的目标,党的十九大报告作出了"我国经济已由高速增长阶段转向高质量发展阶段,正处在转变发展方式、优化经济结构、转换增长动力的攻关期"等宏观经济形势重大论断。党的十九大党章修正案将总纲第十二自然段中的"促进国民经济又好又快发展"修改为"促进国民经济更高质量、更有效率、更加公平、更可持续发展"。坚持新发展理念,是"十四五"时期经济社会发展必须遵循的原则之一,是新发展阶段推动各领域高质量发展的理念引领。"新发展理念是相互贯通、具有内在联系的整体,提出的要求是全方位、多层面的。我们要坚持系统观念,遵循经济社会发展规律,把新发展理念贯穿发展全过程和各领域,努力提高以新发展理念引领高质量发展的能力和水平,加快构建新发展格局。"[①]

在经济发展理念发生重大转变的背景下,需要随州立足时代前沿、顺应时代潮流、紧扣时代脉搏,抢抓高质量发展和深化改革开放的大好机遇,处理好"形"与"势"的关系、"稳"与"进"的关系、"危"与"机"的关系、"快"与"慢"的关系,从而更好地回答时代课题、应对时代挑战,释放高质量发展的肱骨之力。"与诸如西部大开发战略,京津冀协同发展战略等经济发展战略重点涉及空间发展格局和区域协调发展问题不同,与诸如各种产业发展战略等专业发展战略侧重于关注数量、规模、速度等亦有不同,高质量发展战略是我国经济发展的一种综合性新战略,是对现行各种经济发展战略的一个统领和提升。"[②] 高质量发展主要以"五大发展"(创新、协调、绿色、开放、共享)理念作为先导和遵循[③],

---

① 林兆木:《把新发展理念贯穿发展全过程和各领域》,载《人民日报》2020 年 12 月 03 日 09 版。

② 田秋生:《高质量发展的理论内涵和实践要求》,载《山东大学学报(哲学社会科学版)》2018 年第 6 期。

③ 就高质量发展与"五大理念"的关系,有人指出,创新是高质量发展的第一动力、协调是高质量发展的内生特点、绿色是高质量发展的普遍形态、开放是高质量发展的必由之路、共享是高质量发展的根本目的。参见任保平、李禹墨:《新时代中国高质量发展评判体系的构建及其转型路径》,载《陕西师范大学学报(哲学社会科学版)》2018 年第 3 期。

以"三大变革"（质量变革、效率变革、动力变革）作为主要抓手，是基于适应我国社会主要矛盾的转化而提出，是统筹推进"五位一体"（经济建设、政治建设、文化建设、社会建设、生态文明建设）总体布局和协调推进"四个全面"（全面建设社会主义现代化国家、全面深化改革、全面依法治国、全面从严治党）战略布局的必然要求。习近平总书记在中央政治局第二十七次集体学习时强调，完整、准确、全面贯彻新发展理念，必须坚持系统观念，统筹国内国际两个大局，统筹推进"五位一体"总体布局和坚持"四个全面"战略布局，加强前瞻性思考、全局性谋划、战略性布局、整体性推进。

依据熊彼特经济发展理论和马斯洛的需求层次理论，可以得出经济发展是从一个由低等级需求创造的闭环向高等级需求创造的闭环不断拓展延伸的过程①。从高速增长阶段转向高质量发展阶段"包括两个维度的转向，第一个维度是速度，经济增长速度从高速减下来；第二个维度是质量，即经济发展质量提高"②。有学者指出高质量发展的内涵包括"经济发展、改革开放、城乡建设、生态环境、人民生活"等方面③。高质量发展是一个多维度概念，不仅仅限于经济的发展，还包括政治、社会、文化、生态等方面的发展。"汉襄肱骨、神韵随州"建设，便是按照推动高质量发展要求，使城市经济结构更加合理、空间布局更加科学、产业分工更加精细、区域发展更加均衡、社会保障更加有力、生态环境更加优化，让城市得以更高层次、更高水平、更高形态的发展。

（三）融入新发展格局

"从不同发展阶段的内外经济循环发展特征观察，我国经历了新中国

① 张永恒、郝寿义：《高质量发展阶段新旧动力转换的产业优化升级路径》，载《改革》2018年第11期。
② 高培勇等：《高质量发展背景下的现代化经济体系建设：一个逻辑框架》，载《经济研究》2019年第4期。
③ 任保平、李禹墨：《新时代中国高质量发展评判体系的构建及其转型路径》，载《陕西师范大学学报（哲学社会科学版）》2018年第3期。

成立之初的内循环工业化阶段、中美建交后内循环为主与极其有限的外循环发展阶段、改革开放初期城乡内循环良性互动阶段和加入 WTO 后经济外循环为主与内循环为辅的发展阶段"[1]。党的十九届五中全会明确提出，要加快构建以国内大循环为主体，国内国际双循环相互促进的新发展格局，并作出了重大工作部署。有学者认为，"新发展格局涉及我国经济发展的供需格局、内需格局、分配格局、生产格局、技术格局、开放格局，还涉及空间格局、城乡格局、区域格局等的调整和优化"[2]。"构建新发展格局是以全国统一大市场基础上的国内大循环为主体，不是各地都搞自我小循环，各地区要找准自己在国内大循环和国内国际双循环中的位置和比较优势。"[3] 亦有学者认为，新发展格局形成的主要原因是，"从外部来讲，由于逆全球化、西方贸易保护主义的抬头，以增加外贸出口来拉动经济增长的方式难以持续；从内部来讲，主要是外向型经济带来经济安全、区域经济发展不平衡、产业长期处于全球价值链的中低端"[4]。

当前，面对新冠肺炎疫情影响和国际环境复杂多变等方面的新挑战、新形势，我国外贸产业面临着出口总量下滑，产业发展遭遇瓶颈等问题。"全球经济在经历了本世纪初的快速扩张后，于 2009 年全球金融危机后增长趋缓、乃至缓慢衰退。2018 年以来不断升级的中美贸易摩擦、2020 年初新冠疫情的爆发等，更是给全球价值链网络的发展带来了前所未有的挑战。"[5] 从 2010—2019 年随州市近十年对外贸易情况来看（见图 1.1），随州外贸出口额在 2014 年达到峰值后，开始逐渐回落。在随州外贸出口结构

---

① 郭晴：《"双循坏"新发展格局的现实逻辑与实现路径》，载《求索》2020 年第 6 期。

② 刘少华：《新发展阶段 新发展理念 新发展格局》，载《人民日报海外版》2020 年 12 月 09 日第 05 版。

③ 人民日报评论员：《加快构建新发展格局——论学习贯彻党的十九届五中全会精神》，载《人民日报》2020 年 11 月 03 日 02 版。

④ 郭晴：《"双循环"新发展格局的现实逻辑与实现路径》，载《求索》2020 年第 6 期。

⑤ 鞠建东等：《全球价值链网络中的"三足鼎立"格局分析》，载《经济学报》2020 年第 4 期。

上，农产品历来是主力军。近年来，随州食用菌产业通过实行"鲜菇内销，干菇出口"而不断做大做强，已成长为随州最富民、外向度最高的特色产业之一，创造了外贸出口的"随州现象"。2020年，随州农产品出口更是逆势增长，增幅高达七成以上，稳居全省第一位。

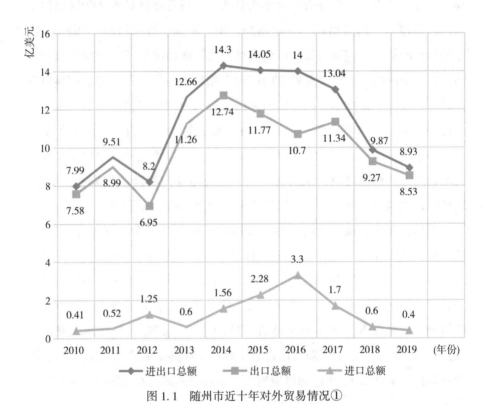

图1.1 随州市近十年对外贸易情况①

在新发展格局下，"汉襄肱骨、神韵随州"建设，要求利用好国内国际两种资源、打通国际国内两个市场。立足国内巨大市场，推动产业链现代化和产业基础高级化等社会生产力的增进，打造顺畅的国内大循环；放

---

① 考虑到历年统计数据的计算指标存在"万美元"和"亿美元"不同标准，基于图表直观需要，在将"万美元"转换成"亿美元"过程中，相关数据进行了四舍五入，从而与官方公布的统计年报数值略有细微误差。

眼国际市场，进行生产的规范化、标准化和产品创新，打造贯通的国际大循环①。在立足扩大内需、形成国内更大市场基础上，打造"买全国、卖全球"出口贸易模式，稳住外贸基本盘，巩固随州已有产业优势，实现产品由初加工向精深加工、由以外贸为主向国内国际双循环发展的转变，促进国内国际双循环能量交换。

二、"汉襄肱骨、神韵随州"战略的外生共振

"汉襄肱骨、神韵随州"战略是地级随州市成立以来，首次将市域的发展布局等融入更高层级的省级区域发展布局之中。从之前随州发展主战略中，不难发现，过去随州的发展主战略更多的是侧重自身内生性发展，较少关注外向性拓展。"汉襄肱骨、神韵随州"战略体现了随州的发展路径开始由"苦练内功、夯实基础"向"内外兼修、协同发展"转变。

（一）桥接汉襄——强化"肱骨之责"

"经济全球化、信息技术革命及世界经济结构的调整改变了经济运行的空间秩序，国家或区域之间的竞争日益演变为城市与城市之间的竞争。"②"自1978年以来，40年来的中国城市竞争，可谓风云变幻，其间伴随政策变化、城市化、全球产业迁移浪潮等诸多因素，城市强弱格局不断洗牌。"③"当前，随着经济全球化的日益加深，全球性和区域性的经济中心城市正在逐步形成，城市之间水平性的地域分工体系成为主导，城市之间的相互竞争将不断加剧。城市作为经济系统的主要载体，代表所在国

---

①　统计显示，世界食用菌生产国主要集中于亚洲、欧洲和美洲；我国是世界上最大的食用菌生产国；世界食用菌贸易的主要出口国集中在欧洲、东亚和北美；世界食用菌进口国主要集中于欧洲，英国位于首位。

②　陈明生：《摆脱城市间恶性竞争离不开市场》，载《环球时报》2014年5月26日。

③　西部城事：《中国城市竞争激荡40年：谁在崛起？谁在没落？》，载《决策探索》（上）2019年第1期。

家或地区参与全球经济分工与合作，并由此衍生出众多规模不等、作用不同的城市能级体系。"① 诚然，受制于区域地理、自然禀赋、行政级别、城市能级、历史条件等禀赋不同影响，可能会加剧城市之间竞争中"强者越强，弱者越弱"这一"马太效应"，使城市陷入巨大分化。此际，结合比较优势，在区域协同发展中找准自身定位便至关重要。

对城市与城市之间的关系，有学者将其分为"行政上的上下隶属，经济上的大小依附，文化上的'剪不断理还乱'"三类②。伴随着区域一体化进程加速，城市发展由竞争走向合作将成为新常态，我国区域一体化发展应以城市合作为突破口，尤其要关注地级以上城市为主体的合作③。城市竞争亦由单一城市之间的竞争演变为组团式或城市群竞争，城市群逐渐成为区域竞争与合作的主要形式。在区域竞争背景下，竞争是合作的目的，合作是竞争的基础，但并不能因此否认竞争的存在。事实上，在区域合作中，利益博弈始终存在。城市群之间的竞争归根结底是产业链之间的竞争。地方政府为提高城市竞争力，获得竞争的政策优势及相应的资源配置，"往往会加大对交通、环境、能源等城市基础设施的投入，且竞争的焦点多集中于产业配套领域，即围绕主导产业来实现上中游的产业链分工协作，进而促进区域产业的集群化发展，实现规模经济"④。

不同城市因资源禀赋、产业现状、发展路径、规划目标等不同，所采取的竞争战略也迥然有异。随州作为湖北省最年轻的地级市，城市发展水平较之我省其他地级市还存在较大差距，须找准在区域经济中的定位，谋求差异化竞争优势，积极融入区域一体化。近年来，随州 GDP 稳步增长

---

① 程玉鸿：《经济全球化、城市竞争与城市竞争力研究》，载《特区经济》2005年第 5 期。

② 陈平原：《另一种"双城记"》，载《读书》2011 年第 1 期。

③ 刘文俭：《城市发展战略新常态：由竞争走向合作》，载《理论视野》2016 年第 2 期。

④ 胡艳等：《城市群内部城市间竞争和合作对城市经济发展的影响——基于空间溢出效应对长三角城市群的实证检验》，载《西部论坛》2018 年第 1 期。

（如图 1.2）①，经济总体上呈现出运行平稳、稳中有进的态势，并于 2018
年首次跨入 GDP "千亿俱乐部"的门槛。然而，根据湖北省统计局以及下
辖各市统计局公布的统计数据显示，湖北省各市（州、区）GDP 在当年超
过千亿的已达 12 个，省内 GDP 突破 2000 亿的城市已达 5 个，武汉市有 7
个区突破了千亿，最高的一个区 GDP 达到 1500 多亿元，随州 GDP 甚至比
不上武汉一个区，随州面临着"前有标兵、后有追兵"的竞争态势和"标
兵渐行渐远、追兵越来越近"的严峻挑战。推动主要经济指标高于全省平
均水平、完成全年经济发展目标、解决经济总量偏小等问题不容忽视。

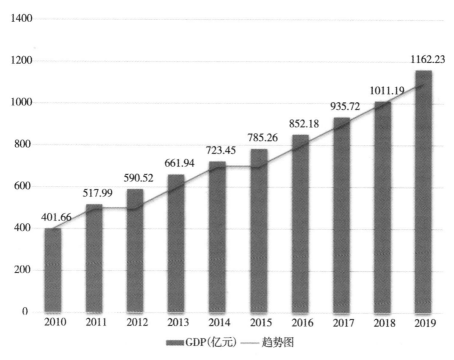

图 1.2 随州历年 GDP 增长趋势图（2010—2019 年）②

---

① 相关数据援引随州统计年鉴。
② 图表制作数据参考 2010—2019 年随州市国民经济和社会发展统计公报。

城市发展宛若逆水行舟，不进则退，慢进也是退。人民论坛测评中心曾对湖北省 13 个市州经济转型能力的测评及排名进行了研究，结论显示，"随州市的人均 GDP 虽排名第 9，而经济转型能力却排名第 5。通过相关性分析，该种位差主要得益于该市劳动生产率排名较靠前，但知识存量和研发经费投入不高对经济发展造成较大影响，在今后经济转型中需激发产业转换、互动的活力"①。目前，随州正处于实现高质量发展关键阶段以及跨进千亿俱乐部的关键节点，突破发展瓶颈、发挥后发优势，实现经济社会发展的高质量增长，是摆在随州面前的重大课题。如何推动随州这座体量小、底子薄的年轻城市迈过高质量发展的坎，在持续高涨的市场竞争、区域竞争态势下占得先机、赢得主动，必须找准自身定位，以非同寻常之举创后来居上之势。

党的十九大报告指出，"建立更加有效的区域协调发展新机制"。当前，由一个或多个中心城市构成的城市群，已成为推动区域发展的核心力量。城市能级是指一个城市的某种功能或各种功能对该城市以外地区的辐射影响程度，主要体现在经济功能（集聚—扩散能力）、创新功能（科技创新辐射力）、服务功能（基础支撑能力）三个方面。城市能级反映了城市经济的集聚—扩散能力和对区域经济发展的推动能力②，是城市综合实力的集中体现以及其对该城市以外地区的辐射影响程度（如图 1.3）。

随州作为湖北省北大门，素有荆豫要冲、汉襄咽喉、鄂北明珠之称，对城市能级的定位须根据发展实际适时调整。地级随州市成立后，随州历经三次总体规划修编调整，城市定位经历了建市初的"鄂中北新的区域经济发展中心"以及之后的"建设服务鄂北、联动武汉、融入长江经济带，生态和文化旅游在全国占有重要地位的区域性中心城市""襄十随城市群

---

①　王礼鹏、人民论坛测评中心：《对湖北省 13 市州经济转型能力的测评及排名》，载《国家治理》2017 年第 30 期。

②　韩玉刚等：《基于城市能级提升的安徽江淮城市群空间结构优化研究》，载《经济地理》2010 年第 7 期。

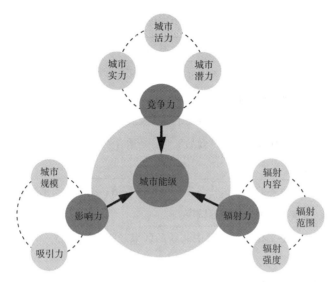

图 1.3 城市能级新内涵①

节点城市"②。从随州 1981 年、1985 年、1991 年、2009 年和 2016 年等历版城市总体规划蓝图中，可以看出随州城市定位衍变历程③。（见表 1.2）

---

① 参见焦欢：《对 19 个副省级及以上城市的城市能级测评》，载《国家治理》2019 年第 6 期。

② 《"鄂北明珠"更璀璨——地级随州市成立二十周年城市建设发展回眸》，载《随州日报》2020 年 6 月 24 日第 8 版。

③ 具言之，1981 年版随州城市规划（以下简称"总规"）将随州城市性质定为"以机械工业、轻工业为主导，适当充实配套服务性工业，控制发展电子、化学工业的湖北省工业小城市"；1985 年版"总规"将城市性质定义为"全市政治、经济、文化、科技中心，发展以汽车及其配套工业为主的机械工业。相应发展轻纺、食品工业，是适合发展旅游业的我国历史文化名城之一"；1991 年版"总规"将城市性质调整为"湖北省重要的历史文化名城，全市的政治、经济、文化和科技中心，是以机械工业为主的中等城市"；2000 年版"总规"将随州城市性质明确为"国家历史文化名城，鄂中北新的区域经济发展中心，湖北省新兴旅游城市"；2009 年版城市"总规"将随州城市性质定义为"国家历史文化名城，鄂中北地区性中心城市，湖北省旅游城市"；2016 年版"总规"将随州城市性质定为"国家历史文化名城和全国重要的旅游城市，世界华人谒祖圣地和中国专用汽车之都，鄂北区域性中心城市，国家生态园林城市"。参见《随城蝶变——总规引领下的随州城市变迁》，载《随州日报》2018 年 11 月 21 日第 A1 版。

表 1.2　　　　　　　　　　　随州市城市定位的衍变

总规版本	城 市 定 位
1981 年	以机械工业、轻工业为主导,适当充实配套服务性工业,控制发展电子、化学工业的湖北省工业小城市
1985 年	全市政治、经济、文化科技中心,发展以汽车及其配套工业为主的机械工业。相应发展轻纺、食品工业,是适合发展旅游业的我国历史文化名城之一
1991 年	湖北省重要的历史文化名城,全市的政治、经济、文化和科技中心,是以机械工业为主的中等城市
2000 年	国家历史文化名城,鄂中北新的区域经济发展中心,湖北省新兴旅游城市
2009 年	国家历史文化名城,鄂中北地区性中心城市,湖北省旅游城市
2016 年	国家历史文化名城和全国重要的旅游城市,世界华人谒祖圣地和中国专用汽车之都,鄂北区域性中心城市,国家生态园林城市

　　城市定位的历次调整往往伴随着经济社会发展的深刻变化。如 2000 年版总规的变化主要基于随州行政区划调整、汉十高速等重大交通设施相继实施、城市空间结构逐步拓展、改革活力持续释放等多重因素叠加所致;2009 年版总规则是基于县区"分家"以及汉丹铁路东移等因素影响而对城市定位进行调整;2016 年版总规则是在考虑一系列国家和区域发展战略、宏观形势及政策、区域重大交通及基础设施选址建设等情势变更基础上,依循国家、省级战略对随州发展提出了新的定位与要求下对城市定位进行了调整。进入新发展阶段,国家战略和省级战略以及随州所面临的内外部环境皆产生新的变化,赋予了随州新的定位①。

---

　　①　如"十四五"时期经济社会发展的基本思路、主要目标以及 2035 年远景目标的提出;长江经济带、大别山革命老区振兴、汉江生态经济带、淮河生态经济带发展规划等国家级战略在随州的叠加;省"一主引领、两翼驱动、全域协同"的区域发展布局的提出等。

湖北省委十一届八次全会立足湖北省情，适应国家区域政策调整变化，提出着力构建"一主引领、两翼驱动、全域协同"① 的区域发展布局。"汉襄肱骨、神韵随州"建设便是主动对接"一主引领、两翼驱动、全域协同"战略布局的具体部署。具体而言，"汉襄肱骨、神韵随州"战略是在立足新发展阶段、坚持新发展理念、融入新发展格局的基础上，结合随州产业基础、区位优势、资源禀赋等，为适应国家区域政策调整变化，对随州城市能级所作出的准确定位，这亦是在随州市级主导战略中第一次将区域发展布局因素考虑其中。随州处于武汉城市圈和"襄十随神"城市群的关键切点，鄂豫交界的重要节点，具有良好的区位优势。区域经济发展格局与态势，要求随州担当桥接汉襄，担当肱骨之责，主动服务和融入共建"一带一路"、长江经济带发展、促进中部地区崛起等国家战略；积极对接"武汉城市圈"发展，深度融入"襄十随神"城市群建设；放大汉江生态经济带、淮河生态经济带、大别山革命老区振兴发展等叠加效应，深化与毗邻地区交流合作、协同发展，打造联结长江中游城市群和中原城市群的重要节点。

（二）融通鄂豫——担当"肱骨之位"

鄂豫两省山水相连、人文相亲，有着深厚的历史渊源。河南的信阳、南阳、驻马店和湖北的襄阳、随州亦被人们称之为"鄂豫城市群"。随州位于鄂豫两省交界处，与河南省的南阳、信阳等市接壤，素有"荆豫要冲""鄂北门户"之称。长期以来，随州与河南相关地市更多侧重于民间交流，双方缺乏深入的战略合作。近年来，随着交通基础设施的不断完善

---

① "一主引领"，既要看武汉一家"领唱领舞"，还要看武汉城市圈九家"合唱共舞"。"两翼驱动"，就是推动"襄十随神""宜荆荆恩"城市群由点轴式向扇面型发展，打造支撑全省高质量发展的南北列阵，形成"由点及面、连线成片、两翼齐飞"的格局。"全域协同"，就是要大力推进以县城为重要载体的城镇化建设，整体推动县域经济发展，做大做强块状经济。参见《"一主引领、两翼驱动、全域协同"：湖北优化区域发展布局》，https：//difang. gmw. cn/hb/2020-12/03/content_34427046. htm。

以及国家重大战略的实施，尤其是中部崛起战略、汉江生态经济带建设、大别山革命老区振兴发展等为鄂豫两省深入合作提供了新的机遇，鄂豫的合作开始逐步加深。如 2005 年汉十高速（孝襄段）建成通车，随州进入高速公路时代。2007 年，随州迎来了第一条以"随"开头的高速公路——随岳高速开工建设，直接连通湖北、湖南、河南三省。当前，随州至信阳高速公路随州段项目正在加速推进，力争 2021 年一季度启动开工建设。

《汉江生态经济带发展规划》明确提出积极探索跨省交界地区合作发展的新路径，实现区域合作水平和层次的新跨越，为区域互动合作发展和体制机制创新提供经验。其中涉及随州的重要指示方向之一就包括沿武西高铁发展轴。即依托武西客专，加强沿线武汉、孝感、随州、襄阳、十堰、商洛、南阳等城市的联动发展，培育壮大装备制造、电子信息、生物医药等产业，加强旅游业的合作发展（如图1.4）。譬如，依托《汉江生态经济带发展规划》，襄阳、南阳一体化发展正在逐步推进。

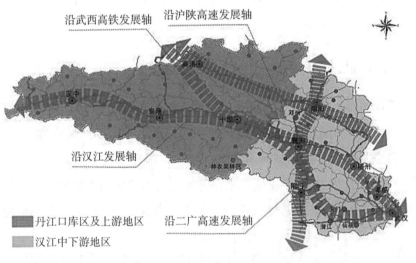

图 1.4　汉江生态经济带空间布局

《大别山革命老区振兴发展规划》提出加快促进"随（州）孝（感）武（汉）组团、驻（马店）南（阳）组团"建设，将随州市定位为湖北省北部门户城市，农产品加工、光伏、物流产业基地，重要的旅游目的地和集散地；将毗邻的信阳市定位为河南省南部区域性中心城市，食品加工、装备制造、新型建材产业基地，国际山地度假旅游目的地。《淮河生态经济带发展规划》涉及湖北省城市主要包括随州市随县、广水市和孝感市大悟县，涉及河南省城市主要包括信阳市、驻马店市、周口市、漯河市、商丘市、平顶山市和南阳市桐柏县。空间布局上，将信阳、淮南、阜阳、六安、亳州、驻马店、周口、漯河、平顶山、桐柏、随县、广水、大悟等市（县）等作为"中西部内陆崛起区"（如图1.5）。

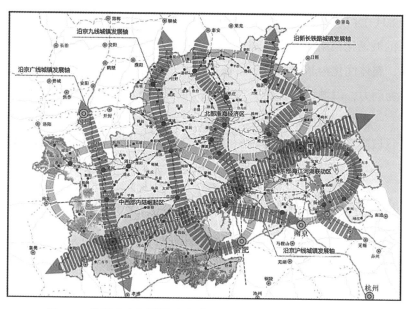

图1.5 淮河生态经济带-空间布局示意图（2010—2018年）①

《长江经济带发展规划纲要》提出"一轴、两翼、三极、多点"的格局，"多点"主要指发挥三大城市群以外地级市的支撑作用，加强与中心城市的经济联系与互动，从而为襄阳、十堰、随州等非沿江市州带

---

① 图片来源于《淮河生态经济带发展规划》，http：//www.ndrc.gov.cn/zcfb/zcfbghwb/201811/W020181107535670118086.pdf。

来发展机遇。由此可见，重大战略叠加背景下，随州具有与省内武汉、襄阳以及河南省相关市县诸多的合作交集，未来合作空间巨大。在"汉襄肱骨、神韵随州"建设中，随州要担当"肱骨之位"，既要承担桥接汉襄的重大使命，又要承担融通鄂豫的重要任务，在融通鄂豫上担当"肱骨之位"。

（三）众星拱月——释放"肱骨之力"

"众星拱月"就是要将随州 9636 平方公里内的县市区（曾都区、随县、广水市、随州经济开发区、大洪山风景管理区），45 个乡镇（办）下辖的 834 个行政村作为一个总体规划来设计，并依照"城市→城镇→乡村"的城镇化网络体系来谋划空间城镇化建设，在市域范围内以空间科学布局、整体优化为基础，以功能各具特色、优势互补为核心，以要素交互作用为动力，以城镇融合发展为目标，推进随州从单中心、团块状布局向多中心、组团式布局转变，着力强县、壮镇、美村，推动县域经济加快崛起，镇域经济多点发力，美丽乡村百花齐放，形成"多中心互动、多层次和谐、多特色互补、多空间拓展"的城乡融合发展形态。

1. 推动县域经济加快崛起

湖北省"一主引领、两翼驱动、全域协同"区域发展战略布局下，"全域协同"关键在于强县域。省委十一届八次全会提出："要促进'全域协同'，大力推进以县城为重要载体的城镇化建设，整体推动县域经济发展，做大做强块状经济。全省各地正谋划立足资源环境承载能力，发挥比较优势竞相发展，打造更多高质量发展增长极。""县域经济作为连接城市经济与农村经济的行政区域经济，是我国国民经济的基础单元，也是促进我国经济发展的关键环节。"[①] 县域经济是以县城为中心、以乡镇为纽带、以农村为腹地的区域经济。"县域经济既不同于城市经济，也不同于农村

[①]　陈逸韵：《县域经济发展与县域城镇化优化升级的对策》，载《中小企业管理与科技（上旬刊）》2019 年第 12 期。

经济,是城乡融合发展的区域性经济,农业产业化、农村工业化、城镇化(发展小城镇)是壮大县域经济的重要途径。"①

县域"上连天线,下接地气",是联结条块、融合城乡的枢纽。县域经济强弱,直接影响整体经济兴衰,乃至决定地区差距大小。"汉襄肱骨、神韵随州"是新型城镇化转型的关键时期所作出的重要战略抉择。其一,发展特色经济。依据经济学中比较优势理论,一个区域无论处于什么发展水平,亦能在总体上处于劣势情形下找到相对优势,并据此在区域分工体系中找到立锥之地。当前,随州县域经济已形成竞相发展格局(见表1.3)。

如以香菇产业为代表的随县,在农产品加工、矿产、石材及建材、汽车及零配件、纺织服装、医药化工、电子信息、新能源等方面具有较大优势;以风机产业为代表的广水,以风机制造、食品加工、新型建材、医药化工、纺织服装、冶金铸造、造纸包装等为支柱产业;以专用汽车为代表的曾都,以专汽及零部件、农产品加工、纺织服装、电子信息、医药化工等为支柱产业。此外,大洪山风景名胜区以旅游业为主,高新区以汽车机械、电子信息、生物农业、医药化工、新能源新材料、大型商贸物流及现代服务业等作为支柱产业。其二,促进优势转化。要抓住国家和地方发展新机遇,顺应新产业、新业态、新商业模式迭代更新的新趋势,善于将资源优势、区位优势、政策优势、环境优势等转化为经济优势,推动县域产业转型升级,创造产业发展新空间,提升县域经济的竞争实力,促进县域经济高质量发展。其三,推动协同发展。加强与区域中心城市的纵向经济联系,推进与毗邻县域的横向区域合作,构建合理的跨县域经济战略合作机制,将县域的空间布局、产业发展、城镇发展、交通建设等融入中心城市、城市群和区域板块等更高层级区域空间体系、产业分工体系、城镇体系和交通体系之中,从合作与分工中汲取能量。其四,注重分类施策。各县市区要根据随州城市主体功能定位,结合资源和产业基础条件等自身实际做好衔接。如根据城市主城区、重点开发区、农产品主产区、重点生态功能区等类别明确各自产业发展重点,实现产业发展分工配套。

---

① 许经勇:《新时代壮大县域经济的新思维》,载《山西师大学报(社会科学版)》2021年第1期。

表 1.3 随州市县域经济特色

县市区	支柱产业
随县	农产品加工、矿产、石材及建材、汽车及零配件、纺织服装、医药化工、电子信息、新能源等
广水市	风机制造、食品加工、新型建材、医药化工、纺织服装、冶金铸造、造纸包装等
曾都区	专汽及零部件、农产品加工、纺织服装、电子信息、医药化工等
大洪山风景名胜区	旅游业
高新区	汽车机械、电子信息、生物农业、医药化工、新能源新材料、大型商贸物流及现代服务业

2. 推动镇域经济多点发力

镇域经济是壮大县域经济、提升县域竞争力的重要基础。根据《随州市城乡总体规划（2016—2030 年）》，在城乡空间结构规划上，构筑"一主两翼，三轴多点"的市域城镇体系空间结构。其中"多点"主要指支撑市域均衡发展的城镇节点，包括殷店镇、洪山镇两个市域次中心培育城镇和杨寨镇、小林镇、唐县镇、万和镇、郝店镇、长岭镇、府河镇、长岗镇、陈巷镇、武胜关镇、均川镇、安居镇、洛阳镇 13 个重点镇。统计资料显示，"2019 年随州镇域经济呈现出财税收入稳步提升、工业主体不断扩大、项目建设有序推进、居民生活持续改善四个特点，全市 45 个镇（办）实现地方公共财政税收收入 15.37 亿元，增长 8.5%，农产品加工业产值达到 377.76 亿元，增长 6.6%"[①]。随州市委书记钱远坤指出，"镇域经济是县域经济的基础和重要组成部分，要立足各乡镇资源优势、产业基础，大力开展以商招商、产业链招商，促进要素集聚，形成一批特色鲜明、集中度高、关联性强、竞争力强的块状产业集群，不断增强县域经济发展活

---

① http://tjj.hubei.gov.cn/tjsj/tjfx/sxtjfx/202005/t20200509_2264297.shtml。

力"。在镇域经济发展中，随州市市长克克在 2021 年政府工作报告中指出，"以重点镇、特色镇为突破口，打造一批产业特而强、功能聚而合、形态小而美、机制新而活的'玲珑小市'，培育更多'小老虎'"。当前，随州乡镇竞相发展、各具特色（见表 1.4）。

表 1.4　　　　　　　　　　随州市镇域经济特色

县市区	乡镇（办）	特 色 产 业
随县	高城镇	香菇、蓝莓、兰草、中草药、畜禽养殖、水产养殖
	殷店镇	光伏、乡村旅游、香菇、风电
	草店镇	香菇、茶叶、羊肚菌、乡村旅游、风电
	小林镇	黄桃、葡萄、豆制品、花生
	淮河镇	旅游产业、中药材
	万和镇	兰花、猕猴桃、稻米、香菇、石材
	唐县镇	现代化农业大棚（油桃、西红柿、黄瓜、玫瑰花）、旅游业、纺织业、木本油料、蜜枣
	尚市镇	水果产业（油桃、葡萄、西瓜）、牡丹产业、旅游业
	厉山镇	光伏、香菇、现代产业园、旅游、中药材、油桃、现代农业和休闲观光旅游业、航空小镇
	安居镇	泡泡青（蔬菜）、稻米、休闲旅游、蓝莓
	环潭镇	药材、乡村旅游、油茶、食用菌
	洪山镇	香菇现代产业、香稻种植产业、洪山鸡、全域旅游产业
	长岗镇	旅游、香菇、黄牛
	三里岗镇	椴木香菇、特色旅游
	均川镇	辣椒、农家乐特色旅游、薰衣草、中药材、生猪产业、泡菜
	柳林镇	中药材、板栗
	吴山镇	石材、林果、牛羊、中药材、乡村旅游
	新街镇	稻米、畜牧养殖、中药材
	万福店农场	金果梨、黄桃、玫瑰李特色种植养殖业、乡村旅游业

续表

县市区	乡镇（办）	特 色 产 业
广水市	应山办事处	医药食品、新型建材、机械制造、纺织服装
	十里办事处	风机制造、化工生产、锂电池、猕猴桃
	广水办事处	工业：卷烟、造纸、印刷、医药、电瓷、化工、塑胶、机械、制衣、石英；农业：蔬菜
	城郊办事处	工业：机器制造、化工建材、彩色印刷、农副产品深加工；农业：蔬菜、林果、草莓、养殖等四个特色产业带
	武胜关镇	机械电子、食品加工、医药包装、特色基地（林果、板栗、药材、茶叶、蔬菜）
	杨寨镇	冶金、饲料加工、纺织、物流
	陈巷镇	粮食加工、大蒜加工产品、生猪养殖
	长岭镇	农业（马铃薯、萝卜）、水产养殖
	马坪镇	美食（拐子饭）、建筑建材、纺织服装、温棚蔬菜、水产养殖、茶叶
	关庙镇	果树、渔业、水稻、粮食加工
	余店镇	特产作物（花生、桃、李等水果）、"三白蔬菜"（大白菜、白茄子、白黄瓜）、旅游业
	吴店镇	风力发电、香菇加工、旅游业
	郝店镇	生猪养殖、食用菌、畜禽饲料加工
	蔡河镇	农业、蔬菜种植、食品加工、旅游业
	李店镇	农业（花生、大蒜）、养殖业
	太平镇	吉阳大蒜、水产、棉花、油菜、蔬菜
	骆店镇	果林种植、畜牧养殖、粮油加工、纸品包装、生猪养殖
曾都区	东城办事处	汽车零部件、印务、建筑业
	西城办事处	电商产业、公共服务、商务金融
	南郊办事处	新型工业、都市农业、物流商贸、市政建设、公共服务、建机租赁、医药化工

续表

县市区	乡镇（办）	特色产业
曾都区	北郊办事处	汽车零部件、都市农业、物流商贸
	府河镇	桃胶产业、大棚蔬菜产业、红皮红薯产业、艾叶产业
	洛阳镇	银杏谷旅游产业、景区民宿产业、林果种植、香菇产业
	何店镇	优质稻、香菇产业、蔬菜产业、花卉产业
	万店镇	蔬菜种植业、优质稻、虾稻种养
	淅河镇	农业产业、油茶种植产业、光伏新能源产业

如随县三里岗镇立足本地资源，结合本地地理、气候条件做大做强香菇产业，打造随县百里香菇走廊，发展地方经济，壮大集体经济；随县洪山镇围绕创建全省"擦亮小镇"的目标，通过建设香菇现代产业园、大力发展香稻种植产业、发展全域旅游产业等，工业、农业、旅游业齐头并进；随县淮河镇结合地域环境优势，积极发展生态农业、休闲农业、体验农业，形成多翼齐飞的旅游产业格局；曾都区万店镇立足蔬菜产业优势，着力打造"全市蔬菜产业第一镇"；曾都区洛阳镇立足生态优势，着力打造"全市全域旅游第一镇"；广水市杨寨镇作为全省的"工业重镇""县级镇"，立足冶金、橡胶、柳编、铸造、水泥制造、农副产品加工等支柱产业，向"经济强镇"转变。

3. 推动美丽乡村百花齐放

美丽乡村是实施乡村振兴战略的重要途径和有效抓手。历届市委市政府始终把农业农村优先发展放在重中之重地位不动摇，农业农村发生了翻天覆地的变化。根据《随州市 2019 年国民经济和社会发展统计公报》，随州农村常住人口为 104.56 万人，接近全市人口的一半。

据随州市统计局、国家统计局随州调查队公布的数据显示，近年来，随州市常住人口总数变化比较平稳，总体上呈现缓慢的上升趋势（如图 1.6）。而全市常住人口中的城镇人口总数逐年递增，占比也不断提高。

2019 年末全市常住人口 222.1 万人，其中城镇人口 117.54 万人。

图 1.6　随州人口结构概况（2010—2019 年）①

美丽乡村建设涉及面广，关乎广大人民群众利益，是一项实实在在的惠民工程。随州作为湖北省城乡总规改革首批试点城市，积极开展美丽乡村建设，吉祥寺村、群金村、永兴村、桃源村、观音村、小岭冲村、梅子沟村、凤凰山村等美丽乡村建设如火如荼。其一，坚持党建引领。立足乡村有效治理，深化"逢四说事"工作，扎实推进"访议解"活动，创新开展"协商在一线，说事面对面"活动，坚持党建引领，发挥好群众自治的基础性作用、法治的保障性作用、德治的先导性作用，着力构建基层社会治理新体系。其二，加强环境治理。深入开展"四个三重大生态工程"和"五清一改"村庄清洁行动等攻坚战役，垃圾治理、厕所革命、生活污水处理正全域推进，着力改善农村人居环境，加快建设生态宜居美丽乡村。

①　图表制作数据参考 2010—2019 年随州市国民经济和社会发展统计公报。

其三,突出自身特色。始终坚持因地制宜,围绕中心村、特色村、培育村建设,形成了"一村一品、一村一景、一村一韵"的良好局面。2019年,随州有14个村入选美丽乡村建设试点村①。其四,推进产业发展。产业兴旺是乡村振兴和美丽乡村建设的重点,是实现农民增收、农业发展和农村繁荣的基础。随州在美丽乡村建设中,坚持产业带动,推动乡村特色产业发展。如广水观音村作为"湖北省绿色示范村""湖北省宜居村庄""随州市美丽乡村示范点",围绕产业发展,培育种养殖大户,示范带动、整体联动,建设种植、养殖、林果、甲鱼四大基地,可实现产值1500万元;如随县淮河镇龙泉村,背靠西游记漂流、抱朴谷养生产业园、神农部落等景区,积极推进淮源生态特色小镇建设。随县三里岗镇吉祥寺村,被称为"中国香菇产业第一村",立足香菇特色产业,形成了集生产、加工、观光、旅游、商贸于一体的产业链。

三、"汉襄肱骨、神韵随州"战略的内生蝶变

《中共随州市委关于制定全市国民经济和社会发展第十四个五年规划和二〇三五年远景目标的建议》提出,提升城市品质,建设"神韵随州"。"神韵随州"建设要纵深推进"绿色城市、森林城市、海绵城市、智慧城市、人文城市、宜居城市"等建设,全面提升经济品质、生态品质、人文品质、生活品质,努力打造和谐宜居、富有神韵、更具活力的现代化城市。

(一)打造和谐宜居的现代化城市

随着人民生活水平的不断提高和社会结构的相对稳定,对生活品质的追求愈来愈高。然而,在城市转型过程中,发展不平衡不充分的问题在各

① 随州市辖区(1个):淅河镇新店村;曾都区(3个):府河镇沙门铺村、洛阳镇龚店村、万店镇红石岗村;广水市(4个):马坪镇狮子岗村、长岭镇吕家冲村、广水街道办事处土门村、骆店镇联兴村;随县(6个):澴潭镇九里岗村、厉山镇双寨村、均川镇均河口村、吴山镇联强村、唐县镇砂子岗村、太白顶景区解河村。

个领域逐渐显现，诸如人口膨胀、交通拥挤、环境污染、住房紧张、资源
匮乏、治安恶化等城市病问题严重影响了人们的生活质量。习近平总书记
强调，人民对美好生活的向往，就是我们的奋斗目标。建设神韵随州，打
造和谐宜居的现代化城市，要注意解决以下几个方面的问题：

1. 坚持规划引领，优化空间布局

在"神韵随州"建设中，要坚持城乡融合、多规合一、一体设计、分
类实施，根据城乡发展总体规划，统筹"三生"空间布局，围绕山、水、
城、文、产、人的融合发展、协调发展，把握好生产空间、生活空间、生
态空间的内在联系，实现生产空间集约高效、生活空间宜居适度、生态空
间山清水秀。根据《随州市城乡总体规划（2016—2030 年）》，在城乡空
间结构规划上，着力构筑"一主两翼，三轴多点"的市域城镇体系空间结
构①；在城市空间结构上，规划形成从老城区"单核"驱动到"一主一
副、双轴多组团"② 多中心组团式结构的全面发展；在随州中心城市发展
方向和空间拓展上，实行"中优、东强、南拓、西塑、北融"新发展格
局，疏通城市血脉，活络城市筋骨，激发城市内生动力。同时，加强随县
新县城及开发区建设，支持广水应广两城同城同质建设。全面梳理市域各
类规划涉及的空间管控要素，加快建立"多规合一"的"一张蓝图"。加
快"生态城市"建设，采用多种途径增加城市绿量，大力实施拆墙透绿、

---

① "一主"是指随州市区，是带动全市发展的核心地区和全市工业化、城镇化、
区域性中心城市建设的主要载体。"两翼"是指广水市区和随县县城（厉山镇）。"三轴"
是指实现市域外联内聚的三条功能轴，包括武西发展轴、随州市区—广水发展轴、殷
店—随州市区—洪山发展轴。"多点"是指支撑市域均衡发展的城镇节点，包括殷店镇、
洪山镇两个市域次中心培育城镇和杨寨镇、小林镇、唐县镇、万和镇、郝店镇、长岭镇、
府河镇、长岗镇、陈巷镇、武胜关镇、均川镇、安居镇、洛阳镇 13 个重点镇。
② "一主"是指依托现状随州高新区与老城区核心形成的综合型城市主中心。
"一副"是指依托随州南站形成的综合型城市副中心。"双轴"是指沿交通大道、炎帝
大道形成的南北向城市拓展主轴，以及沿随州站、随州南站间形成的东西向城市拓展
主轴。"多组团"是指布局相对紧凑、功能相对独立的城市组团，包括老城组团、城东
组团、擂鼓墩组团、城南组团、北部组团、淅河组团。

见缝插绿，努力推进社区、单位庭院及家庭阳台、建筑屋面和居室环境绿化、美化。推动城市防护林、公园、街头绿地、小游园、小广场、道路绿化建设，提高城市绿地率、绿化覆盖率，让城市建设融入大自然，让居民望得见天、看得见水、记得住乡愁。

2. 完善城市功能，推进城市更新

持续完善水、电、气、路、信等配套基础设施，优化公共服务供给；推进老旧小区、城中村（棚户区）、背街小巷、老旧管网改造工作，全面提升人民生活幸福指数；完善城市路网体系，着力解决群众出行和区域之间的快速畅通问题，让群众共享城市发展成果；推行生活垃圾分类制度，综合推进交通秩序整治、市场经营秩序整治、城市"牛皮癣"整治、环境卫生整治，力促城市品位和形象整体跃升。加快"智慧城市"建设。以数字化、网络化、智能化技术全面赋能城市发展，将智能化创新应用于民生服务、城市治理、政府管理、产业融合、生态宜居等领域，提升城市管理的智能化、精准化水平。

3. 全面深化改革，推动城乡融合

城镇化是县域经济发展的核心主题之一，也是县域经济发展的持久动力①。美国城市学者诺瑟姆在1979年提出了著名的"S形曲线城市化理论"即"诺瑟姆曲线"②（如图1.7）。城市化增长曲线描述了城市化水平

---

① 闫恩虎：《城镇化与县域经济发展的关系研究》，载《开发研究》2011年第3期。
② 该理论是否为诺瑟姆所提出学理上尚有争论，最早向国内介绍该理论的为我国学者焦秀琦在1987年《城市规划》所发表论文《世界城市化的S形曲线》，受制于当时文献检索限制，该论文将"S形曲线理论"来源确定为诺瑟姆（Ray M. Northam）于1979年编著的《经济地理》一书。事实上，早在1974年联合国在《城乡人口预测方法》中，便从理论与实证两个方面详细论证了城市化水平随时间增长的"S"形变化规律。之后随着焦秀琦上述论文被广泛引用，国内的研究者亦认同和沿用了焦秀琦的说法，并将该理论冠以"诺瑟姆曲线"。考虑到学术惯例和国内使用语境等问题，本书亦主要使用"诺瑟姆曲线"这一概念。

随时间变化呈现为由 0（城市化水平为 0，即无人城市）到 1（城市化水平为 100%，即全面城市化）向右上倾斜的"S"形的演变历程。依据该理论，不同国家和地区的城市化发展规律可被抽象为"一条稍被拉平的 S 形曲线"，也即"城市化过程一般可分为初期、中期、后期三个阶段。"具言之，城市化率达到 25%～30% 时迎来第一个拐点，达到 60%～70% 时迎来第二个拐点。其中，在第一个拐点来临之前，处于城市化水平起步阶段（Ⅰ），第二个拐点以后进入处于城市化水平稳定阶段（Ⅲ）；而两个拐点之间则处于城市化"加速发展阶段"（Ⅱ）①。

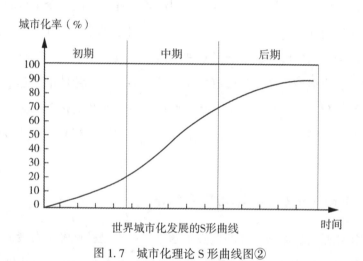

图 1.7　城市化理论 S 形曲线图②

据国家统计局公布的数据显示，2011 年，我国城镇常住人口首次超过农村，城镇化率为 51.27%。2018 年年末我国城镇常住人口 83137 万人，乡村常住人口 56401 万人，常住人口城镇化率为 59.58%，位于城市化水平加速发展阶段，处于从乡村社会向城市社会转型的关键时期，并开始逐渐步入城市化水平稳定阶段。在向这一阶段转变过程中，我国人口和产业不

① 焦秀琦：《世界城市化发展的 S 形曲线》，载《城市规划》1987 年第 2 期。
② 图片来源于，http://www.ciudsrc.com/new_zazhi/fengmian/yiliunian/2016-01-23/97020.html。

断向城市集中，譬如在近 40 年间，在城镇化进程中，我国相当于把两个美国的人口从农村转移至城市，使得对资源的需求也在不断增长。比尔·盖茨曾言，中国 2011 年到 2013 年三年之间所用掉的水泥（66 亿吨）比美国整个 20 世纪（45 亿吨）还高很多。

在城镇化不同发展阶段，若不妥善处理好城市发展所面临的各种问题，将会严重阻碍城市化进程。譬如，英国在城市化初期，因必要的供水、污水和垃圾处理等基础设施供给不足，导致严重的环境污染和致命疾病的流行。阿根廷在 1980 年城镇化率便达到 83%，然而，由于超前的城镇化率与工业发展不相匹配，尤其是就业问题的解决缺乏相应的产业支撑，引起贫富差距悬殊、经济增长缓慢、失业率居高不下、社会矛盾凸显等问题，导致无法跨越"中等收入陷阱"。非洲等国在城市化过程中，由于缺少小城镇作为"拦水坝"，人口大量流入城市，导致"贫民窟"大肆蔓延。"他山之石，可以攻玉"，虽然各国、各地实际情况不同，但总体来看，城市发展有其自身的发展规律，我国须在借鉴他国或地区在城市化过程中成功经验的基础上，汲取反面教训，最大限度的避免城镇化过程中所出现的各种问题。

落脚于随州而言，在随州城镇化进程方面（如图 1.8），以常住人口为统计口径①，随州于 2017 年城镇化率首次突破 50%（较 2011 年全国城市化率首次突破 50% 晚了近 6 年），并开始实现由"乡村社会"向"城市社会"稳步迈进，由"城乡二元"向"城乡融合"稳步推进，由"传统生活"向"现代生活"逐步演进，发展路径亦由"规模扩张"转向"高质量发展"阶段转变的过程。2018 年末，随州城镇化率 52.12%。尽管较国家整体城镇化率少了近 7.46 个百分点，但整体上与国家城镇化水平和发展

① 当前在统计城镇化水平（城镇化率）时存在两种统计口径，一是依据公安部门的户籍资料所确定的户籍人口为基数来计算城镇化率。以此种统计口径得出的结果可作为评价"户口城镇化"水平的依据；二是以城镇常住人口也即在居住城市半午以上的人口占全部人口的比重为统计口径计算城镇化率，此种统计方式乃"国际惯例"。以此种统计口径得出的结果可作为评价"人口城镇化"水平的依据。

阶段基本保持一致。因此，"城市化率突破 50% 后怎么办"是摆在随州面前的重要课题。

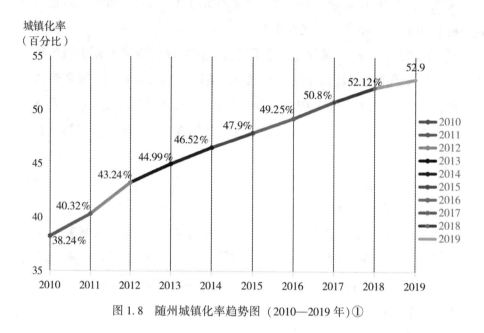

图 1.8　随州城镇化率趋势图（2010—2019 年）①

一条很重要的路径就是，通过加大户籍制度改革，促进城乡要素流动，健全基本公共服务保障，加快以人为核心的城镇化。挖掘县域城镇化的发展潜力，提升县城综合承载能力。完善城镇功能，引导农业人口向中心镇、重点镇、特色镇等转移。

---

①　图表制作数据参考 2010—2019 年随州市国民经济和社会发展统计公报。其中，在随州市国民经济和社会发展统计公报中，2016 年之前并未列出城镇化率统计数据，其中 2014—2015 年度虽未列出城镇化率统计数据但列出了城镇人口数量，2010—2013 年城镇化率和城镇人口数量均未列出。在 2017 年随州统计年鉴中，列出了 2010—2015 年随州常住人口和城镇人口数量。本书按照"城镇化率＝城镇人口/常住人口"这一计算公式，对 2010—2015 年随州城镇化率进行了统计，计算结果可能稍有偏差，最终以官方数据或解释为准。

(二) 打造富有神韵的现代化城市

"神韵"语出《宋书·王敬弘传》:"[敬弘] 神韵冲简,识宇标峻。"喻指一种理想的艺术境界,其美学特征是自然传神,韵味深远。诚然,文化作为人类文明的沉淀物,是一个城市的灵魂。城市的发展,最终需要文化尤其是特色文化作为支撑。"神韵随州"建设中,"打造富有神韵的现代化城市"关键在于将随州深厚的历史文化体现在城市发展之中。

1. 要在城市建设中融入文化元素

习近平总书记指出:"一个城市的历史遗迹、文化古迹、人文底蕴,是城市生命的一部分。文化底蕴毁掉了,城市建得再新再好,也是缺乏生命力的。"要在城市建设中延续历史文脉,将特色文化符号和元素融入城市整体形象设计,突出历史风韵在现代城市的创造性呈现,打造城市文化品牌。如在城市建筑方面突出现代化的同时,应该给城市注入更多的历史文化元素。当前,神农广场、编钟造型的路灯、精美的乐都旋风雕塑以及其他以历史文化元素命名的街道、公园、建筑等,都是很成功的做法,既突显了城市文化的特色,又防止了城市建设中的千城一面。

2. 要在城市风格中彰显文化特色

城市不是"水泥森林"和"玻璃幕墙",城市的发展亦不单单是贴上高楼林立、车水马龙、霓虹闪烁等喧嚣浮华的标签,便可称之为所谓的国际性、现代化都市。城市的品位和特色离不开文化的底色与涵养。路易斯·芒福德有言:"城市是一种特殊的构造,这种构造致密而紧凑,专门用来流传人类文明的成果。"然而,在我国城市化进程中,一些城市盲目扩建,忽视历史文脉及城市精神的体现与创造,导致建设千城一面,出现了"南方北方一个样,大城小城一个样,城里城外一个样"现象。前英国皇家建筑师学会会长帕金森曾告诫:"全世界有一个很大的危机,我们的城市正在趋向同一模样。"在城市化进程中,一些城市的特色和底蕴逐渐消退。城市文化符号包罗万象，如文字符号、色彩符号、图像符号、特色建筑等多种样态。当人们提及北京这座城市时，我们就会想到胡同、四合院、天坛、京剧等，这便是文化特色使然。随州应从当地文化、风土人情、民俗礼仪等方面入手，充分挖掘自然风光、民俗风情、特色风物，让历史文化与城市规划和建设、文化产业发展、高新技术发展等相融合，让文化符号得以物化体现，汲取传统风貌型、风景名胜型、地方及民族特色型、近现代史迹型、一般史迹型等多种文化风格，突显随州文化特色，提升国家历史文化名城地位。

3. 要在城市管理中体现文化保护

20 世纪 80 年代至 90 年代中期，"变"与"新"成为城市发展的代名词，简单地以"新"以"变"为目标，大量拆除成片的历史建筑被认为是现代化建设的标志①。在打造富有神韵的现代化城市的进程中，要做好历史文化遗产的保存、保护工作，合理规划城市布局，善于在改善人居环境的同时传承文化、延续历史，处理好"拆旧"与"仿古"的关系，更要防止重城市外延数量扩张、轻城市文化内涵延续这一现象的发生，从而遏制城市文化空间遭到破坏、历史文脉得以割裂等不良倾向。如将呈现曾随文化 700 年的擂鼓墩古墓群、羊子山遗址、庙台子遗址、义地岗古墓一线串珠，连线成片，打造"四园多点一走廊"主题文化展示区，将沉睡地下的曾随文化借旅游的形式呈现，就是一种很好的做法。

(三) 打造更具活力的现代化城市

一个城市的活力归根结底在于支撑这个城市的产业是否有活力。打造更具活力的现代化城市，其一，经济有动力。加速推动产业倍增，以智能化、绿色化、服务化、高端化为引领，以技改为抓手，以创新为驱动，拉

---

① 郑时龄：《留住城市的神韵（文明之声）》，载《人民日报》2018 年 9 月 19 日第 22 版。

长产业链，提升价值链，培育创新链，推动优势产业突破发展、传统产业转型发展、新兴产业壮大发展，着力"建设全国有引领力的专汽之都、有影响力的现代农港、有吸引力的谒祖圣地、有竞争力的风机名城"，为现代化城市提供坚实支撑。其二，生态有魅力。统筹推进环境保护、生态修复、绿色发展等工作，开展非法采砂和入河排污口综合整治、挥发性有机物污染治理、化工企业专项整治、城市黑臭水体整治、农业面源污染整治等环境整治攻坚行动，助力生态环境保护；实施厕所革命、精准灭荒、乡镇生活污水治理全覆盖、城乡生活垃圾无害化处理全达标重大生态工程，夯实生态环保基础。深化城乡绿色革命，发展新能源、新材料、节能环保、工业旅游等绿色产业，增添生态绿色底蕴。其三，文化有张力。文化是旅游的灵魂，旅游是文化的载体。文化产业具有关联性广、渗透性强、黏合度大的特点，深挖"历史文化+"的产业裂变，创造性地开发既融合历史文化又符合现代审美和需求的家居、饮食、娱乐、教育的新业态。立足于炎帝文化、编钟文化、曾随文化、红色文化等文化资源的独特优势，按照"宜融则融、能融尽融，以文促旅、以旅彰文"的思路，大力发展文旅产业。整合红色文化游、乡村旅游、研学旅游、休闲旅游、康养旅游等业态，推动全域开发和转型升级。推动项目与景区有机结合，文化与旅游深度融合，使文化产业成为特色产业增长极。

第二章
"汉襄肱骨、神韵随州"建设的基础研判

> "城市应成为构成一个地理的,经济的,社会的,文化的和政治的区域单位的一部分,城市依赖这些因素而发展。"
>
> ——《雅典宪章》

"汉襄肱骨、神韵随州"发展战略是在立足随州的产业基础、资源禀赋和后发优势的客观环境下,对随州未来发展所作出的决策部署和统筹谋略①。"汉襄肱骨、神韵随州"是随州未来一段时间内的核心战略和全域战略,具有主导发展、引领跨越和总揽全局的功能。

一、良好的产业基础

产业是发展之基、立市之本。世界城市发展的历程告诉人们,城市的发展离不开强大的产业支撑。正所谓"产业兴则城市兴,产业强则城市

---

① 由于此章涉及内容比较庞杂,资料来源较多,在整合市委党校往年送阅件内容基础上,还有来自于随州宣传、发改、经信委、文体新、环境、应急、统计、旅游、农业、林业等部门提供的资料及在相关媒体发布的讯息,相关来源可能无法一一注明,在此表示诚挚感谢。

强"。城市发展往往伴随着产业结构持续优化的过程。在"速度时代"转向"质量时代"的高质量发展阶段，资源环境不堪重负、人口红利优势逐渐消失，靠过去那种拼资源、拼环境、拼消耗、拼投资的老路难以为继。于随州而言，也存在着主导产业带动性不够、产业融合度不深、产业核心竞争力不强、创新驱动发展动力不足等问题，尚待通过"汉襄肱骨、神韵随州"建设，积极推动质量变革、效率变革和动力变革，有效提升产业品质，推动高质量发展。每个城市都有其特色产业及独特的产业体系。随州"十三五"规划就曾指出，"发挥专用汽车、食品工业引领作用，促进专用汽车及零部件、电子信息、风机、香菇、铸造等五大省级重点成长型产业集群持续健康发展，提高工业经济发展质量和效益，增强工业整体实力和竞争力，夯实工业强市之基"，奠定了十三五时期产业发展的主基调。《中共随州市委关于制定全市国民经济和社会发展第十四个五年规划和二〇三五年远景目标的建议》提出，"十四五"时期初步建成全国重要的专用汽车生产基地、应急产业示范基地、航空物流装备制造基地、地铁装备产业基地、农产品加工出口基地和优秀旅游目的地。

"建设全国有引领力的专汽之都、有影响力的现代农港、有吸引力的谒祖圣地、有竞争力的风机名城"则着重强调了产业发展战略的内涵。当前，随州依托四大产业名片，相关产业发展基础不断夯实，集聚效应不断增强（见表2.1）。无论是改装汽车产业，还是食用菌产业、旅游业、风机产业，产业基础能力和产业链水平不断提升，而风机产量下降的原因主要是由于风机产业逐渐从追求速度向追求质量转变。

表2.1　　近年来随州代表性产业产能（量）或游客接待量①

指标项目	2012	2013	2014	2015	2016	2017	2018
专汽之都改装汽车（量）	63402	75991	83300	97555	91748	111529	123440

① 相关数据来源于《2019年随州市统计年鉴》。

续表

指标项目	2012	2013	2014	2015	2016	2017	2018
现代农港食用菌（干鲜混合）（吨）	15121	63007	71701	81394	85946	85544	89138
谒祖圣地全年接待游客（万人次）	1203.85	1450.28	1583.5	1760.2	2025	2250	2500
风机名城风机（台）	20904	10982	11550	10174	7748	7906	6636

（一）专汽产业基础

我国的专用车基地众多且分布广泛，西有湖北十堰、湖北随州，南有福建龙岩，东有山东梁山，北有辽宁铁岭、吉林长春等。

各地的专用车基地特点鲜明、发展水平各异，如福建龙岩的环卫系列专用车、应急电源车、大功率抽水车等产品在全国同行中处于领先地位；山东梁山的挂车具有传统优势；襄阳在新能源汽车方面不断厚植优势；十堰在商用车方面具有明显优势等。随州作为国内专用汽车品种最全、特色最鲜明、产业资源最丰富的城市，是"中国专用汽车之都"，是湖北省专用汽车走廊"十堰—襄阳—随州"重要支点城市，专汽产业综合实力全国第一，专用车全产业链年销售收入超过600亿元。

近年来，随州专用车在全国特色鲜明，全市专汽规模以上企业180家，年产专用车20万辆，产品涵盖100多个品种，年产值超过300亿元。2020年12月，我市出台《关于推动专汽产业高质量发展的意见》提出，将建设"六大园区""四大中心""六大工程"①。建设具有引领力的专汽之都，既是在随州专汽产业发展日趋成熟，作为随州特色产业增长极的需要，又是随

---

① 我市将建设机场地勤装备产业园、工程机械产业园、应急装备产业园、军民融合产业园、汽车零部件产业园、专汽企业孵化园"六大园区"，专用汽车博览中心、智能涂装中心、专用汽车研发中心、专用汽车检测中心"四大中心"以及专汽试验场，实施强链延链补链、企业成长、市场开拓、转型升级、质量品牌培育、软实力提升"六大工程"。

州专汽产业在全国的影响力日益扩大,做好产业发展领头雁角色的需要。

(二)现代农业基础

随州在农业领域所形成的先发优势、累积优势、后发优势为建设"现代农港"奠定了坚实的资源基础。

目前,随州已形成食用菌、畜禽、优质粮油、木本油料、果蔬茶五大特色产业,并逐步建成现代化的特色生态农业体系。如以裕国菇业为代表的"香菇种植+加工+工业旅游"、以神农茶业为代表的"茶叶种植+加工+采摘休闲"、以品源现代为代表的"香菇种植+加工+电商"、以神农丰源为代表的"牡丹种植+加工+观赏"等特色鲜明的产业融合模式。随州市作为湖北省最年轻的地级市,经济总量较为靠后,但我市拥有全国最大的香菇生产出口基地、华中地区最大的肉鸡生产加工基地、全省最大的茶叶加工出口基地,是国家农产品生态原产地保护示范区、出口食用菌质量安全示范区;随州还拥有省级农业产业化联合体 4 个、省级现代农业产业园 4 个、农业产业化市级以上龙头企业 130 家。随县、广水、曾都分别是"全国农产品初加工示范县""国家级农产品加工业示范基地"和"国家级电子商务进农村示范县市";随州农业更孕育出一批批"单打冠军"和"国字招牌",影响力不断扩大。2020 年,随州农业产业取得了不俗成绩,农产品出口逆势增长,增幅高达七成以上,稳居全省第一位,农产品品牌建设持续推进(如图 2.1)。

特色主要是指资源和产品的品质,而优势则是指市场份额、消费信誉、品牌影响和出口能力。在农产品品牌建设上,"两品一标"便是重要的抓手。"两品一标"是以绿色食品、有机农产品和农产品地理标志为主要类型的农产品认证登记体系①。值得注意的是,我国地理标志并非单指

---

① 2018 年,根据中共中央办公厅、国务院办公厅《关于创新体制机制推进农业绿色发展的意见》要求,经中央编办批准,农业部决定对无公害农产品认证、农产品地理标志登记工作的职责进行调整,并对无公害农产品认证制度进行改革。3 月 31 日前,暂停无公害农产品认证(包括复查换证)申请、受理、审核和颁证等工作,原颁发证书有效期顺延。自此,"三品一标"变更为"两品一标"。停止无公害农产品认证工作,在全国范围启动合格证制度试行工作。

总论部分 理论阐释

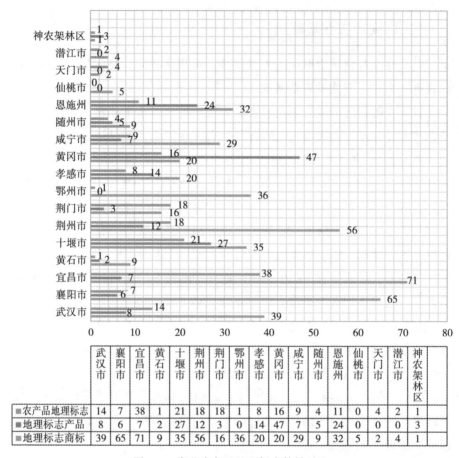

图 2.1 湖北省各地地理标志数量对比

	武汉市	襄阳市	宜昌市	黄石市	十堰市	荆州市	荆门市	鄂州市	孝感市	黄冈市	咸宁市	随州市	恩施州	仙桃市	天门市	潜江市	神农架林区
农产品地理标志	14	7	38	1	21	18	18	1	8	16	9	4	11	0	4	2	1
地理标志产品	8	6	7	2	27	12	3	0	14	47	7	5	24	0	0	0	3
地理标志商标	39	65	71	9	35	56	16	36	20	20	29	9	32	5	2	4	1

农产品地理标志，还包括"地理标志产品""地理标志集体商标或证明商标"两种保护形态。当前，新设立的农业农村部承继了原农业部的地理标志管理职责；重新组建的市场监督管理总局下属国家知识产权局，将国家质量监督检验检疫总局的原产地地理标志管理职责整合。

据不完全统计，随州已有农产品地理标志商标 9 件（"随州古银杏""随州泡泡青""柏树湾金银花""随县万和兰花""随县葛粉""广水市余店大白菜"等），地理标志产品 5 件，农产品地理标志 4 件，但从全省来看，与其他兄弟市州相比，随州地理标志数量仍有较大上升空间。早在2018年，随州有效农业"三品一标"138件，其中有机产品8件，绿色食品57件，无公害农产品69件，地理标志产品4件，认证总量达52万余吨；已有40余家龙头企业通过ISO9000、ISO22000、GAP等质量体系认证①。经过多年的积淀，随州在农业领域已然积累了较强的品牌优势，为建设"现代农港"奠定了重要的品牌基础。

（三）文化产业基础

随州文化底蕴深厚，集炎帝文化、编钟文化、曾随文化、红色文化、佛教文化等于一体，但是文化产业发展相对较慢，文化产业增加值占GDP的比重低于全省平均值。文化与旅游有着十分紧密的联系，文化是旅游的灵魂，旅游是文化的载体。随州作为历史文化名城，有"炎帝神农故里""中国编钟之乡"的美称，历史文化底蕴深厚，生态旅游资源丰富。"建设具有吸引力的谒祖圣地"，不断提升城市文化软实力，是市委市政府立足于充分挖掘和利用好随州深厚的文化资源和丰富的旅游资源所作出的重大研判。

近年来，随州不断创新文化旅游发展市场化运行体制、创新区域合作机制、创新文化旅游产业投融资机制、创新体系化的政策支持机制，先后出台《关于培育旅游支柱产业建设旅游经济强市的意见》《旅游产业发展奖励办法》《随州市加快文化旅游业高质量发展若干政策实施细则》等政策和措施，文旅产业发展势头迅猛。2019年全年接待国内旅游人数2832万人次，同比增长11%；国内旅游收入178.7亿元，增长14%。接待海外游客2.05万人次，增长6%。

国家历史文化名城建设方面，围绕"四园多点一走廊"布局，编制曾随文化大遗址走廊保护利用概念性规划，义地岗枣树林墓地完成考古发

---

① 相关资料和数据。参见"舞好龙头路更宽——随州市农产品加工业发展纪实"，载《随州日报》2018年10月31日。

掘，义地岗墓群、庙台子遗址、新四军第五师司令部旧址成为全国重点文物保护单位。全域旅游建设方面，以随县和长岗镇创建省级"全域旅游示范区"为突破口，加快推进供给侧结构性改革，科学规划旅游产业布局，全面完善旅游产业链，优化旅游产业和产品结构，不断完善旅游产品和旅游服务体系，做好文旅融合和文旅+农业、文旅+商业、文旅+工业的文章，推动文、旅、农、商、工等融合式发展，打造全省特色增长极。构建以炎帝故里、大洪山、西游记公园等核心景区为龙头、以 A 级景区为骨干、以乡村旅游为依托的全域旅游大格局，着力推动形成"拜炎帝始祖、听编钟神曲、看曾侯古墓、游灵山秀水、赏银杏秋色、享随州神韵"的旅游格局。文旅品牌建设方面，2019 年，全市共有 7 个全国重点镇、1 个国家历史文化名镇、1 个中国特色小镇、1 个全国美丽宜居小镇、1 个全国特色景观旅游名镇、1 个省级特色小镇。在 2017 年央视《魅力中国城》竞演中，随州荣膺全国十佳魅力城市。自 2009 年以来连续 12 年成功举办世界华人炎帝故里寻根节，编钟文化元素在第七届世界军运会精彩展现，"随心随愿随州城"城市宣传片登上央视黄金档，炎帝故里景区被央视评为"年度魅力文化景区"等。

（四）风机产业基础

广水的风机产业发展起步于 20 世纪 50 年代末（1958 年），依托湖北省风机厂不断裂变扩张形成。2012 年被中国机械工业联合会授予"中国风机名城"。广水风机产业集群连续 10 多年被纳入全省重点成长型产业集群，产品广泛用于地铁交通、污水处理、航天军工等领域。随州"十四五"规划将风机名城和专汽之都平齐列入战略目标中，随州 2021 年政府工作报告中更指出，"加快壮大县域优势板块，支持广水市打造风机名城"。当前，随州拥有风机制造及配套企业 60 多家，汇集了冶炼、铸件、电机、电线电缆、电子元件等多家配套规模企业，有"三峰"和"双剑"两个中国驰名商标，是湖北风机制造科研开发的重要基地，生产的 60 多个系列、1000 多种规格和型号的风机畅销全国，部分产品远销美国、印度等

20多个国家，风机产业年产值近100亿元。广水风机产业获得了全国化工、磷肥、硫酸、电力、煤炭等行业设备供应及服务入网资格。环保型、节能型风机研制在全国占有优势地位，高原二氧化硫系列风机、耐高温风机材料填补国内空白，HTD化铁炉离心鼓风机获全国科学大会奖，矿用风机获国家安全标志认证，两级二氧化硫低速高压风机技术被科技部列入国家技术创新项目。高效透平机以第一名成绩中标工信部造纸节能改造领域，S系列三元流离心鼓风机比传统二元流节能15%以上。

二、独特的区位优势

（一）交通空间优势

地级随州市建立之初，随州境内仅有3条国道穿境而过，全境公路通车里程不足3000公里，且道路通行状况差，以土路、砂石路和渣油路为主。4条铁路、4条高速、6条国道在随州境内纵横交错，东距上海、西至成都、南达广州、北到北京都在1000公里半径之内（见图2.2），立体式的交通网络为随州提升对外开放水平奠定了坚实基础。

目前随信高速公路、襄阳经随州经信阳至合肥高速铁路等项目亦在积极推进。2019年11月，汉十高铁正式通车，标志着随州进入了"高铁时代"。随州沥青、水泥公路通车总里程已突破10000公里，拥有6条国道、13条省道、1579公里县道、3027公里乡道、9517公里村道，路路互联成网，构筑了随州纵横交错、便捷互通的公路支线和毛细血管。其中仅316国道随州城区段先后进行了两次东迁（先由现舜井大道外迁至现交通大道，再由交通大道外迁至东外环），而且每一次外迁都对城市空间格局产生重要影响，舜井大道目前已是主城区的核心区域，交通大道现如今形成专汽产业走廊，东外环的建成拉大全市发展框架后，一批产业园区正逐渐向公路两侧聚集，四通八达的干线公路网对城市经济发展的促进作用日益明显。

图 2.2 随州交通区位①

(二) 地理空间优势

结合顾祖禹《读史方舆纪要》以及《左传》，随州的地理形势可作以下描绘："随北接黾厄，东蔽汉沔，介襄、郢、申、安之间，实为要地；义阳南阳之锁钥，随实司之；其山溪四周，关隘旁列，几于鸟道羊肠之险，洵用武者所必资也。"② 随州位于湖北省北部，地处长江流域和淮河流

---

① 图片来源于随州政府网，http：//www.suizhou.gov.cn/gkxx/dlwz/202001/t20200104_585443.shtml。

② 此种表述是政府门户网站对外介绍随州所使用的，但该表述属于整合后的删节版。顾祖禹的《读史方舆纪要·七十七卷》曰：随州北接黾厄（阨），东蔽汉沔，介襄、郢、申、安之间，实为重地。《左传》曰：汉东之国，随为大。楚武王经略中原，先服随、唐，而汉阳诸姬尽灭之矣。盖楚服随、唐而蔡、郑始惧焉。自是南北多故，往往置戍守于此。说者谓：出义阳可以兼颍、汝，出南阳可以规伊、洛，而义阳、南阳之锁钥，随实司之。又其地山溪四周，关隘旁列，几于鸟道羊肠之险，洵用武者所必资也。宋失中原，长淮以外，即为敌境。议战议守，未尝不切切于随州。马氏贵与曰：随州因山为郡，岩石隘狭，道路交错，自枣阳至厉山九十九冈，有括襄之势，易入而难出云。相关内容参见 http：//blog.sina.com.cn/s/blog_be6d371d0102ylzz.html；http：//suizhoushi.com/forum.php？mod＝viewthread&ordertype＝2&tid＝595823。

域的交汇地带，东承武汉，西接襄阳，北临信阳，南达荆门，居"荆豫要冲"，扼"汉襄咽喉"，为"鄂北重镇"，是湖北省对外开放的"北大门"，国家实施西部大开发战略由东向西的重要接力站和中转站。

随州市南北长约130公里，东西宽约105公里，面积9636平方公里，境内山以大洪山和桐柏山为脉，呈西北——东南向分布。地势由南北渐向中部微缓倾斜，南、北、西部为海拔200米左右的低山丘陵，中部为海拔百米以下的陂陀岗地，东南一隅为海拔60米左右的平川。其中，山地面积4285平方公里（61.3%）、丘陵面积2094平方公里（30%）、平畈530平方公里（7.6%）、河滩面积80平方公里（1.1%）。总体观之，随州地处北方黄河流域和南方长江流域的交汇地带，山脉与河流交错，山谷与坡地相衔，丘陵与平地呼应，北面为淮阳山脉西段的桐柏山，西南面为褶皱断块山大洪山，中部为西北——东南走向的狭长的平原（随枣走廊），山水格局世间少有，生态结构优良，生态资源富集。良好的地理环境，既使随州拥有得天独厚的生态环境、丰富的旅游资源、突出的农业优势，又使随州获得更为广阔的发展战略空间。如随州地处桐柏山和大别山山脉交错之处，随州被全域纳入大别山革命老区振兴发展规划。

（三）流域空间优势

从城市发展史来看，城市的形成、发展及演变与河流水系有着密不可分的关系，它们是制约和影响城市空间结构的重要因素[1]。"流域经济是一种以自然河流水系为基础，流域人、财、物资源配置为核心的亚区域和跨区域经济系统，流域经济进行综合开发与治理，已成为我国合理布局生产力，发展经济，缩小地区差距、实现经济协调发展所面临的一项重要任务。"[2] 随州地处长江流域和淮河流域的交汇地带，平原之上，存在府河流域、淮河流域、汉水流域、漳水流域四大流域，涢水、溠水、漂水、溹水、均水、浪河等支流贯穿其中并呈叶脉状分布。随州独特的流域空间，

[1] 邢忠、陈诚：《河流水系与城市空间结构》，载《城市发展研究》2007年第1期。

[2] 胡碧玉：《流域经济论》，载《四川大学》2004年博士学位论文。

给随州产业发展带来重大机遇。其一，涢水亦称府河，源于随州市西南部大洪山东北麓，上有两源，两源北流入大洪山水库汇流成府河，府河在曾都区再次汇流（㵐水至随州城瓜园注入涢水），在广水徐家河再次汇流，在孝感汇集漂水支流，之后东南流至武汉市谌家矶入长江。随州水系与长江的关系，使得随州被纳入长江经济带发展规划之中。其二，淮河干流发源于鄂豫两省交界的桐柏山太白顶北麓，源头在随州市随县淮河镇。淮河流域西部、西南部及东北部为山区、丘陵区，其余为广阔的平原。随州水系与淮河的渊源，获得了纳入淮河生态经济带发展规划的"入场券"。其三，发源于陕西，流经河南、湖北的汉江系长江最大支流，全长 1577 公里。随州境内拥有汉江支流①，是汉江生态经济带发展规划将随州纳入其中的基本依循。发达的水系，造就了长江经济带、汉江生态经济带、淮河生态经济带等重大国家战略在随州的叠加，为随州经济社会发展提供了良好的契机。

三、优越的资源禀赋

随州以西周封国"随"为名。春秋分属随、厉、唐三国。战国末属楚，置随县。西魏大统元年（公元 535 年）置随州。中华人民共和国成立后，随州行政区划亦历经多次调整②。随州从夏商至今已有 4000 余年的建

---

① 如解河，古称溲水，俗称秋河，也称三家河，发源于随北七尖峰山大仙垛，上游随州境内称栗河，自南向北，过新峰水库，流经随县新城镇，在界口村一带进入河南省桐柏县，始称步河，经程湾乡，在平氏镇纳鸿鸭河后，转向西北行，在埠江镇纳源自唐河县的丑河，进入唐河县境，纳东来的江河，西流至唐河县城南汇入唐河最后汇入汉江。河长 97 公里，流域面积 1491 平方公里，其中随州境内流域面积 49 平方公里。又如滚河属于长江水系汉江支流唐白河的支流，而昆河又属于滚河流域，发源于随州市大洪山的余脉——木马岭、雨停岭一带，流经清潭、唐店、同心，在枣阳吴店上游的皇村与滚河汇合。

② 随州市的前身是随县，中华人民共和国成立初随县由孝感专区管辖，后又被划入襄樊专区（襄樊地区）。1979 年，随县被拆分为县级随州市和随县；1983 年，随州市和随县合并为县级随州市，仍属于襄樊地区管辖。直到 1994 年，随州市脱离襄樊，成为省直管市，随州走出了关键性的一步。到 2000 年，随州市正式被升格为地级市，成为湖北省最年轻的地级城市。

制历史，随州城自战国晚期楚置随县以来，已有近2300余年历史。随州悠久的历史，使其拥有十分丰富的文化遗产，有"古人古事、古刹古迹、古风古景、古谚古语"。深厚的历史文化积淀，成为随州发展文化旅游的内在优势。

（一）历史古迹资源

历史文化遗存（迹）与古人古事并非独立而存在。物态资源是指由人类加工、自然创制的各种器物，其是文化发展的物质基础。

1. 古刹古迹

随州地处南、北交通要冲且居东、西交融之地，为历代兵家必争之地，遭受战火损毁严重，加上长期自然侵蚀和人为破坏的叠加效应，历史文化遗存呈现碎片化、散落化分布。与此同时，随州历史文化遗存结构具有不均衡性，历史文化遗存大多藏于地底，地面遗存不多，对历史文化遗存的保护保存以及挖掘开发造成较大困难。纵然如此，随着时间的推移和考古技术的不断成熟，难掩随州历史文化遗存的呈现。

（1）古墓群（遗址）

随州境内曾（随）文化大遗址主要包括随州擂鼓墩古墓群、义地岗古墓群、安居遗址（安居古城址、羊子山古墓群）、叶家山墓地（西花园、庙台子遗址）。其一，具有闻名于世的全国重点文物保护单位擂鼓墩古墓群，初步探明大中小型墓葬200余座，其中曾侯乙编钟等9件文物被定为国宝；其二，具有叶家山古墓群，初步发现大小墓葬120座，且距其约1公里的庙台子遗址、西花园遗址均为新石器时代至商周时期的古文化遗址；其三，具有义地岗古墓群，曾先后发掘春秋时期古墓葬80余座，出土文物750余件；其四，具有安居古城遗址及羊子山古墓群。这4处遗址同属西周、春秋、战国时期的曾国文化遗址，具有明显的文化相承性。

中华人民共和国成立以来，随州先后出土过各类珍贵文物2万多件（套）。第三次全国文物普查数据显示，随州现有记录在册的不可移动文物1966处。曾侯乙古墓遗址于1978年发掘，墓坑开凿于红砾岩中，为多边形竖穴墓。南北16.5米，东西21米，墓中共出土随葬品万件以上。随州曾侯乙古墓出土曾侯乙编钟一套65件，是我国目前出土数量最多、重量最重、音律最全、气势最宏伟的一套青铜编钟，被誉为"世界第八大奇迹"，为研究曾国文化及曾、随关系，提供了重要的实物史料。此外，随州还有古珠：随侯珠（随珠和璧)①。

（2）古遗址、近现代重要史迹及代表性建筑

随州城市现存诸多历史古迹。全市已公布全国重点文物保护单位 2 处②、省级文物保护单位 33 处③。早期随州在申报国家历史文化名城时，其境内就存有 19 处历史建筑。近几年，通过历史文化名城规划修编，除了对以曾都老城区为核心的历史城区加以规划外，还对草甸子街历史文化街区、淅河老街历史文化街区、安居古镇老街历史文化街区和安居镇国家历史文化名镇等加以整体规划。当前，随州共普查成规模的历史建筑 60 余处，其中保护性建筑 22 处。《随州市城乡总体规划（2016—2030 年）》（以下简称"总规"）将随州古城、草店子街、淅河老街和安居古镇老街纳入历史文化名城保护范围。

---

① "随珠和璧"主要指随侯珠与和氏璧的并称，目前泛指珍宝或珍宝中的上品。传说古代随国姬姓诸侯见一大蛇伤断，以药敷之而愈；后蛇于江中衔明月珠以报德，因曰随侯珠，又称灵蛇珠。楚人卞和于荆山得一璞玉，先后献给武王、文王，均以为石，和以欺君罪被砍断两足；成王登位，使人剖璞，果得夜光宝玉，因命之曰和氏璧。事见《韩非子·和氏》《淮南子·览冥训》。

② "全国重点文物保护单位"是我国对不可移动文物所核定的最高保护级别。"擂鼓墩古墓群"和"安居遗址"分别于 1988 年和 2013 年入选全国重点文物保护单位。

③ "唐镇墓群"1956 年 11 月 15 日公布为第一批湖北省文物保护单位。"西花园遗址、擂鼓墩古墓群、义地岗墓群、铁旗杆""炎帝神农氏遗址"碑及洞穴、九口堰革命旧址、龙爬寨、《应山协议》签订旧址"等 8 处在 1992 年 12 月 16 日被公布为第三批湖北省文物保护单位。"安居城址、洪山寺塔及碑刻"等 2 处于 2002 年 11 月 7 日被公布为第四批湖北省文物保护单位。2008 年 3 月 27 日"金鸡岭遗址、黄土岗遗址、将军寨遗址、大城寨遗址、刘家崖墓群、大块地墓地、彭家湾墓地、解河戏楼、曾都文峰塔、玉皇顶、徐店戏楼、千户冲民居"等 12 处被公布为第五批湖北省文物保护单位。2014 年，湖北省政府公布第六批湖北省文物保护单位名单，随州 10 处市级文物保护单位成功升级为省级文物保护单位。其中古遗址 4 处，分别为曾都区周家古城遗址、随县田王寨遗址、随州高新区庙台子遗址、广水市王子山遗址；古墓葬 2 处，分别为随州高新区叶家山墓地和广水市连舜宾墓；古建筑 2 处，分别为随县太白顶塔林和云堂寺塔；近现代重要史迹及代表性建筑 2 处，分别为曾都区雪公堂和随县江汉军区司令部旧址。

　　具言之，随州现有标志性历史文化遗存"古城墙及护城河①、岁丰桥②、文峰塔③、舜井及舜井碑④、智门寺遗址⑤、

---

　　① 据清同治《随州志》记载：随州城利用西魏、北周以来的旧址而建城池，最早的记载见于宋时随州知州吴柔胜（1208 年在任）。原为土城，明朝洪武二年，守御镇抚李富等始建成砖城。明朝成化十五年（1479 年）判官孙益等重新疏浚护城河。城外土城即元朝时旧城。根据上述记载，古城墙及护城河早可以追溯到西魏、北周时期，再迟也可定为宋朝，明、清两朝多次修建加固。目前，南关草甸子南端尚存一段土城，起码可以确定是元代遗迹。宋代沈括在随州写有《登汉东楼》，汉东楼旧址就在南关草甸子南端，这段土城应是宋朝遗迹。

　　② 据清同治《随州志》记载：岁丰桥建于明成化十五年（1479 年），州判官孙益始建岁丰桥。桥名寓岁岁丰收。由于常受湨水秋涨倒灌，合溪水溢，泛溢数里，故桥毁。明弘治十年（1497 年），知州李充嗣在原桥以南百步用岁丰桥名另建单拱石桥。李充嗣为图桥基稳固，以铁链联系两端桥墩。水底铁链因波光粼粼，仿佛像蠕动的蜈蚣，故有"岁丰桥下铁蜈蚣"之说。清道光二十八年（1848 年），桥再次被洪水损坏，交通受影响。咸丰二年（1852 年），群众捐款复修。至今保存完好。1981 年有人从河沟架梯上桥发现一石碑，嵌于桥北西壁。碑长宽各 0.4 米，阴镌楷字为"大明洪（弘）治十年州主李充嗣建岁丰桥，于道光二十八年六月内被水冲崩。咸丰二年菊月，首人余朝贵重修"。该桥现列入市级文物保护名单。

　　③ 建于清代光绪十年（1884 年）五月。清同治《随州志·重建文峰塔记》曰：城东南望城岗回龙寺旧有文笔塔，所以唐宋元明时文人学士层见叠出。明末战乱，此塔坍塌。清道光九年（1829 年），由城南杨秀才倡导，在民间筹款重建了文笔塔。至咸丰、同治两朝，塔多次遭战争破坏。光绪十年（1884 年）五月，知州主持在城南沿用文笔塔名另建一座宝塔，改称文峰塔。原受损坏的文笔塔于 1966 年拆除。

　　④ 宋朝许觉之有《舜井断碑》。据南宋《隶释》记载，舜井碑因年久而字迹多剥落，惟有"光和三年"字样，可知其汉碑。而南宋地理类书籍《方舆胜览》记载，舜井碑相传为秦代旧碑，碑字漫灭，惟碑阴有"五大夫"三字。民间传说井为舜帝掘。1996 年，随州市规划设计院在南郊前井村堰塘边发现刻有"舜井"二字的石碑，经文物部门鉴定，应是宋代续立的一块碑。根据考证，随州市国税局在人院内在原舜井遗址上恢复水井，舜井碑立于水井旁。

　　⑤ 据清同治《随州志》记载（释文）："智门寺在城南三里随城山，其始建时间无从考究。顺治十六年知州陈秉化重建，有《重建寺碑记》，其文为前任州唐高赋所撰写，称此寺为光祚禅师飞升处。光祚不知何时人……又称此寺历经唐宋数百年。顺治初年本寺僧侣慈航于山下掘出断碑，碑上有智门遗迹，于是告诉知州程文光。为创建佛殿三楹，后来知州陈秉化又募资修建，从此才具较大规模。寺内有七层塔，明朝所建，今已倒塌过半。"南宋《舆地纪胜》记载：隋文帝所居宅基今为智门寺，有雪窦井。寺内有不枯之泉，僧人曾于泉眼处筑井，一旁植银杏树一株。目前，古银杏树倒伏枯死，古寺遗址尚存。随城山因曾有隋文帝故宅而曾改名龙居山。据多本史籍记载，智门寺应始建于隋朝，并非"时间无从考究"。

夜光池①、飞来土②、天主教堂③、雪公堂④、草店子街⑤"。现存的古地名有"玉石街、乌龙巷、十字街、南关、聚奎街、小东关、小西关、北关"等。尤值一提的是，就炎帝文化而言，炎帝神农的"制耒耜，植五谷；事蚕桑，始纺织；制陶器，冶斤斧；驯禽兽，养家畜；尝百草，始医药；日中市，兴贸易；制琴弦，聚民娱；居台榭，造房屋"八大创造发明便是炎帝文化物态资源的重要组成部分之一。这些物态资源中所涉及的器物均能在随州出土的文物中得以佐证。如西花园遗址出土的石斧、石刀、石凿、石镞等生产工具以及陶纺轮等纺织工具、稻谷化石等；冷坡垭新石器时代遗址发现的石斧、石镰等磨制石器及夹砂陶、泥质灰陶与泥质磨光陶器等；金鸡岭遗址出土的房屋建筑以及砍伐用的石斧，耕作用的石铲、石镰、石刀，加工用的石镞、石凿，纺轮以及陶窑、器座、陶球等。此外，在屈家岭和冷坡垭的文化遗存中，还出土了大量的稻谷壳。可以说，炎帝神农的"制耒耜""植五谷""耕而作陶""冶斤斧""耕而食""织而衣""和药济人""日中为市"等传说，都能在随州的考古发掘中找到

---

① 明朝弘治年间，知州李充嗣据《淮南子》所载随侯救蛇获夜明珠的故事，在城西隙募地 10 亩（今神农公园西端），挖掘水池，建楼台亭榭，立碑为"夜光池"。建筑物于抗日战争时毁坏，碑失于 1966 年。

② 北宋元丰八年，大臣邢恕贬为随州知州，其子邢居实（见邢恕简介）一日登城在白云楼远眺，触景生情，写下一首诗，又作《白云楼赋》。以后楼毁，明朝弘治年间，知州李充嗣在挖夜光池时，命人将挖掘的土堆在原白云楼故址上，重在土堆上复建白云楼。后世讹传此处土是从吴山半边山飞来的，故称"飞来土"。后楼毁，清乾隆四十五年（1780 年），知州吴繁苏于白云楼旧址上建六角两层之亭，名为白云亭。抗日战争时亭毁。2011 年建神农公园时复修一亭。

③ 天主教于 1860 年传入随州，1890 年在今烈山大道南段由爱尔兰神父建天主教堂。主楼为五间三层，砖木结构，歇山式屋顶，绿琉璃瓦。民国时期，湖北省第三专员公署曾在此办公。

④ 民国时期私立烈山中学教学楼，1934 年由国民党湖北省政府主席何成浚创办。主要建筑有教学楼两栋，教师办公楼一栋，另有大礼堂一座，以校董事长何成浚的字"雪竹"命名为"雪公堂"。1949 年后更名为随县一中，后改为随州一中。2005 年市一中迁新址后，改为实验中学。

⑤ 《随州志》记载，草店子街原名汉东街，因老街北端的汉东楼遗址得名，后因沿街房屋毁于战火，新建房舍多系草屋，故名"草店子街"。

依据。随州所拥有的国家重点文物保护单位和湖北省重点文物保护单位详见下表（见表2.2、2.3）。

表2.2　　　　　　　　国家重点文物保护单位（随州）

入选项目＼年份批次	所处时代	所在地	入选年份	入选批次
1. 擂鼓墩古墓群	东周	曾都区	1988	第三批
2. 安居遗址	东周、汉代	随县	2013	第七批
3. 庙台子遗址	新石器至东周	曾都区	2019	第八批
4. 义地岗墓群	春秋	曾都区	2019	第八批
5. 新四军第五师司令部旧址	1939—1945	曾都区	2019	第八批

表2.3　　　　　　　　湖北省重点文物保护单位（随州）

入选项目＼年份批次	所处时代	所在地	入选年份	入选批次
1. 唐镇墓群	汉	随县	1956	第一批
2. 西花园遗址	新石器时代	曾都区		
3. 擂鼓墩古墓群	东周	曾都区		
4. 义地岗墓群	东周	曾都区		
5. 铁旗杆	清	随县	1992	第三批
6. "炎帝神农氏遗址"碑及洞穴	明	随县		
7. 九口堰革命旧址	1939—1942	曾都区		
8. 《应山协议》签订旧址	1946	广水市		
9. 龙爬寨	元末	广水市		
10. 安居城址	东周、汉代	随县	2002	第四批
11. 洪山寺塔及碑刻	宋、元、明、清	曾都区		

续表

入选项目＼年份批次	所处时代	所在地	入选年份	入选批次
12. 金鸡岭遗址	新石器时代	曾都区	2008	第五批
13. 黄土岗遗址	新石器时代-东周	曾都区		
14. 将军寨遗址	北宋	广水市		
15. 大城寨遗址	宋	广水市		
16. 刘家崖墓群	东周	曾都区		
17. 大块地墓地	东周-汉	广水市		
18. 彭家湾墓地	东周-汉	广水市		
19. 解河戏楼	清	曾都区		
20. 曾都文峰塔	清	曾都区		
21. 玉皇顶	明、清	广水市		
22. 徐店戏楼	清	广水市		
23. 千户冲民居	清	广水市		
24. 周家古城遗址	新石器时代	曾都区	2014	第六批
25. 田王寨遗址	元、清	随县		
26. 庙台子遗址	新石器时代-东周	高新区		
27. 王子山遗址	西周-汉	广水市		
28. 叶家山墓地	西周	高新区		
29. 连舜宾墓	北宋	广水市		
30. 太白顶塔林	清	随县		
31. 云堂寺塔	清	随县		
32. 雪公堂	1935	曾都区		
33. 江汉军区司令部旧址	1947—1949	随县		

续表

随州市省级以上文物保护单位名单

序号	名称	时代	地址	批准文号	公布机关名称
1	擂鼓墩古墓群	东周	曾都区	国发〔1988〕5号	国务院
2	安居遗址	东周	随县	国发〔2013〕13号	国务院
3	新四军第五师司令部旧址	1939—1945	曾都区	国发〔2019〕22号	国务院
4	义地岗墓群	东周	曾都区	国发〔2019〕22号	国务院
5	庙台子遗址	周	高新区	国发〔2019〕22号	国务院
6	黄土岗遗址	新时期–东周	随县	鄂政发〔2008〕16号	湖北省人民政府
7	西花园遗址	新石器	高新区	鄂政发〔1992〕166号	湖北省人民政府
8	冷皮垭遗址	新石器	随县	鄂政发〔1981〕175号	湖北省人民政府
9	金鸡岭遗址	新石器	曾都区	鄂政发〔2008〕16号	湖北省人民政府
10	将军寨遗址	北宋	广水市	鄂政发〔2008〕16号	湖北省人民政府
11	大城寨遗址	宋	广水市	鄂政发〔2008〕16号	湖北省人民政府
12	刘家崖墓群	东周	随县	鄂政发〔2008〕16号	湖北省人民政府

续表

序号	名称	时代	地址	批准文号	公布机关名称
13	大块地古墓地	东周-汉	广水市	鄂政发〔2008〕16号	湖北省人民政府
14	彭家湾古墓地	东周-汉	广水市	鄂政发〔2008〕16号	湖北省人民政府
15	唐县镇汉墓群	汉	随县	鄂化字第1049号	湖北省人民政府
16	《应山协议》签订旧址		广水市	鄂政发〔1992〕166号	湖北省人民政府
17	曾都文峰塔	清	曾都区	鄂政发〔2008〕16号	湖北省人民政府
18	解河戏楼	清	随县	鄂政发〔2008〕16号	湖北省人民政府
19	玉皇顶	明、清	广水市	鄂政发〔2008〕16号	湖北省人民政府
20	徐店戏楼	清	广水市	鄂政发〔2008〕16号	湖北省人民政府
21	千户冲民居	清	广水市	鄂政发〔2008〕16号	湖北省人民政府
22	龙爬寨	元	广水市	鄂政发〔1992〕166号	湖北省人民政府
23	铁旗杆	清	随县	鄂政发〔1992〕166号	湖北省人民政府
24	洪山寺塔及碑刻	宋、元、明、清	曾都区	鄂政发〔2002〕35号	湖北省人民政府
25	"炎帝神农氏遗址"碑及洞穴	明	随县	鄂政发〔1992〕166号	湖北省人民政府

序号	名称	时代	地址	批准文号	公布机关名称
26	雪公堂	民国	曾都区	鄂政发〔2014〕27号	湖北省人民政府
27	周家古城遗址	新石器、周、隋、唐	曾都区	鄂政发〔2014〕27号	湖北省人民政府
28	江汉军区司令部旧址	近现代	随县	鄂政发〔2014〕27号	湖北省人民政府
29	太白顶塔林	清	随县	鄂政发〔2014〕27号	湖北省人民政府
30	云堂寺砖塔	明	随县	鄂政发〔2014〕27号	湖北省人民政府
31	田王寨遗址	明、清	随县	鄂政发〔2014〕27号	湖北省人民政府
32	王子山遗址	西周、汉	广水	鄂政发〔2014〕27号	湖北省人民政府
33	连瞬宾墓	北宋	广水市	鄂政发〔2014〕27号	湖北省人民政府
34	莲花池遗址	宋	随县	鄂政发〔2019〕2号	湖北省人民政府
35	戴家仓屋	清	随县	鄂政发〔2019〕2号	湖北省人民政府
36	李家沟桐柏军区政治部旧址	1945—1948	随县	鄂政发〔2014〕27号	湖北省人民政府

(3) 洪山寺

随州有古寺：始建于唐代的洪山寺，曾是湖北的佛教胜地之一，是禅宗南宗慧能一系发展成的临济、沩仰、曹洞、云门、法眼五宗之中的曹洞宗中兴之地。大洪山有大量的佛教文物。自洪山寺建成以来，历代高僧的碑林保存比较完整。仅有史料记载的寺庙在随州境内就多达30多处。近年来，随州对大洪山建设的步伐逐渐加快，在建设过程中，很多佛教文物陆续出土。2009 年 9 月，在大洪山灵峰寺遗址上破土动工兴建大慈恩寺时，发掘出 280 多件佛教文物，大多是古建筑构件，又特别以柱础、瓦当文物保存得最为完好。清华大学古建研究所所长王贵祥经实地考察后证实，大洪山宝珠峰顶出土的唐、宋、元、明、清等诸代诸寺柱础文物，有力地证明了大洪山是名副其实的佛教圣地①。大洪山自唐朝宝历二年（公元 826年）由善信和尚（即慈忍大师）建寺至今，已有近一千两百年历史。然而，由于在历史年代屡遭战乱、火灾频发以及管理不善、僧人分庙居住等原因②，洪山寺时建时毁，时兴时衰。总体上来看，洪山寺的历史可划分为"唐朝的开山建寺时期、宋朝的走向鼎盛时期、元朝的继往开来时期、明朝的命运多舛时期、清朝的走向没落时期"等几个重要阶段。

第一，唐朝：开山建寺时期。唐代和尚善信（即慈忍大师），系南昌（今江西省南昌市）王氏子，受度于洪州（今江西南昌市）开元寺，契心印于马祖教（是禅宗祖师慧能的第三代弟子）。他云游到五台山，五台山长老告诉他："你的缘份在南方，逢随即止，遇湖即住。"善信手持锡杖一路南来，于宝历二年（公元 826 年）秋到达随州大湖山（即今大洪山）。这年正值大旱，山主张武陵带众乡人准备杀猪宰羊，向龙神求雨，善信劝张武陵不要杀生，表示自己愿意舍身代牲求雨，三日内必有甘雨。他登上山北崖向龙神祈祷，三日内果然雷雨大作，解除了数百里内旱灾，这年庄稼大丰收。张武陵慨然捐出自己的山林，并为善信和尚在求雨处修建了寺宇，又让自己的儿子作善信和尚的护法。大和元年（公元 827 年）5 月 29日，善信坐化前，还记着曾向龙神许下以身代牲的诺言，毅然割下自己的双足以祭龙神。奇怪的是双足割断后，白液滂流，很快又停止了。双足留镇山门，肉色久而不变。后人传为镇寺之宝——"佛足"。主管官员将善信舍身为民的动人故事上奏皇帝，唐文宗李昂赐名善信"慈忍大师"法

① 钟克波、周兴林：《大洪山是名副其实的佛教圣地》，载《随州日报》2011 年10 月 14 日，第 1 版。
② 李虎等：《大洪山志译注》，中国社会科学出版社 2010 年版，第 239 页。

号。御书院额"幽济"①。以后在此祈雨累有奇验,皇上又累加寺号,赐
名"灵济"。并将殿中 12 尊神像封爵为王、公、侯等职。"自慈忍大师去
世以后,至今(张商英②撰写文章之际)虽然已经三百多年历史,但汉
水、汝水一带几十州的老百姓,仍然对山上的寺院尊敬地供奉着,进山朝
拜时好像有人约定管束一样,往山上施舍财物和粮食的人在接连不断。"
自此,洪山禅寺名扬四方,寺院香火逐渐兴盛起来。

第二,宋朝:走向鼎盛时期。北宋绍圣元年(公元 1094 年),哲宗皇
帝赵煦诏命达摩祖师第十五代弟子河南嵩山少林寺僧报恩禅师为大洪山十
方禅院住持(即上院)。据报恩禅师塔铭文载:皇帝诏曰"随州大洪山律
寺为禅院,人谓大洪基构甚大而荒废已久非有道德服人不可以兴起"。由
此而知,在北宋年间洪山禅寺这块佛教丛林已具相当规模。报恩禅师主持
大洪山十方禅院期间,把山顶(即现在的宝珠峰)推平,将荒废的殿堂重
新修复、扩建,使"大洪山精舍壮观天下"。刺使张商英为之作记。在报
恩禅师恢复扩建山顶上院的同时,为了照顾山上年长的僧人,便在山南的
大湖边(现今复修的寺院处)建起寺院,取名为"随州大洪山十方崇宁保
寿禅院"③。北宋政和五年曾扩建,有僧人 500 多名。山顶的上院灵济寺在
报恩禅师圆寂后,接替他的住持禅师也是达摩祖师的第十五代弟子芙蓉道
楷(1043—1118 年),在道楷主持洪山禅寺期间,是曹洞宗发祥大振之时。

---

① "幽济"即幽济禅院,坐落在大洪山顶峰,即我们常说的上院。在唐朝时叫幽
济禅院,后晋天福年间,朝廷赐名"奇峰寺",宋朝元丰年间,又赐名"灵峰寺",都
是由于求雨灵验的缘故。明崇祯甲戌年,竣工时题名"楚山望刹"。李虎等:《大洪山
志译注》,中国社会科学出版社 2010 年版,第 231 至 232 页。2011 年,金顶开光时,
取名"慈恩寺"。

② 张商英:今四川省成都市新津县人,字天觉,信奉佛教,喜欢禅宗,号无尽
居士。治平二年(1065)进士,王安石擢他为监察御史。徽宗继位后,出任河北都转
运使,建中靖国元年(1101)降知于随州。崇宁元年(1102)拜尚书右丞,转左丞。
一生著作颇丰。留下《大洪山灵峰禅寺记》、《善洪回忆录》两篇与洪山寺有关的文
章,是后人研究洪山寺的宝贵资料。

③ 崇宁万寿禅院,即现在的洪山禅寺,就是我们常说的下院,在宋朝时叫保寿
禅院,元代以后叫万寿禅院,也叫万寿禅寺。

大洪报恩与芙蓉道楷既是曹洞宗复兴的两根支柱，也是大洪山佛教走向辉煌的两个奠基性人物。对于大洪山佛教的发展而言，报恩禅师的贡献尤为突出。报恩禅师先后在大洪山担任住持工作十三年，芙蓉道楷住持两年。他们在佛教界的地位、影响和声望吸引了大批僧人慕名而来，他们中有很多成为佛教史上的重要人物，如丹霞子淳等，其中把大洪山佛教推向顶峰的庆预，是道楷三贤孙之一。① 在庆预住持期间，鼎盛时期，大洪山僧人达两千之多，与同门师兄弟清了主持的真州长芦寺、正觉主持的泗州普照寺，是当时天下的三大禅寺，其中大洪山规模最大，影响最大。② 正是由于当时大洪山在佛教界如日中天，即使遭受了靖康年间（1126—1127）的巨大动荡，身处边境地区的大洪山仍然经受住了战火的考验。宋朝，在大洪山曹洞宗世序中，涌现出大洪报恩、芙蓉道楷、大洪守遂、大洪庆预等一批曹洞宗早期的优秀传人，他们使大洪山成为曹洞宗九世以前的传法中心。

宋朝末年，金兵南侵，随州成为主要战场，京湖制使孟珙是随州人，与都统张顺共同谋划将寺院的僧众迁移到安乐处，最后选中了现在武昌（当时称鄂州）的洪山地区（当时称东山）。并请云庵禅师从随州将"佛足"及历朝所颁赐的敕书，连同寺院门额一起，恭敬地迁移到武昌的洪山，暂借该地重置寺院，仍然奏请朝廷，颁赐了现在的名字，"崇宁万寿寺"，这就是武昌洪山的由来。③ 元世祖为太子时，率领军队向南进攻，途中暂住在武昌的元兴寺，远远望见这座山顶上有一位神人站在云彩上面，询问左右，才知道是遇上了慈忍大师化身显灵，因而对大师特别敬重推崇。到班师回朝时，则翁实禅师便将"佛足"用盒子装起来，派人护送到

---

① "芙蓉道楷禅师有三贤孙，近年以道鸣于世都曰庆预、曰清了、曰正觉"，李虎等：《大洪山志译注》，中国社会科学出版社 2010 年版，第 810~811 页。

② 今庆预在大洪，禅子至二千，清了在长芦，正觉以普照，亦至千众，盖天下三大禅刹，曹洞之宗至是大振矣。李虎等：《大洪山志译注》，中国社会科学出版社 2010 年版，第 775 页。

③ 李虎等：《大洪山志译注》，中国社会科学出版社 2010 年版，第 688 页。

京城，世祖特地命令安置在秘密的寺院供奉它。元世祖即位后，下旨派遣使者随则翁实一起护送"佛足"回大洪山，路过河南许州时，"佛足"重得无法抬起来，使者回朝廷报告，世祖下诏就在原地建一座寺庙。这就是许州（即现在的河南许昌）洪山的由来。① 明朝，楚靖王在1457年大修武昌洪山寺的大雄宝殿，并将"万寿禅寺"更名为"宝通禅寺"，沿用至今。这就是武昌洪山"宝通禅寺"与大洪山"洪山禅寺"的特殊关系。

第三，元朝：继往开来时期。自报恩禅师住持期间于山下建起下院以来，大洪山佛教的历史就分为上院和下院，因此，本书从元朝起，分上院和下院分别讲述大洪山佛教历史。元世祖忽必烈与大洪山佛教的特殊因缘前文已作详细阐述，在此不赘述。上院元朝至元年间（1264—1295），大洪山第一代开山大师了庵禅师，名叫宗明，在灵济寺的旧址上建立庵堂，时逢长期干旱，当地百姓靠捡橡子作粮食供应生活，于是请求大师求雨。了庵求雨成功，当年粮食大获丰收，百姓商议修建庙宇之事，以报大师庇护之恩。下院元二十五年（1288），随州知州博安国敬佩了庵大师的品行修养，和他的徒弟宗才一起到京城，拜见户部尚书，汇报寺庙兴盛的碑帖，获得朝拜皇帝的机会，在皇帝面前唱颂《大般若经》。皇帝甚是高兴，故颁布圣旨，奖励大师振兴重修寺院的志向，并下诏颁赐"万寿禅寺"。自此，元、明、清三朝，下院一直叫"万寿禅寺（院）"。

第四，明朝：命运多舛时期。元朝末年，大盗老马刘②聚集了很多人占据着大洪山山上的天险，他们始终与朝廷作对，战争连绵不断。朱元璋建立明朝后，于洪武元年（1368）派邓愈前来攻打老马刘，元末明初，大洪山山顶和山麓的寺庙都处在战火硝烟中，毁坏严重。上院：明朝天顺元

① 李虎等：《大洪山志译注》，中国社会科学出版社2010年版，第691页。
② 老马刘，大洪山长岗店人。"老马刘"是老马、老刘的合称，真实姓名无考。至正十二年（1352），元朝官派安陆府（钟祥）知府绰罗被杀，大洪山地区陷入混乱之中。老马刘武装力量居三里岗深山为王达十八年之久，坐收京山、钟祥、随州三县钱粮，官兵不敢正视。明朝洪武元年（1368），朱元璋派遣徐达部下偏将邓愈率河南略地之师攻打随州，入大洪山攻克老马刘寨。参见 http://blog.sina.com.cn/s/blog_962a4e510101018n.html。

年（1457），灵峰寺（即上院）遭遇特大火灾，以至于倾圮荒废，山顶上的庙宇残破不堪，只剩下几根椽子，不能遮风挡雨。直到一百多年后，即明万历四十一年（1613），四川籍的僧人广祥、广吉，从五台山手提锡杖来到大洪山，建造简陋的寺宇，闭门修行三年。本地的官绅和信佛的人欣赏他们的真诚，于是到府里和州里请示，募钱重建寺院，当时是崇祯辛未年（1631），到甲戌年（1634）寺院落成之后，题名"楚山望刹"。三十多年后，广祥有一位徒弟叫惠洪、法号大晖，是大洪山下大户邓姓人家的儿子，感叹庙宇狭窄，山门毁坏，毅然决定担起重新整修的重任。工程直至清朝康熙元年（1662）才竣工。在大晖住持上院期间，寺院的田产由十亩地累积扩大到数百亩。收租的粮食和田地数量都记载在石碑上。继承大晖衣钵的有灯传、灯喜、灯恒，但从此寺院的僧众便分成三支，开始轮流收租。三支僧众队伍有积余的钱便落入私人口袋而不上交，这是上院庙宇之所以容易毁坏的原因。寺院的僧众多次想三支合家，进行整修，但因无人统率，难以找到一个人来领导此事，洪山禅寺未能幸免再次衰败的命运。① 下院：明朝正统年间（1435—1449），一个法名通贤，号彻宗的僧人，奉命从南京来大洪山当住持，兴建殿堂楼阁，收集存放佛教经典，弘治（1487—1505）年间万寿禅寺（即下院）毁于火灾。彻宗的徒弟宗节以及连昙等人，募集各位信徒的施舍，重建殿堂楼阁，装饰各座佛像。嘉靖（1521—1566）初年，住持僧宗然又兴建了天王殿和丈室，寺院的外貌更显可观。僧人绍满置备了五大部经，画下了各尊佛像，高藏在阁中。

第五，清朝：走向没落时期。上院：自大晖圆寂后，由于众僧分家另居，无人能统率整个局面，庙宇开始倒塌毁坏。清嘉庆十八年（1813）甲戌日，寺中的僧人西教从南海返回大洪山，他顺应大家的意愿，决定重修大洪山。大家表示愿意佐助他并促成此事。当时大洪山的方丈觉高和尚（别号白云），坚决地舍弃私利，大规模整修寺院，并邀请当地很有名望的绅士喻长青等作证，订立契约，三派合家，众人都高兴地服从，并面对佛

---

① 李虎等：《大洪山志译注》，中国社会科学出版社2010年版，第742~743页。

祖立下了誓言。丙子年（1816）开始营建，到丙戌年（1826）完工，共计修建了大殿以及两廊、山门、水陆殿等四十余间，又装饰了佛祖等各座神像，雕塑阿罗汉像，从此寺院仪表庄严，面貌焕然一新。① 下院：明朝末年，万寿禅寺遭受战乱。清康熙时期，本寺僧人万慈从外面云游四方回来，看到寺庙年久失修，僧众凋零，下决心恢复过去的兴盛景象。在万慈的努力下，万寿禅寺得以复其旧制，但不久后又发生火灾，将寺院烧毁一半。清康熙末期，静一禅师云游回来后，再次重新修建寺院，大力弘扬祖师禅风。但此后，由于各位僧人分庙居住，各自为政，寺院日渐毁坏。清道光四年（1824），方丈清晓与照历、宏明等僧人，生怕祖师的禅风衰落，于是共商将各庙合成一家。请知州刘观亭撰写了勤碑的碑文，又请继任知州窦欲峻为合家一事写了募集资金的倡议书，全寺僧人聚集积攒的资金，重修了庙宇。洪山寺（包括上院和下院），于清朝历任皇帝在位时期，不论从寺院模式、僧众数量还是佛教地位和社会影响，是洪山寺建寺以来的最低时期。从康熙初期到嘉庆年间一百多年的时间里，不论是上院还是下院，期间大部分时间无人问津。其中原因，非常复杂。本书认为，与大洪山在清明时期或多或少、或有意或无意卷入政治有关②。洪山寺院在历史上几兴几落，古建筑最后一次毁于清末。1931年以后，由于战乱不断，大洪山区很多寺院进一步遭到严重破坏，洪山禅寺上院也难幸免。1942年抗日战争期间，寺院又被摧毁，僧人散游。至今在山顶残存有清朝湖广兵马道陈维舟为大洪山佛教圣地洪山禅寺和主峰宝珠峰题写的一副楹联——"汉东地阔无双院，楚北天空第一峰"。在洪山禅寺下院即十方万寿禅院，旧址处还树有宋、元、明、清四朝大块古石碑五块，僧人曾在寺东西侧僻有塔林两处，东塔林还有古塔一座和造型精美的多座寺僧塔。

2009年随州开始建设大洪山慈恩寺，2013年10月全面建成。寺院建

---

① 李虎等：《大洪山志译注》，中国社会科学出版社2010年版，第743页。

② 在明末清初，由于处于战争年代，大洪山处于拉锯战的位置，而且大洪山成为反清复明的基地，朝廷迁怒于大洪山，就有意的湮灭大洪山。"大洪山文化暨佛学讲座"，http：//www. suiw. cn/forum. php？mod＝viewthread&tid＝70911。

筑群依山而建，坐北朝南，以大雄宝殿为中心，呈十字形展开，中轴线主体建筑由山门、天王殿、大雄宝殿、藏经阁、佛足阁、金顶依次展开，错落有致，磅礴大气，再现唐宋佛教"楚山望刹"盛景。

2. 古风古景

有古树：洛阳银杏谷素有"银杏之乡"的美誉①；有名山：西南有大洪山②、东北有桐柏山③、广水有中华山④（湖北省随州市广水市中华山、

---

① 中国千年银杏谷位于湖北省随州市洛阳镇永兴村，国家 AAAA 级旅游景区，是世界四大密集成片的古银杏群落之一。占地面积 17.14 平方公里，包含一母九子、胡氏祠、大夏皇帝明玉珍故里等景点。现有银杏树 520 万株，其中树龄百年以上的 6 万余株，五百年以上的近 1 万株，千年以上 308 株，拥有全国乃至全世界分布最密集、规模最大、保留最完好的一处古银杏群落，被誉为"全国银杏第一镇"和"中国银杏之乡"。

② 随州大洪山风景区位于湖北省中北部，西临襄（阳）钟（祥）江汉谷地，东接溠水河谷丘陵，南连江汉水网平原，北与桐柏山遥相呼应。横跨随州、荆门两地三市区（曾都、钟祥、京山）方圆 350 平方公里。1987 年 5 月，省政府批准大洪山为省级风景名胜区。1988 年 8 月 1 日，国务院批准大洪山为国家重点风景名胜区。"名山佳气郁重重，横亘西南压万峰。襟汉带陨蟠伯围，兴云出雨镇侯封。"这就是清朝诗人储喜珛眼中的大洪山。大洪山又名绿林山，西汉末年著名的绿林赤眉起义就发生在这里。它主要以一座西北—东南走向的山脉为主体，群峰耸立，层峦叠翠，面积 350 平方公里，最高峰海拔 1055 米，素有"楚北第一峰"之称。因其山经常会制造洪水而得名。

③ 桐柏山西北起自南襄盆地（亦称南阳盆地）东缘，东南止于武胜关至湖北大悟县与大别山相接，西南至湖北省枣阳、应山一线，东北界大致在河南洪仪河、桐柏县，湖北淮河店、董家河、狮河港至潭家河一带，全长 120 余公里。主峰太白顶，又叫凌云峰、太白山、白云山，海拔 1140 米。以分水为界，随县、桐柏各一半。桐柏山脉在随北有两支：一支由太白顶向东南至二妹山；另一支由七尖峰向东南至西九里山。太白顶风景名胜区以桐柏山主峰太白顶为中心，北至磨云山寨、南至田王寨，东与河南省淮源风景区相连，总面积 75 平方公里。景区内沟深崖险、峰峦雄奇，寺特寨古，山壑奇秀闻名遐迩。其中有清水寺、田王寨等二级景点有 4 个，有塔林、太白红叶等三四级景区有 400 余个。

④ 中华山，位于湖北省广水市。中华山风景秀丽、气候宜人、溪流众多、山高林密，空气中负离子含量极高，为天然"氧吧"。中华山风景区以中华山林场为依托，占地面积 6927 公顷，著名景点有哈哈岭、古刹宝林寺、少林寺、兴王寨、名刹性海寺等。

福建省龙岩市连城县中华山、浙江省湖州市中华山、贵州省凤岗县王寨乡中华山);有名水:我国著名的淮河就发源于随州北部的桐柏山区(发源于大洪山北麓的涢水是湖北省唯一一条境内河的府河上游;溠水)①。

3. 古谚古语

与随州有关的成语不胜枚举,由于这些古谚古语多记载于相关文献之中,故亦将其纳入物质文化资源范畴之内。现撷取古谚古语一二作为例证。《韩非子·和氏》《淮南子·览冥训》均有关于"随珠和璧"的记载。战国·宋·庄周《庄子·让王》提到了"随珠弹雀",即"今且有人于此,以随侯之珠,弹千仞之雀,世必笑之。是何也?以其所用者重,而所要者轻也"。其含义是,以"随侯之珠"作弹丸,去打飞翔于高空的雀子,这是极不划算(上算)的。寓意做事不知道衡量轻重,该做的事情而没有去做,不该做的事情却做了。"当头棒喝"——来源于大洪山。"当头棒喝"一词,其原始语为"棒喝交驰",为佛教用语。由明代僧人居顶编撰的佛籍《续传灯录》载,"茫茫尽是觅佛汉,举世难尽闲道人。棒喝交驰成药忌,了忘药忌未天真"。随州大洪山是禅宗曹洞宗的传承地,盛唐时期,与当时的沩仰宗、临济宗、云门宗、法眼宗为中国佛教五大流派,并与临济宗并驾齐驱,成为当时禅宗之主流,其佛法还传至日本。据《大洪山志》载,唐中兴时期慈忍大师在大洪山开山建寺,在这里将曹洞宗系发扬光大。而远在河北保定的临济宗系创始人德山宣鉴禅师,与慈忍大师交

---

① 中部为西北—东南走向的狭长的平原(随枣走廊),平原之上,涢水、溠水、漂水、溠水、均水、浪河等主要水系贯穿其中。具体来讲,由大洪山发源的涢水和由桐柏山发源的溠水(溠水全长101公里),涓流而下,各自汇聚其他小河小溪,形成今日的涢水河和溠水河。溠水,分东、西两支,西支为正源,其发源于桐柏山南麓随县万和镇鹰子咀,先后流经新城、万和、天河口、殷店、尚市、厉山等,在厉山镇车水沟与源于殷店镇的东支汇合,形成主干,此河至随州城瓜园注入涢水。涢水发源于大洪山,经长岗、洪山、涢阳、坏潭、安居进于城区。经随州境内长194公里,主要支流有均水、浪河、溠水、溠水、漂水,构成五大水系。涢水河和溠水河二者在随州城合二为一为府河(俗称两河口),成为长江一级支流。

法甚密。而德山宣鉴禅师及其高徒临济义玄法师，正是"棒喝"的创始者。唐朝时期的禅宗认为，佛法不可思议，开口即错，用心即乖。所以，不少禅师在接待初学者，一言不发地当头一棒，或大喝一声，或"棒喝交驰"提出问题让其回答。《续传灯录》载："德山棒如雨点，临济喝似雷奔。"而他们的传法方法的形成，正是源于德山宣鉴禅师在随州大洪山与慈忍大师交法之时。"当头棒喝"在当时传法的方式手段上可能会表现得过于强烈，但其目的是促人猛醒，其内在的基础应该是至高的修为。现在，"当头棒喝"已以喻促人醒悟的警告，让人警醒、幡然悔悟。当今的人们，也将其引用于"在教育中抓住问题的症结"，通过适当的重话让受教育者起到警醒作用。西汉天凤四年（17 年），王匡、王凤领导了农民起义，从而有了"绿林好汉"之说。"荻画学书"——荻画学书这一典故说的是北宋著名文学家、史学家欧阳修在随州的一个故事。大中祥符三年（1010 年），年仅 4 岁的欧阳修随寡母郑氏到随州投奔叔父欧阳晔。欧阳修的母亲一心想让儿子读书，可是家里穷，买不起纸笔。她看到屋前的池塘边长着荻草，就用荻草秆儿在泥地上划着字，教欧阳修认字。幼小的欧阳修在母亲的教育下，很早就爱上了书本。欧阳修 10 岁时就借书抄诵，常以荻草秆儿当笔，大地作纸学写字。随州城南有大姓李氏，其子李佐十分好学，与欧阳修来往甚密。一天，欧阳修在李氏书篓中看到韩愈文六卷，便借回阅读，爱不释手，决心使自己的文章也赶上韩愈。宋天圣七年，23 岁的欧阳修第三次赴京师应举，三次考试均获第一，又经殿试，以甲科第 14 名进士及第，被任命为西京留守推官。欧阳修从 4 岁到 22 岁，在随州度过了他最艰难的青少年时代，也正是随州这块土地，使他走上文学道路。后来，他仍与随州的好友常有书信往来。明道二年（1033 年），他童年时的好友李佐修筑了一亭园，欧阳修为之作《李秀才东园序》，称："随虽陋，非予乡，然予之长也，岂能忘情于随哉！"字里行间，充分流露了他对随州的依恋之情。"乘风破浪"——在随州城中有一地名叫宗悫巷，这里曾安葬着南朝刘宋将军宗悫，乘风破浪成语便出自他之口。宗悫年少就胸怀大志。有一天，其叔父宗炳问他的志向，悫答："愿乘长风破万里浪。"宗恚果有大志。元嘉二十二年（445年），宗恚随江夏王义恭征伐林邑，他被任为振武将军。林邑王调遣大军抗拒，并以许多大象为"先锋"。宗恚让士兵戴上狮子面具，果然吓退大象。宗恚乘胜追击，攻克林邑城。宗恚后被任为随郡太守。宋前废帝即位后，宗恚任中蛮校尉、雍州刺史、加都督。公元465年病逝于随州，朝廷赠为征西将军谥曰肃侯。1957年进行文物普查时，在随州城关镇西关街（今小十字街）木器社集材场（后改为家具厂）院中尚有一大土冢，高2.8米，直径15米，南有一拜台，并有高1.6米，宽0.69米，厚0.15米的石碑，刻有"宋征西将军宗恚之墓，大清光绪二十五年，岁次己亥夏月，知随州事陈树屏立"。据清同治《随州志》记载："宋征西将军宗恚墓在玉波门内宗驾岭，乾隆十三年，居民锄地得断碑，仅存一恚字，余皆剥落，知州王云翔立碑于墓前，旋失去。二十八年，知州李闻棱复立，石刻宗恚墓三字，道光三十年，知州金云门即墓为垣，咸丰十一年毁。"如今，玉波门附近仍有"宗确（恚）巷"地名。

（二）名人文化资源

随州历史文化名人众多，并留下许多事迹（见表2.4）。通过系统梳理不难发现，随州上古有炎帝神农、舜帝，春秋有季梁、随侯；战国时期有曾侯乙；西汉末年有陈牧、廖湛等绿林好汉；隋文帝杨坚曾为随国公，隋朝因随而命名；唐时有李白与胡紫阳、诗人刘长卿；宋代有欧阳修；南宋有抗金抗蒙名将孟宗政、孟珙（gǒng）、边居谊、李庭芝；元末有明玉珍；明朝御史杨涟（明朝御史杨涟秉笔直指大奸魏忠贤而血溅朝廷，以"忠烈"垂名青史）；1911年10月10日的辛亥革命，当年3000多人的起义军中，随州参加了300多人，占十分之一。而且起草起义文告和制作起义旗帜的，是随州人谢石钦。武昌起义胜利后，随州又有一大批能人贤士担任中华民国中央军政府的要职，遍布文、武、法律、外交各条战线，显示出随州的人才济济、将相辈出。抗战初期有李先念、陶铸、陈少敏等老一辈无产阶级革命家在这里抗击日寇，威震四方……，他们都与随州有着深厚的历史渊源和不可分割的精神纽带。

表 2.4 　　　　随州不同时期的代表性人物及事迹

人物\内容	所处时期	生平	与随州交集重要时间节点	主要贡献或在随事迹
炎帝神农*	远古（上古）	约公元前（3245年—3080年）	距今 5500 年至 6000 年前生于历山①	制耒耜，植五谷，事蚕桑，始纺织；制陶器，冶斤斧；驯禽兽，养家畜，尝百草，始医药；日中市，兴贸易；制琴弦，聚民娱，居台榭，造房屋
季梁*	春秋时期	约为公元前 8 世纪（具体不详）	公元前 8 世纪中叶（公元前 706 年）	提出"民为神主"思想
曾侯乙	战国时期	公元前（475—约 433 年）	具体不详	战国时期南方姬姓曾国（即姬姓随国）的国君
杨坚	隋朝	公元（541—604 年）	公元 561 年/568 年/581 年	公元 561 年起在随任刺史 2 年；公元 568 年杨坚承袭随国公的爵位；公元 581 年，改随州为隋州，并以隋为国号。②
胡紫阳*	唐朝	公元（681—743 年）	公元 681 年/734 年	谈经修道，与李白交流频繁
李白	唐朝	公元（701—762 年）	公元 734 年	《题随州紫阳先生壁》《与元丹丘方城寺谈玄作》《忆旧游寄谯郡元参军》《江夏送倩公归汉东》

---

①　值得注意的是，以出生地、安寝地、活动区域、功绩等来确定炎帝神农的活动区域范围，可能涉及湖北随州和神农架、襄阳等地以及陕西宝鸡、山西高平，以及湖南株洲炎陵县和会同县等四省多地。如襄阳的谷城为神农尝五谷的地方；神农架为神农搭脚手架采药的地方；湖南耒阳为炎帝制耒耜的地方、湖南炎陵县为炎帝陵寝地。具体活动范围的时间节点上可能无从考证。

②　公元 581 年，杨坚建立隋朝，即以曾经受封地随州为朝代名称。因忌讳"随"有"随从"之意，"辶"的含义也不吉利，于是改"随"为"隋"。

续表

内容 人物	所处 时期	生平	与随州交集重 要时间节点	主要贡献或在随事迹
欧阳修	宋朝	公元 (1007—1072 年)	公元 1011—公元 1029 年	北宋政治家、文学家/获画学书
明玉珍*	元朝	公元 (1329—1366 年)	公元 1329 年 (出生于随州)	建立大夏政权
李先念	抗日战争时期	1909 年 6 月 23 日—1992 年 6 月 21 日	1939—1942 年	老一辈无产阶级革命家/组建新四军第五师,抗日战争

备注:名字后带 * 表明该人物诞生或出生于随州即"随州人",未带 * 表明该人物虽非随州所出生,但因某种纽带或关系而与随州形成历史渊源。

(三)传统文化资源

"古人古事、古刹古迹、古风古景、古言古语"印证了随州独特的炎帝文化、编钟文化、红色文化、佛教文化、民俗文化等。

1. 炎帝文化

炎帝神农有三种非常重要和特殊的身份:三皇之一①、人文始祖、华

---

① 中国历史的早期,现在称为先秦时期,可以划分为皇、帝、王、霸四个时代。中国早期最高统治者称"皇"和"帝",他们在位的时间就是中国开国之初,古人称之为"三皇五帝"时代。古人理解的"中国"具有"天地人"静态结构和"五行"运转模式。因此,"三皇"指天皇、地皇、人皇。"五帝"指木帝、火帝、土帝、金帝和水帝。后代学者习惯把个人推崇的古皇古帝人选放入以上八个"座位"中,于是就形成了不同的三皇五帝组合。三皇说有以下八种:(1)燧人、伏羲、神农(《尚书大传》);(2)伏羲、女娲、神农(《风俗通义》);(3)伏羲、祝融、神农(《风俗通义》);(4)伏羲、神农、共工(《风俗通义》);(5)伏羲、神农、黄帝(《古微书》);(6)自羲农,至黄帝。号三皇,居上世。(《三字经》);(7))天皇、地皇、泰皇(《史记》);(8)天皇、地皇、人皇(《民间传说》)。其中,第五种说法由于《古微书》的影响力而得到推广。五帝说有以下五种:(1)黄帝、颛顼、帝喾、尧、舜(《大戴礼记》);(2)庖牺、神农、黄帝、尧、舜(《战国策》);(3)太昊、炎帝、黄帝、少昊、颛顼(《吕氏春秋》);(4)黄帝、少昊、颛顼、帝喾、尧(《资治通鉴外纪》);(5)少昊、颛顼、帝喾、尧、舜(《尚书序》);(6)黄帝(轩辕)、青帝(伏羲)、赤帝又叫炎帝(神农)、白帝(少昊)、黑帝(颛顼)(五方上帝)。其中,第五种说法,以其经书地位之尊而获后世认可,以后史籍皆承用此说。详见:"百度百科","三皇五帝"词条。

人始祖。① 三种身份之间具有紧密的关系，对于任何一个历史人物而言，无论具备了上述三种身份中的哪一种，都将令后人万世敬仰。炎帝神农集此三种重要身份于一身，其尊崇地位不言自明。

其一，"三皇之一"。主要突出和彰显了炎帝神农的政治地位。单就这点而言，炎帝神农可以比肩于中国历史上其他任何杰出帝王。炎帝和黄帝是中华民族的人文始祖和人文初祖，是中华民族团结、国家统一的象征，是中华民族文化认同的源泉。早期中国对炎帝和黄帝的文化认同，体现了时人在政治和文化上对"大一统"理念的认知和实践。特别是炎帝和黄帝形象和身份的转变，更是代表了对"大一统"政治价值观认识的逐渐深化。在炎黄文化天下一家、同胞物与、四海之内皆兄弟这种大一统的政治观念中，各民族政权都可由此找到驰骋中国政治、经济、文化舞台的理论依据。②

其二，"人文始祖"。主要突出和彰显了炎帝神农的文化贡献。炎帝神农发明农耕，揭开了中国走向文明的帷幕，单就这点而言，他与造纸术的重大改进者蔡伦、医圣张仲景、活字印刷术的创始人毕昇等杰出人物一样，流芳百世，名垂千古，因为炎帝神农是农耕和商贸文明的始祖，也是中华民族的人文始祖。但炎帝中华民族人文始祖的地位并不具有唯一性，除了炎帝神农以外，伏羲是中华民族敬仰的人文始祖，皇帝也被尊崇为中华文明的开创者和中华民族的人文初祖。炎帝文化的精神价值使炎帝文化在时代发展的潮流中熠熠生辉并保持着强大的生命力。当前，结合炎帝文化的精神价值，人们从不同的角度归纳总结了炎帝文化的现代意蕴。如"自强不息的艰苦创业精神、敢为人先的开拓创新精神、厚德载物的民族团结精神、为民造福的崇高奉献精神"；如"向往光明，奋发有为的自强精神；心怀天下，为民谋利的大公精神；勇于探索，巧于创新的原创精

---

① 在中华民族历史上，集此三种身份于一身的，只有炎帝神农一人。在中华民族历史上，这种人物，前不见古人，后不见来者。在世界范围来看，也是古今中外，仅此一人。

② 邓乐群：《当代炎黄文化热的兴起及其时代意义》，载《当代思潮》1994年第6期。

神；不畏艰险，百折不挠的献身精神；含弘光大，品物咸亨的厚德精神和通神合天、怡情悦性的乐天精神"①；如"坚韧不拔的开拓精神、百折不挠的创新精神、自强不息的进取精神和天下为公的奉献精神"；如"炎帝率领众先民战胜洪荒的艰苦创业精神、自强不息的开拓创新精神、厚德载物的民族团结精神、为民造福的崇高奉献精神"②；又如炎帝文化所折射出"尚农""尚群""尚和"三大显著特色的中华民族精神等③。"炎帝精神也可包括坚韧不拔的开拓精神、敢为人先的创新精神、自强不息的奋斗精神、天下为公的奉献精神。"参考专家意见，随州市委市政府将炎帝文化的精髓提炼为 16 个字：即"刚毅自强、兼容开放、重信尚德、锐意创造"，并以此塑造新时期随州的城市人文精神。可以说，炎帝文化的精神价值使炎帝文化与现代文明、文化的软实力与经济的硬实力高度融合在一起，进一步夯实了炎帝文化的产业化基础。

其三，"华人始祖"。主要突出和彰显了炎帝神农的祖先地位。无论中国历史上有多少帝王将相、人文圣人和各行始祖，一个不争的事实是，我们的始祖只有一个。所以，炎帝神农"华人始祖"这一身份，使其具有了唯一性和不可替代性④。同时，"三皇之一"和"人文始祖"则进一步衬托出炎帝神农的伟大和光辉。无论中华儿女身在何处，我们都不会忘记自己的身份——炎黄子孙。炎帝神农就像一块巨大无比的磁铁，使炎黄子孙形成强大的民族凝聚力和向心力。具言之，在"根文化"方面，文化是民族的血脉，是人类共有的精神家园。文化对于一个民族和一个国家来说，是一种能够凝聚和整合民族和国家一切资源的根本力量。中华民族有两个"别称"，一是"中华儿女"，二是"炎黄子孙"。"中华儿女"之称是近代才出现的，其含义偏重文化（是共同接受中华文化的群体）；"炎黄子孙"

① 陈望衡：《试论炎帝精神》，载《湖北社会科学》2001 年第 6 期。
② 引自炎帝陵基金会会长刘正在 2001 年"炎帝文化与二十一世纪中国社会发展"研讨会的观点。
③ 李瑞兰：《炎帝文化与中华民族精神》，载《湖北日报》2009 年 5 月 22 日。
④ 虽然在"炎黄子孙"的称谓中，黄帝与炎帝并列，但黄帝位于炎帝神农之后，根本原因在于，炎帝是"始祖"，而黄帝是"初祖"，其中差别，一目了然。

之称古已有之，其含义偏重血缘（有共同的祖先）。炎帝神农作为祖脉（全球华人的始祖、中华民族的共同祖先）、根脉（全球华人的根源）、龙脉（中华龙的图腾、龙的崇拜，华夏文化的起源，龙的传人）三者的统一体，这三脉认同产生的巨大民族凝聚力既是维系全球华人民族团结的精神纽带，也是实现国土统一的重要基础。同宗同祖的民族维系和同根同源的文化传承，在当代发展两岸关系、实现祖国统一、振兴中华民族的大业中，发挥着巨大的文化力量。如果说同宗同祖的民族延续维系了两岸人民的血脉关系；那么同根同源的文化传承则是实现国土统一的文化基础。拿两岸关系来讲，炎帝文化既是两岸民间百姓共同的信仰，也是华夏民族传统文化的象征，它体现了两岸人民对华夏民族传统文化的认同①。

2. 编钟文化

曾侯乙编钟是我国目前现存规模最大、保存最完整的一套大型编钟，于 1978 年出土于湖北省随州市的一座战国早期墓葬——曾侯乙墓中，其诸多光环自不待论。编钟在某种意义上可作为随州的代名词，其独特的历史背景与文化底蕴正是大力推进"中国编钟之乡"、建设"汉襄肱骨、神韵随州"的底气所在。下文，我们将采撷相关论述，从多维度认识、了解、挖掘编钟文化。

（1）音乐论——"音乐长城"

每个地方都有自己的文化符号或者说文化标志。兵马俑之西安、东方明珠塔之上海、苏州园林之苏州、敦煌莫高窟之甘肃，这些文化符号与标志有时直接成为这些地方的代名词。每个国家同样有其文化符号或文化标志。如长城、故宫、京剧是中国文化的代名词；金字塔是埃及的代名词；吴哥窟是柬埔寨的代名词；泰姬陵是印度的代名词；自由女神是美国的代

---

① 这里我们可以看一组数据，台湾的庙宇众多，但尤以炎帝庙最多，目前台湾修建有 121 座炎帝神农庙，把炎帝神农作主神奉祀的庙宇就有 254 座，配祀的更是不计其数。其中台湾雾峰乡的炎帝神农庙，刻制有"五谷神农皇帝位"之牌位，蒋纬国先生还为其题词为"泽庇苍生"，1989 年和 1990 年专门从大陆请去两尊炎帝神农像，这为实现中华民族的大统一提供了重要的文化基础。

名词；悉尼歌剧院是澳大利亚的代名词。不同领域也有自己的文化符号与标志。如李小龙是功夫的代名词；好莱坞是电影的代名词；钢琴、吉他是现代音乐的代名词。

长城是我国乃至人类建筑史上的一项奇迹，它像一部民族文明史的百科全书，承载着厚重的历史文明。在中国，长城是一个极具象征意义的标志性建筑，是中华民族精神的象征，也是中国文化的代名词。著名长城学家罗哲文指出，"巍然屹立在中国大地上的长城，作为古代军事防御工程，已经完成了它的历史使命。今天，历史已赋予长城全新的意义，透过新世纪的曙光，我们看到了更加宏伟壮观的万里长城，感到了更加博大雄深的长城文化"。正因为如此，1987年，联合国教科文组织把长城列入世界文化遗产名录。长城既是中国文化的代名词之一，也是世界古代文化的符号与标志之一。

编钟是中国独有的乐器，编钟演奏的音乐被认为是中国独有的声音。1970年中国发射第一颗人造卫星所播放的音乐，便是由河南信阳出土的编钟演奏的（当年随州的曾侯乙编钟尚未出土），当时之所以选择由编钟演奏歌曲《东方红》，主要是突出它的独特性和唯一性。从古代音乐史的视角来看，编钟可以说是世界古代音乐史的代名词，正因为如此，编钟也被称为古代"钢琴""东方钢琴"。特别是曾侯乙编钟的出土，改写了世界音乐史，被视为世界古代钢琴。美国音乐权威、纽约市大学教授麦克莱茵视曾侯乙编钟为"音乐长城"。1997年7月1日，在香港回归的庆典上，我国编钟乐团用精心复制的曾侯乙编钟演奏了《交响曲1997：天、地、人》，以新的音响和奏鸣祈祷着和谐美满、国泰民安，以"文明古国的象征"向世人展示今日中国的辉煌。在2008年北京奥运会、残奥会颁奖仪式上，由享誉世界的作曲家谭盾制作，以湖北随州曾侯乙编钟的原声和玉磬的声音融合演奏的"金玉齐声""金声玉振"，音乐《茉莉花》更是成为2008年北京奥运会颁奖仪式的标志性音乐。将曾侯乙编钟定位为"音乐长城"，既彰显了编钟的中国特性，也反映了曾侯乙编钟的世界地位和国际影响力。

（2）地位论——"世界第八大奇迹"

世界七大奇迹是指埃及金字塔、希腊宙斯神像、希腊罗德岛太阳神巨像、古巴比伦空中花园、希腊阿尔忒弥斯神庙、土耳其摩索拉斯王墓、埃及亚历山大灯塔等七个古代宏大建筑物。它们主要环绕在地中海周围，而地中海是西方古文明的重要发源地之一，就其判断依据和产生标准而言，世界七大奇迹是一种在西方文化视角下，具有浓厚西方色彩的西方中心论。近代以来，西方学者习惯以西方文明为中心，二战后尤以美国学者为最。美国音乐权威麦克莱茵先生，把曾侯乙编钟同万里长城、金字塔、古巴比伦的空中花园等古代奇迹相比，认为曾侯乙编钟是"世界第八大奇迹"。① 将曾侯乙编钟定位为"世界第八大奇迹"，一方面是西方中心论的反映；另一方面则更加充分地说明了编钟的世界影响和国际地位。

（3）历史论——"古代编钟之王"

编钟，又叫歌钟，是中国特有的一种古老的打击乐器，古代多用于宫廷的演奏，诸如征战、祭祀或朝见的时候，演奏场面壮观，气势恢宏。从历史来看，编钟最早出现在商代，兴起于西周，盛行于春秋战国直至秦汉，自宋以后渐渐衰退，迄止清代，编钟铸造技术鲜为人知，钟乐也渐渐被淘汰。清代宫廷中所铸编钟，不仅其形制与传统编钟不同，其音律更是相去甚远。1978 年，在随州城郊的擂鼓墩发掘出土的战国初期的曾侯乙编钟，以其宏伟的气势、铸造的精良、音律的准确，令考古界、音乐界大开眼界，一度成为轰动世界的大事。曾侯乙编钟由六十五件青铜编钟组成，分 3 层 8 组悬挂在钟架上，直挂在上层的 3 组叫钮钟，斜悬在中下层的 5 组叫甬钟，其中最小的一个钮钟高 20.4 厘米、质量为 2.4 千克，在演奏中能起定调作用，最大的一个低音甬钟高达 153.4 厘米、质量为 203.6 千克，

---

① 关洪野、罗定元：《采用传统失蜡法复制曾侯乙大型甬钟的研究》，载《江汉考古》1983 年第 2 期。世界八大奇迹指的是巴比伦空中花园、亚历山大港灯塔、罗德岛太阳神巨像、奥林匹亚宙斯神像、阿尔忒弥斯神庙、摩索拉斯陵墓、埃及的金字塔与中国的秦始皇陵兵马俑。实际上前七者是自古认定的"世界七大奇迹"，世界七大奇迹是指古代西方人眼中的已知世界上的七处宏伟的人造景观。最早提出世界七大奇迹的说法是公元前三世纪的旅行家昂蒂帕克，还有一种说法是公元前二世纪的拜占庭科学家斐罗提出的。"第八大奇迹"在世界上没有定论，所以"世界第八大奇迹"的说法更多的是一种赞誉而不是确指。

全套编钟总质量在 2500 千克以上。这套编钟是目前我国出土数量最多、规模最大、保存较好的编钟，被誉为人类文化史上的奇迹。其音域可以达到五个八度，十二个半音齐备，音阶结构接近于现代的 C 大调七声音阶，被称为我国古代编钟之王。曾侯乙编钟每个钟体上都刻有错金篆体铭文，正面刻"曾侯乙乍时"（曾侯乙作），钟背则记有与晋、楚等国律名的对应文字，共标有关于乐律的铭文 2800 多字，记录了许多音乐术语，在科学概念上表现出相当精确的程度，显示了我国古代音乐文化的先进水平。曾侯乙编钟的出土，将我国音乐史某些部分的发现至少提前了 400 年。著名音乐家贺绿汀说："曾侯乙编钟出土，中国古代音乐史的某些方面需要重新研究。"过去有些中外学者曾断言中国战国时期尚无七声音阶，中国音乐的十二律是从希腊传入的"舶来品"，曾侯乙编钟的出现，使这些"否定说"和"西来说"不攻自破。表明我国早在公元前 5 世纪，就已使用十二平均律了，这比欧洲要早 1800 年。

将曾侯乙编钟定位为"古代编钟之王"，一方面反映了战国时期中国音乐的高水平，这套编钟历经两千多年仍能演奏各音阶的乐曲，音色纯正，音域宽广，工艺铸造优美，是中外器乐的典范。另一方面表明它是中国当时音乐艺术高度繁荣和社会生产力进步的共同产物，为我们研究古代音乐、古代社会礼仪制度和工艺铸造技术提供了宝贵的史料，是我们研究战国时期社会变迁和发展的重要依据。

（4）文明论——"第五大发明"

中国是世界文明的发源地之一，有着五千年的文明史，与古埃及、古巴比伦、古印度并称为"四大文明古国"。这四大文明古国中，古埃及、古巴比伦、古印度都由于外族的入侵而失去了独立，中断了古代文明。中国是世界上唯一文明传统未曾中断的文明古国。自然科学统计资料表明，中国历代重大科技成就（项目）在世界重大科技中所占比例为：公元前 6 世纪前为 57.4%；公元前 6 世纪到公元前 1 世纪为 50%；公元前 1 世纪到 400 年为 62%；401 年到 1000 年为 71%；1001 年到 1500 年为 58%。明朝以前的世界重要发明和伟大的科技成就有 300 多项，其中有 175 项是我们中国人发明的。从公元前三世纪到十五世纪，中国的科技发明使欧洲望尘莫及，有许多项目比欧洲早几百年，甚至上千年。其中，造纸、印刷术、火药、指南针四大发明是中华民族对世界文明的伟大贡献，四大发明深刻影响了世界文明的进程。造纸术的发明为人类提供了经济便利的书写材料，掀起了一场人类文字载体革命。活字印刷术的发明大大促进了文化的传播。指南针的发明为欧洲航海家的航海活动提供了条件。火药武器的发明和使用，改变了作战方式，帮助欧洲资产阶级摧毁了封建堡垒，加速了欧洲的历史进程。

曾侯乙编钟作为"文明古国的象征"，是我国目前出土数量最多，保存最好、音律最全、气势最宏伟的一套编钟，向世人展示了中国历史上的辉煌。2014 年，曾侯乙编钟还入选了 85 项"中国古代重要科技发明创造"工程之首。我国有学者认为编钟的学术含义可与"四大发明"并驾齐驱。"在曾侯乙墓发掘以前，中国音乐史从来没有告诉我们，先秦曾经出现过一个音乐文化如此辉煌的历史时期，曾经产生如曾侯乙编钟这样气势恢宏的乐器。现有的中国音乐史从来没有告诉我们，先秦编钟在铸造技术方面，不仅制作精美，花纹繁缛，还产生了'一钟两音'的伟大科学发明。这一发明的重大学术含义，决不在已有的中国古代'四大发明'之下。"也就是说，曾侯乙编钟的学术含义可以与中国古代四大发明相提并论、并驾齐驱。换言之，曾侯乙编钟可被认定为中国古代第五大发明。

将曾侯乙编钟定位为"第五大发明"，缘于其所承载的时代文化特征、科学技术等方面的内容及其专业性远远超出了文献的记载和世人的推测。曾侯乙编钟作为科学技术史上一项最早而复杂的系统工程，拥有完备的技术体系、丰富的工程技术语言及世界一流的铸造技术，在工程图学上极有价值，是世界任何一部科学技术史不可缺少的组成部分。它不仅是中国古代科学技术与艺术的写照，同时也为科学技术的未来发展做出了楷模。这一点，堪与中国四大发明相媲美。

当前，随州在对编钟的宣传和推介中，主要是在西方中心论视角下突出其"世界第八大奇迹"的地位，相对忽视了中国人更熟悉的"音乐长城""第五大发明"的音乐视角和中国古代文明的视角。笔者认为，宣传重点应因人而异。可以针对不同对象突出不同的侧重点，对于国外游客而言，可以突出编钟的"音乐长城"和"世界第八大奇迹"地位，但对于国内游客而言，更应突出其中国古代"第五大发明"的地位，方能更进一步提升编钟的宣传效果。

3. 佛教文化

佛教作为一种重要的宗教文化资源。大洪山有着非常丰富厚重的佛教文化资源，《大洪山志》载："大洪山山连山山山相连，洪山寺寺接寺寺寺连接"，大洪山佛教之盛况，可见一斑。在北宋庆预住持洪山寺期间，大洪山佛教发展达到其鼎盛时期：僧众二千，法席之盛，甲于天下。当时大洪山与五台山、普陀山齐名。① 随州大洪山佛教具有以下特点：

第一，历史久远。《大洪山志》载，唐代文宗时期（公元 826 年），禅宗六祖慧能的第三代弟子马祖道一之弟子善信开辟了大洪山寺庙。如果按大洪山东麓的现光相国寺的历史算，佛教兴盛时间可推算至隋朝以前。之后千余年里，虽然庙宇数次兴废，但香火从未间断，影响从未消失。《大洪山志》载：唐以后陆续在洪山主峰（宝珠峰）四周建有寺庙 26 处：其中以吉祥寺、观音寺、泉兴寺、圣泉寺、千佛寺、黄龙寺、宝峰寺、高峰寺等尤为出名，传承香火数百年，僧众达数千人。由此可见，大洪山区内庙宇之多。宝珠峰在唐、宋、明、清历朝历代都是佛教圣地。山上有殿堂百余间，佛像金饰，阁藏满经，香火不断，磬钟长鸣。正如明代王钺在《金刚坡望大洪山寺》诗中描述的那样："扪萝攀石扣禅关，五月阴寒雪满山。遥听云端箫鼓沸，始知天上有人间。"

第二，中兴之地。大洪山是曹洞宗的中兴之地。佛教传入中国后分为八个主要宗派②，其中，禅宗和净土两宗影响最大，而影响最大的这两宗又以禅宗为盛，净土后来逐渐融入禅宗。禅宗在发展过程中又分为五个宗派③，影响最大者为临济宗和曹洞宗。临济、曹洞绵延不绝，并流传海外。

---

① 李虎等：《大洪山志译注》，中国社会科学院出版社 2010 年版，第 3 页。

② 佛教八宗是佛教八大宗派的简称。这种说法始于清末杨仁山居士整理日僧凝然（1240—1321）的《八宗纲要钞》。

③ 禅宗，是佛教的主要派别之一，主张修习禅定，故名禅宗。

曹洞宗创自江西宜丰的洞山（宜黄曹山），它由洞山良价与曹山本寂师徒俩共同创立。临济势力之大，历史有过"临天下"之称；曹洞之盛，虽未及于临济，但历史上也有"曹一角"或"曹半边"之称，① 这足以反映其当时之盛况。曹洞宗虽然影响深远，但其发展却非一帆风顺，中间经历过曲折，甚至出现过后继无人的窘境。元祐四年（1089），在河南尹任宰相的韩真（1019—1097）招报恩到少林寺。不久，绍圣元年（1094），报恩受邀成为随州大洪山灵峰寺十方禅院的住持。报恩在大洪山期间，除著有《语录》三卷之外，还著有《曹洞宗派录》三卷、《授菩提心成文》一卷、《落发受戒仪文》一卷，据说在当时非常盛行，惜没有留存于后世。根据《塔铭》记载，报恩于禅院之中建戒坛，定禅规推行新的道风。因此，大洪山佛教成为推进天下禅林发展的楷模。② 在芙蓉道楷和报恩禅师师兄弟的共同努力之下，曹洞宗才得以再次复兴。芙蓉道楷和报恩禅师是曹洞中兴的中坚力量，他们师兄弟二人，皆在大洪山当过主持，尤其是报恩禅师，在大洪山主持十几年，并葬于大洪山。大洪山佛教在报恩和道楷主持期间达到顶峰时期，是曹洞宗中兴的重要组成部分。据此来看，在曹洞宗的中兴史上，大洪山占有非常重要的地位。

第三，名僧辈出。洪山寺的开创祖师慈忍大师，本是南昌开元寺高僧。来到大洪山后，为百姓求雨并断双足以身代牲的灵异事迹，由当时的地方主管官员上报朝廷后，唐文宗非常赞赏，赐给他"幽济真宗"的名号，并将他所住的寺庙赐名叫"幽济禅院"。宋朝，大洪山名僧辈出，有大洪报恩、芙蓉道楷、丹霞子淳、大洪守遂、大洪庆预及大洪庆显等。自大洪报恩任大洪山禅院第一代住持至第十一代住持大洪庆显，所有十一任主持，无一不是当时佛教界最具影响力的人物。尤其是芙蓉道楷和丹霞子淳，此二人堪称我国佛教史上划时代的、里程碑式的人物。特别值得一提的是，在报恩主持大洪山期间，还出现了一位虽然不是住持，但在佛教界

① 殷玉楼：《临济、曹洞二宗禅学比较研究》，安徽大学硕士论文，2006 年 5 月，第 33 页。

② 李虎等：《大洪山志译注》，中国社会科学出版社 2010 年版，第 355 页。

产生较大影响的人物：善洪和尚。善洪于宋真宗咸平五年春（1002 年）自洪山禅寺出发，前往天竺（今印度）取佛经、佛牙及舍利，及 39 国，越雪山 75 座，过江河 33 渡，历经 13 载，得佛牙 5 枚，佛舍利 50 粒和佛经。大中祥符八年（1015 年）四月还京（开封）。真宗皇帝赵恒到便殿亲迎，并赐紫衣银绢。① 但善洪不恋京城舒适的生活环境，告别京城，回到洪山禅寺。善洪回到大洪山后病逝，同佛牙、舍利并葬于大洪山。目前，大洪山官网上有文章将善洪称为西天取经第二人，这种说法非常不准确，② 我们建议将其改为"西天取经又一人"。

第四，影响深远。大洪山佛教不仅在国内盛极一时，而且产生的影响远及国际。大洪山佛教的国际影响，主要体现在两个方面：其一，大洪山的主持多次到外国讲学。如把大洪山佛教推向顶峰的两位主持——报恩禅师和芙蓉道楷都到日本讲过学。其二，外国曹洞宗的祖师与大洪山关系密切。以日本为例，日本曹洞宗始祖道元，其终生之师——天童如净（分别为芙蓉道楷的第六代弟子和丹霞子淳的第五代弟子），深受前文提及的大洪山最著名的主持之一，芙蓉道楷的门生，真歇清了和宏智正觉创立的"默照禅"的影响。现在日本的曹洞宗仍然处处体现着"默照禅"的特点。大洪报恩、芙蓉道楷、丹霞子淳等代表人物，都在大洪山曹洞宗的中兴及后来的传承中发挥过关键性的作用。日本驹泽大学的佛教学者曾对这些代表人物进行过比较系统的研究，其依据的资料，便是大洪山地区尚存的佛教塔林、碑刻。③ 正因为如此，1984 年 9 月、2000 年 9 月和 2004 年 10 月，日本驹泽大学佛教学者、专家三次造访大洪山，一是为寻根访祖，二就是为研究日本曹洞宗寻找第一手资料。

① 樊友刚：《国家级风景区大洪山》，武汉出版社 2010 年版，第 51 页。
② 仅北宋时期，在善洪前去西天取经之前，至少有六个团队前去西天取经或自西天取经回国。并且，当时出现了西天取经团队有数量无质量的现象。"知开封府陈恕言：僧徒往西天取经者，臣尝召问，皆罕习经业，而质状庸陋，或往诸藩，必招轻慢。自今宜试经业、察人材，择其可者令往。"童玮：《北宋佛教史年表（1960—1127）》，载《佛学研究》1997 年 00 期。
③ 吴仕钊：《大洪山曹洞宗复兴在中日佛教文化交流中的地位略考》，作者博客，http://blog.sina.com.cn/s/blog_3eac43560100x1lf.html。

4. 红色文化

广义的红色文化是指 1840 年以来，为了实现民族独立和民族解放以及人民富裕和民族复兴，中国人民在反帝反封建的过程中，特别是在中国共产党成立之后，领导广大人民在新民主主义革命、社会主义革命和建设时期以及改革开放以来创造的先进文化。狭义的红色文化主要指为了实现民族独立和人民解放，为了实现人民富裕和民族复兴，自 1921 年中国共产党成立以来，以中国共产党领导人民进行革命斗争建立的丰功伟绩为标志，以建功立业时形成的纪念地、标志物为载体，以其所承载的革命历史、革命事迹、革命精神为内涵，而组成的具有宝贵历史意义与价值的文化体系。

随州红色文化资源丰富，革命战争年代，随州一直是全国重要的革命根据地。1925 年 7 月中共随县和应山县党组织创建，并开展工农运动；土地革命时期，红三军和红四方面军转战随县、应山，建立了随西、随北、应东 3 个特区、33 个乡苏维埃政府，苏区面积达到 2800 平方公里；抗日战争时期，中共鄂中省委及管辖 13 县的鄂豫边区抗敌工作委员会分别在随县长岗店、均川镇成立。1939 年 12 月 18 日，李先念率领鄂豫挺进纵队，进入洛阳九口堰地区，开辟白兆山根据地。1940 年 6 月，新四军鄂豫挺进纵队取得了开辟随南白兆山战役的胜利，创建了随南白兆山、随东四望山、随北桐柏山抗日根据地。1941 年 4 月 5 日，鄂豫挺进纵队改编为新四军第五师，李先念于九口堰通电就职。1942 年夏天，新五师在此粉碎了国民党第三次反共高潮，取得了反"围剿"的重大胜利，随后新五师主力奉命暂时撤离九口堰，向鄂东转移。从 1939 年 12 月至 1942 年 6 月以及 1945 年 4 月至 9 月，新五师官兵在九口堰战斗生活达 3 年之久，这个时期，新五师在随州经历了创立、组建、发展、壮大的重要时期。截至 1942 年 8 月，随州共建立 8 个县、26 个区、89 个乡抗日民主政府，面积 7150 平方公里，人口 56.3 万。据不完全统计，各个历史时期随州参军、参战及直接参与革命斗争的有十多万人，为革命献身的有八千多人，其中本籍烈士近三千人①。老一辈无产阶级革命家刘少奇、李先念、王震、李富春、徐向前、贺龙、陶铸、陈少敏、钱瑛、任质彬等均在随州留下过难忘的战斗历程。

目前随州有不可移动革命文物 50 余处，其中省级文物保护单位 2 处，市级文物保护单位 13 处，不可移动革命文物点 40 余处。代表性的革命遗址如红二十八军战场遗址、中共随县第一次党代会会址、唐县镇九龙山革命纪念碑、中共随枣地委、江汉公学旧址、三里岗革命烈士陵园、第五师司令部旧址、中共应山县委旧址、抗日英雄杨常安烈士纪念碑、余家店战斗旧址、天河口殷家湾革命遗址。当前，随州红色文化旅游已颇见起色，已形成新四军五师九口堰纪念馆、江汉军区纪念馆、张体学随县纪念馆、湖北新四军第五师纪念园等随州红色旅游景点。其中，随州市曾都区九口堰新四军第五师旧址是全国红色旅游经典景区、全国爱国主义教育示范基地、大别山革命老区重点旅游景区，被破例纳入"全国红色旅游经典景区第一期"目录，与天安门等 100 个红色景区并列。

5. 民俗文化

随州拥有丰富的民间文学、传统音乐、传统舞蹈、传统戏剧曲艺、传统体育与杂技、传统美术、传统技艺、传统医药、民俗等非物质文化遗产（见表 2.5、表 2.6、表 2.7）。譬如拥有国家级保护名录（如《炎帝神农传说》）、省级保护名录（如《打鼓锣》）、市级保护名录（如《春秋二谱》）等丰富多彩、源远流长的非物质文化遗产。此外，我市还有很多独具地方特色的民间文艺表现形式（如独人轿、独龙杠、独角兽）。随县、广水市被授予省民间文化艺术之乡（2014—2016 年度），安居镇获评中国历史文化名镇。

---

① 李克申：《坚守红色文化传承 建好革命遗址标识》，http：//xsjn4a. cn/post. html？id＝5b56cf01fa9b8b09caa73080。

表2.5 随州—国家级非物质文化遗产名录（含扩展项目①）

项目名称	类　别	地　区	年　份	批　次
炎帝神农传说	民间文学	随州市、神农架林区	2008	第二批
随州花鼓戏	传统戏剧	随州市		
炎帝祭典（随州神农祭典）	民俗	随州市	2011	扩展项目

表2.6 随州—省级非物质文化遗产名录（含扩展项目）

项目名称	类　别	地　区	批　次	年份
炎帝神农传说	民间文学	曾都区、神农架林区	第一批	2007
随州花鼓戏	传统戏剧	曾都区		
打锣鼓	曲艺	曾都区		
义阳大鼓	曲艺	曾都区	第二批	2009
杨涟传说	民间文学	广水市	第三批	2011
大洪山民歌	传统音乐	随州市		
应山滑肉制作技艺	传统技艺	广水市		
曾都皮影戏	传统戏剧	曾都区	扩展项目	2011
应山奎面制作技艺	传统技艺	广水市		
葛粉制作技艺	传统技艺	钟祥市、随县	第四批	2013
戈氏丹药制作技艺	传统医药	曾都区	第四批	2013
青铜编钟制作技艺	传统技艺	曾都区	第五批	2016
曾国漆器髹饰技艺	传统技艺	曾都区	扩展项目	2016

① 扩展项目一般是被前一批或前几批公布的名录项目所囊括的项目，而本批不同申报地区或单位又一次申报成功，那么这次申报的名录项目就叫前面相同名录项目的扩展项目。

表2.7 **市级非物质文化遗产名录（含扩展项目）①**

项目名称	类别	地区	批次	年份
炎帝神农传说	民间文学	曾都区	第一批	2007
涢山祭祀歌		曾都区		
随州民间歌谣		曾都区、广水市		
随州民间传说		曾都区、广水市		
大洪山打碛号子	民间音乐	曾都区		
随州民间器乐曲		曾都区		
春秋二谱		曾都区		
文昌宫八间图		曾都区		
九莲灯	民间舞蹈	曾都区		
随州三独（独角兽、独人轿、独轮车）		曾都区		
地花鼓		广水市		
亮花鼓		广水市		
拉犟驴		广水市		
随州花鼓戏	传统戏曲	曾都区		
应山花鼓戏		广水市		
站花墙		广水市		
皮影戏		曾都区		
义阳大鼓	曲艺	曾都区		
随州道勤		曾都区		
随州大鼓		曾都区		
北路子大鼓		广水市		
应山滑肉	传统手工技艺	广水市		
应山奎面		广水市		
广水四色	杂技与竞技	广水市		

① 由于非物质文化遗产项目采取的逐级申报的原则，主要分为县（市）区级、市级、省级和国家级四个层级，为保证资料的完整性，对市级非物质文化遗产名录（含扩展项目）中升格为省级或国家非物质文化遗产项目，不在市级非物质文化遗产名录（含扩展项目）加以剔除。

续表

项目名称	类别	地区	批次	年份
杨涟传说	民间文学	广水市	第二批	2009
朱元璋的传说		广水市		
明聪的故事		广水市		
两仙山的传说		随州经济开发区		
大洪山的传说		大洪山风景名胜区		
广水民间谚语		广水市		
大洪山民歌	传统音乐	大洪山风景名胜区		
大洪山锣鼓演奏		大洪山风景名胜区		
大头和尚戏柳翠	传统舞蹈	大洪山风景名胜区		
麒麟舞		随县		
吕老四推车		广水市		
河蚌精		广水市		
渔鼓	曲艺	广水市		
剪纸	传统美术	随县、曾都区		
手工纺织	传统技艺	随县、曾都区		
炎帝神农故里谒祖祭典	民俗	炎帝神农故里风景区		
丧葬习俗		随县、曾都区		
合吉寺庙会		广水市		
洗三		广水市		
胡氏祠祭祀		曾都区		

续表

项目名称	类 别	地 区	批次	年份
棋盘山的传说	民间文学	曾都区	第三批	2013
鸡鸣山的传说		随县		
明玉珍的传说		随县		
太白顶的传说		随县		
打教头	传统音乐	随县		
曾都民歌		曾都区		
板凳龙	传统舞蹈	随县		
高跷舞狮		随县		
随南锣鼓	曲艺	曾都区		
庆丰收锣鼓		随县		
随县慢板		随县		
神农吹管	传统体育、游艺与杂技	随县		
洪山葛粉制作技艺	传统技艺	随县		
李庭广麻酥饼制作技艺		随县		
殷店芝麻饼制作技艺		随县		
戈氏炼丹技艺	传统医药	曾都区		
殷店三月三庙会	民俗	随县		
姜运新皮影	传统戏剧	随县	扩展	2013
新街剪纸	传统美术	随县		

续表

项目名称	类别	地区	批次	年份
詹王传说	民间文学	广水市	第四批	2015
舜王和犁山坡传说		随县		
婆婆岩的传说		随县		
随县民歌	传统音乐	随县		
数垛子	曲艺	随县		
瓦雕	传统美术	曾都区		
根雕		曾都区		
曾国漆器髹饰技艺	传统技艺	曾都区		
麻花制作技艺		曾都区		
青铜编钟校音技艺		曾都区		
拐子饭制作技艺		广水市		
广水市猪油饼制作技艺		广水市		
安居豆皮制作技艺		随县		
厉山腐乳酿造技艺		随县		
万福店松花皮蛋技艺		随县		
三合店黄酒酿造技艺		随县		
木榨香油制作技艺		大洪山风景名胜区		
涢水豆腐制作技艺		大洪山风景名胜区		
李氏内科中医疗法	传统医药	随县		
河源店露水节	传统民俗	随县		
舞狮（淮河舞狮）	传统舞蹈	随县	第二批扩展	2015
麻饼制作技艺	传统技艺	曾都区、随县		

(四) 生态绿色资源

追求优良的生活品质,良好的生态环境必不可少。随州地处长江流域和淮河流域的交汇地带,北连桐柏山、南接大洪山,生态结构优良,生态资源富集,森林覆盖率(50.85%)远高于全国平均水平,是国家森林城市、国家园林城市,有着得天独厚的生态资源优势。据评估,随州的生态价值超过千亿元。在《长江经济带城市协同能力指数研究报告(2016)》中,随州曾在湖北省上榜城市中排名第四,良好的生态底蕴便是重要的权重加分项。党的十八大以来,将生态文明建设纳入中国特色社会主义"五位一体"总体布局和"四个全面"战略布局。从"十三五"规划提出"在山上再造一个随州"到后续构建鄂北生态屏障、建设生态绿城的具体实践,随州切实打造绿色发展增长极,把生态环境优势转化为推动绿色高质量发展的后发优势、竞争优势。

1. 生态能源

我国《可再生能源中长期发展规划》中明确指出:"要重点发展包括水电、生物质能、风电、太阳能,逐步提高优质清洁可再生能源在能源结构中的比例。"随州独特的地理条件使其具有发展风能和太阳能的巨大优势。在发展"风能"方面:根据相关国家标准,1 年有 83~125 天风速达到 3 米/秒以上,就可以正常发电。随州境内的桐柏山、大洪山、中华山区域位于湖北省冷空气的入口处,风速分布频率主要集中在 1.6 米/秒~11.5 米/秒风速段,风能主要集中在 5.6 米/秒~15.5 米/秒风速段,风速风能分布较为集中,利于风电机组对风能资源的有效利用。随州市在多处设立的风能观测点数据显示,每年风速大于 3.1 米/秒的有效时间都在 185 天以上,远远超过国标标准。在发展"太阳能"方面,随州地区近 30 年平均日照小时数约为 1900 小时,30 年平均总辐射量在 4220—4880MJ/m^2 之间,太阳能资源属国家三级、湖北省一级可利用区。

当前，随州坚持绿色发展，以创建国家新能源产业示范城市为抓手，积极推进生物质能源综合高效利用，因地制宜开展风能、太阳能、地热能、沼气的开发利用。截至 2018 年底，随州新能源并网装机容量 200.4 万千瓦，占全省新能源装机容量的 21.87%。2018 年，随州新能源发电量 30.89 亿千瓦时，同比增长 36.9%，新能源发电量占地区供电量的 74.6%，占全省新能源发电量的 27.3%。新能源装机容量和发电量稳居全省第一。2018 年，全市规模以上新能源发电工业企业达 15 家，实现产值 19.14 亿元，同比增长 37%。

2. 生态城市

"城市森林，是现代化城市基础设施中最重要的生态基础设施。城市森林在改善城市环境质量、增进人体身心健康、美化城市生态景观等方面发挥着不可替代作用。"随州全面推进城乡"绿色革命"，践行"绿水青山就是金山银山"理念，倡导"让森林走进城市、让城市拥抱森林"的建设宗旨，扎实推进"四个三重大生态工程"①，城市生态竞争力居于湖北前列，生态绿城建设已取得明显成效。截至 2020 年，全市森林覆盖率达 50.85%，中心城区新增绿地 58.8 万平方米。加大自然保护区建设，积极创建"湖北省森林城镇""绿色示范乡村"。在总体格局上，随州正在逐步形成一核（随州市主城区和随县城市建成区的森林绿化核）、一星（即广水市城市建成区的森林绿化核和屏障建设）、三屏（以北部桐柏山、南部大洪山和东部中华山为核心的经济、景观和生态林建设）、三网（水系林网、道路林网和农田林网）的森林城市图景。"大洪山、中华山国家森林公园、大贵寺、七尖峰、随州银杏谷省级森林公园建设全面加强；随县封江口、广水徐家河、随州淮河国家湿地公园试点建设全力推进，封江口国家湿地公园试点建设通过国家级考核验收；随城山国家生态公园建设顺利

---

① "厕所革命"工程、"精准灭荒"工程、"乡镇生活污水处理"工程、"城乡生活垃圾无害化处理"工程。

推进"。在随州中心城区建设上，通过实施"一轴两翼"和"一环三片"①
生态景观带建设，大力推进绿色节点、绿色廊道、绿色屏障、绿色家园
"四绿工程"，"一轴一环三片"城市生态布局基本形成，曾都区"两大片
两条线"生态走廊、随北百里风光走廊、广水北三镇生态画廊、随州高新
区美丽乡村示范片建设成果显现。"白云湖两岸生态环境建设项目"荣获
城市建设最高奖"中国人居环境范例奖"。绿色产业正在兴起，如绿色商
砼站、建筑垃圾和废弃模板回收再利用、装配式建筑已填补随州空白。

3. 生态旅游

随州集炎帝神农故里、编钟古乐之乡、中国专用汽车之都、全国十佳
魅力城市、全国绿化模范城市、国家历史文化名城、国家园林城市、国家
森林城市、中国兰花之乡、中国银杏之乡、省级文明城市、省级卫生城
市、省级环保模范城市等荣誉于一体，文化、生态资源丰富。随着文化旅
游与生态旅游的融合发展，自然优势、区位优势逐步转化为经济优势、品
牌优势。寻根谒祖之旅、音乐文化之旅、山水生态之旅、养生度假之旅、
红色文化之旅的生态文化旅游格局逐步形成。《随州市特色产业增长极建
设生态文化旅游产业实施方案》（2018—2020 年）明确指出，到"十三
五"末，文化旅游产业增加值达到 100 亿元以上，接待游客 3000 万人次以
上，旅游综合收入 180 亿元以上，生态文化旅游产业真正成为战略性支柱
产业。当前，以炎帝神农故里、大洪山、西游记公园等核心景区为龙头、

---

① 《随州市城乡总体规划（2016—2030 年）》指出，规划形成"一轴、一环、
三片、多廊、多点"的城市绿地系统结构。"一轴"指府河流域两岸树木、灌木丛、
水生植物于一体的绿色生态轴线；"一环"指连接新 316 国道、炎帝大道、南外环为一
体的城市绿环；"三片"指漂水河湿地公园示范片、随州白云山生态公园（随城山生
态公园）示范片、以新铁山为中心的大堰坡生态产业示范片区（含惠兰谷）。"多廊"
指沿城市河流的滨河绿带以及沿主要道路的防护绿带交织而成的绿色生态廊道。"多
点"指不同类型、规模的公园绿地呈斑点状分布，为市民提供户外活动的绿色开敞空
间。

以 A 级景区为骨干、以乡村旅游①为依托的全域旅游大格局正在逐步形成。此外随县尚市牡丹园、草店芍药园、琵琶湖景区等亦成为新的旅游目的地。目前,随州正在全力擦亮"世界华人谒祖圣地、编钟古乐之乡"文化品牌,着力建成全国重要的旅游目的地和集散地。

---

① 譬如随州打造了随州大洪山、曾都洛阳镇、随县淮河镇、广水武胜关四大乡村旅游连片发展区,在长岗镇、洪山镇、三里岗镇沿线 11 个村形成了 68 公里连线发展的随南生态休闲乡村旅游"百里画廊"和随中高新区为主体的"一轴一环三片"的绿色观光带。

分论部分

实践路径

第三章
城市空间布局篇

"对于一个城市来说，最重要的不是建筑，而是规划。"

——贝聿铭

科学、合理的城市空间布局对提升城市品质具有重要影响。城市空间形态作为城市空间布局的表现形式，二者之间具有紧密的联系。进行科学的城市空间布局，塑造特色城市空间形态对城市建设、发展至关重要。城市空间布局的多样性和动态性，使得不同城市的城市空间形态不尽相同，同一城市的城市空间形态在不同发展阶段亦迥然有异。为防止城市空间的无序发展，城市规划起着十分重要的作用。在城市空间规划确定之后，便需要以规划为引领，不断优化城市发展空间布局，建设高品质城市。

一、城市空间布局政策释义

每个城市总要占据一定的空间，并呈现出特定的外部轮廓形状。然而，城市空间布局受制于经济、社会、文化、历史等因素的影响，使得各个城市空间结构不尽相同，进而演变出不同的城市空间形态。

（一）城市空间形态类型

城市空间结构主要指城市各要素在空间上的位置及其组合状况。城市空间布局主要指城市中不同功能区（住宅区、商业区、工业区、绿化用地等）的分布和组合，包括城市用地外部几何形态、城市功能地域分异格局、建筑空间组织等。城市空间形态则是城市内部空间结构的整体体现。不同的城市空间布局往往衍生出不同的城市形态。"城市形态经历一定时期的发展与演变，其沉淀下来的形态代表着城市的历史地域特征，反映了不同地域独特的自然环境与历史发展过程"① 受制于城市本身的特性、规模大小及区位条件（水系、交通干线）等差异，城市空间形态复杂多样。城市空间形态根据城市路网特征，可分为星形城市、格网城市、带形城市、卫星城市等类型；依据城市内部结构关联，可分为同心圆结构城市、扇形结构城市、多核心结构城市等（见图3.1）。一般而言，典型的城市空间形态可划分为"团块状""条带状""组团状""环状""串联状""星座状"等具体类型。

"团块状"城市空间形态主要指城市地域呈同心圆状向外延展，城市地域形态呈团块状，一般为单中心城市。由于平原地区地形平坦开阔，城市往往围绕市中心向四面八方发展呈团块状，所以该种形态多分布在平原地带。譬如成都位于四川盆地西部的岷江中游，境内地势平坦，城市空间形态整体上呈现出"团块状"。"组团状"城市空间形态主要是结合地形，把功能和性质相近的地方集中起来，分块布置，每块都布置有居住区和生活服务设施，每块成一个组团。譬如重庆地处长江和嘉陵江的交汇处，又是丘陵山区，地形的崎岖不平使城市发展在地域上失去了完整性。全市形成了几个片区，各片区之间以河流、山岭等间隔，故重庆市在城市布局上呈现出"多中心、组团式"的山水城市空间形态。"条带状"的城市空间

---

① 张婷等：《中国历史城镇形态演变的研究方法——结合城市形态学理论与空间句法》，载《美与时代（城市版）》2018年第9期。

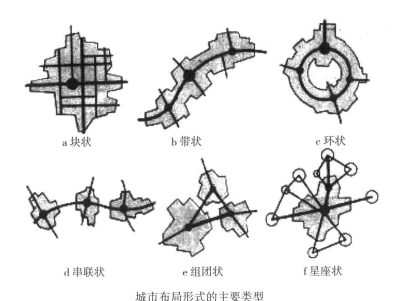

a 块状　　　　b 带状　　　　c 环状

d 串联状　　　　e 组团状　　　　f 星座状

城市布局形式的主要类型

图 3.1　代表性城市空间形态类型

形态主要受自然条件（如水系）或交通干线等因素影响而形成，其城市空间结构或沿江河（河谷）、海岸的一侧及两岸绵延、或沿着陆上交通干线延伸。典型的城市如兰州市，兰州是典型的河谷型城市，位于黄河谷地中，城市发展沿着河流两岸向东西延伸，呈现条带状城市空间形态（见图3.2）。

　　"环状"的城市空间形态主要是围绕着湖泊、海域或山地呈环状分布。与之相类似的形态还如环形放射式，主要由环形、放射型道路网组成，如北京便是代表性类型。"串联状"的城市空间形态主要指若干个城镇，以一个中心城市为核心，断续相隔一定的地域，沿交通线或河岸线、海岸线分布。譬如秦皇岛市便由北戴河、秦皇岛、山海关等组成，形成串联分布结构。"星座状"城市空间形态主要指一定地区内的若干个城镇，围绕着一个中心城市呈星座状分布。其主要是将从中心区调整出来或新开工建设的工业项目，在大城市外围地区进行集中布置，以形成新的小型城市发展

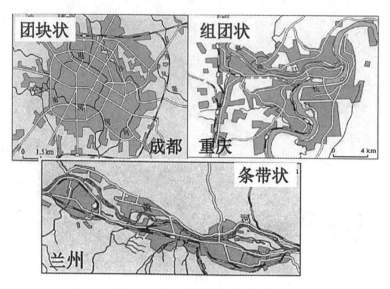

图 3.2　城市空间形态典型实例

中心，该种城市空间形态多具有较明显的疏散城市工业和人口、控制城市连片扩大的规划色彩。如上海以特大城市为中心，若干大中小城市在周围地区散点分布而组成的城镇群。

（二）城市空间规划体系

城市的良性发展需要科学的规划设计。从某种意义上来讲，城市空间规划影响着一个城市未来的空间形态和结构。习近平总书记指出，"考察一个城市首先看规划，规划科学是最大的效益，规划失误是最大的浪费，规划折腾是最大的忌讳"。当前，我国参与城市规划管理的部门主要包括设计院、规划委员会、政府、人大以及规划局等。① 然而规划并不是某一家之言，欲使规划做到科学，需要政府、专家、百姓共同参与、齐心协力。当前，随着工业化、城镇化加速发展，城市规划中的盲目与混乱问题

---

① 余波：《城市规划管理中存在的问题及对策探析》，载《建材与装饰》2019 年第 13 期。

日益突出。"空城""睡城""鬼城""短命建筑""奇怪建筑"① 等现象不断涌现，无不折射出当前城市规划所存在的种种弊端。如郑州市 2010 年建成的黄河路文化路天桥，仅过 5 年，就因与当地地铁工程存在矛盾，而被整体拆除，引起舆论哗然。被称为亚洲最大室内足球场的辽宁沈阳绿岛足球场仅用 8 年就因使用率不高被拆，令人扼腕叹息；滁州（楼盘）、蚌埠等地的高铁新城因缺乏进一步的科学规划和配套设施未能达到预期目的，就曾被媒体冠以"空城""鬼城"之名。为解决规划中所存在的上述问题，当前，各地正在积极探索"多规合一"② 规划体系和规划体制改革，实现城市规划转型。

城市规划关乎着经济、社会、人口、资源、环境的协调发展，影响着城市功能的发挥。城市总体规划在空间规划体系中发挥着至关重要的作用，在未来城市总体规划改革中应与空间规划体系保持衔接和对接。"与自然环境相结合进行设计、合理利用文化资源、城市规划设计的专业性、构建整齐划一的城市形象、营造出舒适的宜居环境便是城市特色规划设计中的要点"③，从而达到城市规划中的空间立体性、平面协调性、风貌整体性、文脉延续性。值得注意的是，当前，国家正积极推进空间规划体系改革，待空间规划体制和职能改革后，城市空间规划便从城市总体规划中独立出来，总体规划中的市域城镇体系规划便无存在之必要。空间规划是国家空间发展的指南、可持续发展的空间蓝图，是各类开发保护建设活动的基本依据，其划定了城镇、农业、生态空间以及生态保护红线、永久基本

---

① 当下建筑界频繁出现盲目"山寨"、贪大求洋的现象，面临着文化危机，出现了诸如元宝、裤子、方便面桶、"白宫"等奇形怪状的建筑，如苏州"秋裤楼"、重庆火车站附近的"方便面桶楼"，我国的城市建筑俨然成为一些国外设计师的试验田。针对此问题，2014 年 10 月 15 日，习近平出席文艺工作座谈会并发表讲话，指出不要搞"奇奇怪怪的建筑"。

② "多规合一"即将国民经济和社会发展规划、城乡规划、土地利用规划、生态环境保护规划等多个规划融合到一个区域上，实现一个市县一本规划、一张蓝图，解决现有各类规划自成体系、内容冲突、缺乏衔接等问题。

③ 陈雪：《谈城市规划设计中城市特色的体现》，载《科学技术创新》2019 年第13 期。

农田、城镇开发边界。党的十八届三中全会通过的《中共中央关于全面深化改革若干重大问题的决定》指出要"通过建立空间规划体系，划定生产、生活、生态空间开发管制界限，落实用途管制"。习近平总书记在2013年12月的中央城镇化工作会议上指出要"建立空间规划体系，推进规划体制改革，加快规划立法工作"。其后，《生态文明体制改革总体方案》（2015年）《中共中央关于制定国民经济和社会发展第十三个五年规划的建议》（2015年）《省级空间规划试点方案》等均对城市空间规划提出了具体的要求（见图3.3）。

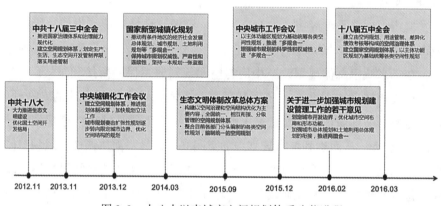

图3.3　十八大以来城市空间规划体系改革进程

2019年5月，中共中央、国务院出台了《关于建立国土空间规划体系并监督实施的若干意见》明确要求将主体功能区规划、土地利用规划、城乡规划等空间规划融合为统一的国土空间规划，实现"多规合一"，强化国土空间规划对各专项规划的指导约束作用。在以国土空间规划体系为核心的城乡规划编制体系变革背景下，城市空间品质将会得以明显提升。当前，随州正在全面梳理市域各类规划涉及的空间管控要素，加快建立"多规合一"的"一张蓝图"，并着力起草《关于加速推进"多规合一"的工作方案》《随州市"多规合一"空间规划管理办法（实行）》《随州市建设项目生成管理办法（实行）》等文件，为随州空间规划体系改革奠定了坚实基础。

(三)　城市空间形态演变

城市空间形态受制于"历史发展、地理环境、交通运输、经济与技术进步、社会文化因素、城市职能、城市规模、城市结构、政策"等多方面的因素（如图 3.4）。在不同的影响因子作用下，所形成的城市空间形态颇具差异，譬如诸如河流等地理环境限制更易形成条带状、组团状等城市空间形态；交通因素虽易导致形成条带状、放射状、组团状等城市空间形态，但对团块状的空间形态影响不大。

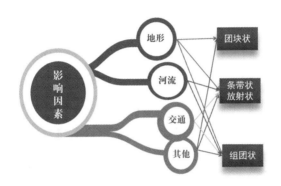

图 3.4　城市空间形态影响因素

城市空间形态虽然在某一阶段相对定型，但从长远来看，其处于不断演变的动态过程。从城市空间形态演变过程来看，往往经历从"最初的居民点→呈放射状→作内向填充→更大的块状→更复杂的形态"的过程（见图 3.5）。有学者通过选择我国 20 多个特大城市，利用地图信息和相关数据，验证城市空间形态总体上趋圆的判断，得出"影响城市空间形态的决定性因素是城市各类消费者的主需求导向，尤其是以商贸为核心的公共服务集聚，吸引着各类城市主体向其靠拢，从而形成圆形形态"等结论①。

---

① 盛毅、李雷雷：《大城市中心城区空间形态特征与形成原因分析》，载《金融理论与教学》2017 年第 3 期。

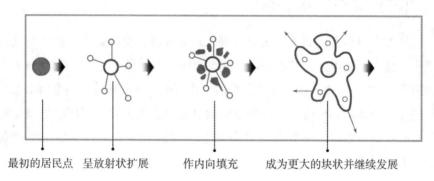

最初的居民点　呈放射状扩展　　作内向填充　　成为更大的块状并继续发展

图 3.5　城市空间形态一般演变过程

　　然而，城市空间形态的差异性不仅仅局限于不同城市之间，对于同一城市而言，在不同阶段亦存在着城市空间形态的演变过程，这便需要在城市空间规划中因地制宜、因势利导。从城市空间形态演变规律来看，城市空间结构存在着逐渐由单中心团块状结构向带状、多中心组团状结构转变的趋势，其演变方式主要有"蔓延式、轴向式、跳跃式和填充式"四种①。有学者总结了 90 年代以来我国城市形态的演变历程，指出外延跳跃是城市形态演变的主要形式。同时指出，以产业空间为中心以及体现人文关怀和人地和谐将是城市形态演变的主要方向。② 也有学者总结了 1990—2008 年中国特大城市空间结构演变过程（见图 3.6），得出"整体上向多中心、多轴线发展，期间多中心结构和轴线结构（包括带状结构和放射结构）城市数量不断增加；单中心团块结构向其他结构

_____

　　①　其中蔓延增长的结果是使城市空间规模扩大，一般不影响城市空间结构类型的变化；轴向增长的结果是使城市空间结构向带状结构或放射结构转变；跳跃增长的结果是使城市空间结构向多中心组团结构转变；填充增长的结果是使城市空间结构向单中心团块结构或带状结构等紧凑性结构转变。参见王新生等：《中国特大城市空间形态变化的时空特征》，载《地理学报》2005 年第 3 期。
　　②　熊国平：《90 年代以来中国城市形态演变研究》，南京大学 2005 年博士学位论文，第 152 页。

类型分化；传统多中心组团结构城市基本得以保持；轴线结构不断强化"等城市空间形态演变特点①。可见，不同类型的城市空间形态可能存在于同一城市的不同发展阶段，同一城市的空间形态亦可能在某一阶段是多种类型的混合。

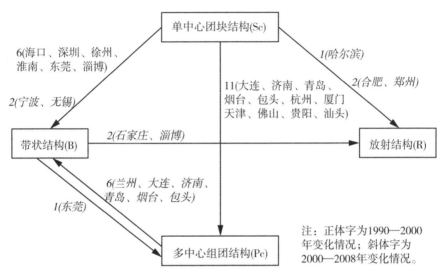

图 3.6　1990—2008 年中国特大城市空间结构演变②

二、城市空间布局问题探析

受制于城市总体规划"轻技术、轻政策，重编制、轻实施、轻管理"、总体规划与下位规划职责不清以及规划类型过多、内容重叠冲突、审批流程复杂、周期过长，地方规划朝令夕改等因素影响，盲目扩张、文化失忆、生态恶化、特色危机等问题日益突出。

---

① 叶昌东、周春山：《近 20 年中国特大城市空间结构演变》，载《城市发展研究》2014 年第 3 期。

② 图表来源同上。

（一）"过度集中"问题

"城市化、郊区化、逆城市化、再城市化"是城市发展的一般规律，然而，当城市发展超过某一阶段工业化和城市经济社会发展水平，便会出现过度城市化问题。与此同时，根据世界城镇化发展规律，当城镇化率在30%～50%时，"城市病"处于显性阶段；城镇化率为50%～70%时，"城市病"可能集中爆发。目前，我国城镇化率近60%，正进入"城市病"高发期。近年来，一些地方集中力量发展大城市，导致城市人口、工业、交通运输过度集中，从而引发了人口膨胀、交通拥堵、环境污染、城市贫困等各种城市病问题。譬如北京面临的人口资源环境矛盾和"大城市病"，根源在于人口和产业过度集中、优质资源和功能过度集中。严峻的形势倒逼北京必须疏解非首都功能和产业，控制人口过度膨胀。[①] 从东京、首尔等人口规模大的大都市地区发展经验来看，疏解部分不符合世界城市发展目标的功能，对于提升城市的国际影响力有直接关系。此外，北京垃圾围城现象也引起了人们的广泛关注。

又如印度大城市人口的过度扩张，带来了住房、贫民窟、用水、基础设施和生活质量等一系列问题。还如拉美国家过度城市化和中等收入陷阱问题亦是过度城市化的典型案例。"拉美地区有80%的人口居住在城市里，但不少城市的就业机会和城市生活条件却并未随之相应改善，出现了诸如公共设施建设严重滞后、非正规就业人员数量巨大、社保覆盖率低、贫困

---

① 辜胜阻、何峥：《探索中国特色治理"大城市病"路子》，2015年10月29日07版。需要说明的是，非首都功能指那些与首都功能发展不相符的城市功能，非首都功能由习近平总书记在2015年2月10日的中央财经领导小组第九次会议上提出，他指出：要疏解北京"非首都功能"，"作为一个有13亿人口大国的首都，不应承担也没有足够的能力承担过多的功能。" 2014年2月26日，习近平总书记在北京考察工作时提出了京津冀协同发展重大战略。2014年底召开的中央经济工作会议上，习近平总书记强调，京津冀协同发展的核心问题是疏解北京非首都功能，降低北京人口密度，促进经济社会发展与人口资源环境相适应。

率高以及治安恶劣等问题。"① 经济学家辜胜阻教授认为，当前，治理空气污染、水污染和资源短缺等"大城市病"要走均衡城镇化之路，就要反思城市功能和优质资源如此高度集聚和集中的弊端。②

（二）"盲目扩张"问题

城市过度集中和盲目扩张是一个问题的两个方面。城市过度集中主要关注城市发展超越其物理极限而引起的城市病问题；城市盲目扩张重点关注盲目扩张城市规模而引起的资源浪费问题。随着城镇化进程的加快，城市的盲目扩张、"摊大饼式"的发展、造城运动等问题日益突出，致使一些城市发展陷入无序化。有人曾做过统计，1978 年，农村人口 7.9 亿人，城市人口 1.7 亿人；2018 年，农村人口 5.7 亿人，城市人口 8.1 亿人，城市人口增长了 3.76 倍。但从占地来看，1981 年我国城市建成区面积 7438 平方公里，2016 年城市建成区面积 54331 平方公里，增长了 7.3 倍③。其中，全国新城新区总面积近 4 万平方公里，而人口不足 4000 万，人口密度为每平方公里 1000 人，是国家建设用地人口密度标准的 1/10，土地资源被大量占用和低效利用。④ 全国将近 2800 多个县和 334 个地级市，以每一个县城和地级市有 1 平方公里的"鬼城"或"空城"来计算，全国就有3000 多平方公里"鬼城"或"空城"。⑤ 据统计，全国新城新区规划人口竟达 34 亿，新城新区的空心化严重。当前，一些地方盲目扩张高铁新城，

---

① 连俊：《拉美"过度城市化"需引以为戒》，载《经济日报》2014 年 5 月 30 日第 005 版。

② 辜胜阻：《治大城市病要反思过度集中的城镇化》，载《中华建设》2013 年第 5 期。

③ 参见《新型城镇化需严控特大城市盲目扩张》，https：//baijiahao. baidu. com/s？id=1602317530486311962&wfr=spider&for=pc。

④ 彭国华：《城市现代化不是"造城运动"》，载《人民日报》2016 年 5 月 15 日第 5 版。

⑤ 《自然资源部再放机构改革红利：六百城共推城市国土空间规划》，http：//dy. 163. com/v2/article/detail/ECJG560I05119QTF. html。

高铁空城现象日益突出。正因如此，2018 年，国家发改委等四部门联合发布《关于推进高铁站周边区域合理开发建设的指导意见》，严禁借高铁车站周边以开发建设名义盲目搞城市扩张。城市空间的快速扩张和蔓延造成了诸多后遗症，其中，造城运动一旦缺乏科学的论证和规划，便会引起"空城""鬼城"泛滥，造成"有城无业、有城无市、有城无人"。当前，国家正在加大城市空间规划体系改革，规范城市的开发边界划定工作，强化"三区三线"管控，推进"多规合一"，促进城市"精明增长"①。

(三)"文化失忆"问题

城市因特色而鲜活，因文化而生动。对于一个城市而言，文化是立城之本、兴市之基、强市之源。习近平总书记在上海考察时指出："文化是城市的灵魂。城市历史文化遗存是前人智慧的积淀，是城市内涵、品质、特色的重要标志。要妥善处理好保护和发展的关系，注重延续城市历史文脉。"一个城市的文化就是一张城市的"名片"，其深厚的城市文化内涵体现了一个城市的软实力，文化的竞争将成为未来城市发展的焦点话题和重要组成部分。富有时代气息和地方特色的城市文化，不仅是城市的魅力所在，而且是城市长盛不衰的不竭动力。我国 40 年的改革开放，实际上是人类历史上最大的造城运动，在这个过程中也不乏很多拍脑袋的工程、拍胸脯的工程、拍屁股的工程，这些工程使得城市文化"失忆""失语"现象逐渐凸显出来，"广场风""大学城风""地标潮""会展中心热""标志性建筑热"愈演愈甚，许多城市只见建筑不见城市。单调的"繁华"背后耗损的是城市的特色，遗失的是城市的文化，留下的是城市的"失忆"。当前，无论是哈尔滨市分步骤对历史建筑及其环境进行保护，上海市对不同的历史建筑采用不同的保护措施，还是西安市对老城区的历史文化区域进行分类保护，都反映出人们对城市历史文化的珍视。随州作为国家历史文

① 如 2015 年 12 月，习近平总书记在中央城市工作会议上的讲话中，提出"要坚持集约发展，树立'精明增长''紧凑城市'理念，科学划定城市开发边界，推动城市发展由外延扩张式向内涵提升式转变"。

化名城，城市变化日新月异，在"汉襄肱骨、神韵随州"建设过程中，要极力避免城市文化"失忆"现象的发生，充分认识到霓虹闪烁不是文化，高楼林立不是文化，车水马龙不是文化，建文化广场、博物馆、戏院也不能代表这座城市就有文化。我们不仅要做好历史文化遗产的保存、保护工作，合理规划城市布局，处理好"拆旧"与"仿古"的关系，更要防止重城市外延数量扩张、轻城市文化内涵延续这一现象的发生，从而遏制城市文化空间遭到破坏、历史文脉得以割裂等态势蔓延。

(四)"生态恶化"问题

形象不等于面子，它体现了一个城市的特色风格。城市形象的提升离不开城市绿化工程的推进，但实践中存在的城市绿化的形式主义，原有提升城市形象之意，实则是损坏城市形象之举。近年来，随着城市化水平的不断提高，森林城市、生态城市、园林城市等新兴城市发展理念逐渐兴起，绿化工程、广场工程、通道工程等遍地开花，"大树进城运动"也呈现持续升温态势。据近年国家有关部委联合调查显示：贵阳市移栽的上万棵大树，一年后就有70%死亡；重庆市移栽到城区的大树，成活率也只有40%左右；各地综合报道移栽树木的死亡率平均超过50%。树木的"农转非"将生态建设引向歧途，造成了巨大的生态环境破坏和绿化资金浪费。2012年8月，台风"韦森特"袭击后，香港与深圳刮倒的树木相比悬殊，深圳曾被批为了突出政绩而狂乱种下的大量树木被风吹倒，损失惨重。北京林业大学园林学院教授朱建宁曾表示，建设节约型园林很有必要。建议在城市绿化中多选用乡土树种，树种本身并无好坏差异，关键是看用得合不合适。政府投入的资金总额，并不是判断园林绿化成本高不高、合不合理的标准，而是要看实际建了多少绿地，对整个城市绿化环境的改善起了多大作用。当前，随州正在创建国家园林城市、国家森林城市和省级环境保护模范城市，在这个过程中，我们要以建设"汉襄肱骨、神韵随州"为指引，坚持绿色发展理念，避免"景观设计就等于绿化"的认识误区，在追求市容市貌作为最基础"形式"外在美观的同时，还要考虑广大民众作为最终受益者的内在需求，切实提升城市的品位、品质，塑造城市的良好形象。

（五）"特色危机"问题

城市不是供人观瞻的，而是给人提供生活空间的。如果城市的发展仅仅是贴上高楼林立、车水马龙、霓虹闪烁等喧嚣浮华的标签，而缺少深厚历史文化底蕴的浸润，那么这座城市最终带给我们的将是浮躁和媚俗，从而最终失去城市的特色。据统计，目前我国共有100多个城市提出要建设国际大都市，然而很多城市却是千城一面，丝毫没有城市的特色。纵览全球，伦敦作为国际银行业的中心，巴黎作为国家政治、文化中心，纽约作为新大陆自由的象征，维也纳作为音乐殿堂等构成了这些城市的个性化识别特征。城市的发展不能轻佻浮华，而要"返璞归真"，通过城市特色发展，彰显城市的"识别性"，从而避免陷入"浮华"的城市建设怪圈。当前，我国大多数的城市建设千城一面，景观大同小异，没有思想、没有文化、没有美感，"南方北方一个样，大城小城一个样，城里城外一个样"，忽视了历史文脉及城市精神的体现与创造。正如前英国皇家建筑师学会会长帕金森（Parkinson）所言："全世界有一个很大的危机，我们的城市正在趋向同一模样。"在"汉襄肱骨、神韵随州"建设中，我们既要避免乱开发、乱建设、无长远总体规划等破坏自然生态景观的现象，又要防止打文化旗号，受经济利益和政绩工程的驱动，不计成本、不讲实效、盲目跟风的伪文化行为，以文化的生态化，生态的文化化，使"浮华"的价值观在"升华"的和谐共生发展理念中得以净化，实现城市文化与生态的融合发展。

三、城市空间布局随州实践

随州城自战国晚期楚置随县以来，已逾2300年历史。自隋唐时期的以房为市，宋元时期的青城、土城建设勾勒随州古城雏形，清朝时期疏浚濠淤、学宫大成殿（又称圣宫）和文峰塔等建成，以及近现代随州城市不断建设，随州城虽然几经焚毁与重建，但围绕护城河和城壕加以建设的随州古城（1930 年之前随州城市建设主要在城墙以内）得以保存至今。1979年，国务院批准随州建市，随县、随州市并存，1984 年随县并入随州市，被省列为经济体制改革试点市，享受省辖地级市经济管理权限。1994 年，省委、省政府确定随州为省直管市，2000 年随州正式升级为直管市。在近现代随州城市的不断建设与扩张中，自然水系（㴇水和涢水）、交通（汉丹铁路、316 国道、汉十高速、汉十高铁等）在随州城市发展格局中扮演着较为重要的角色。《随州市城乡总体规划（2016—2030 年）》便反映了这些特征，其对随州未来一段时期内随州城市空间布局作出了科学的规划。在"汉襄肱骨、神韵随州"的建设中，需在把握随州城市空间形态演变的基础上，以总体规划为引领，不断优化城市空间布局。

（一）随州城市空间形态演变

随州是较为典型沿河发展的带状城市空间形态，两水汇湖穿城过，十里青山半入城，从百年前的护城河，到五十年前的㴇水，再到今日的白云湖，水系一直是随州城市空间形态流变的轴心。随州古城自南而北，以烈山大道为中轴线，北至曾都区政府内城垣旧址一线，南至草店子街。主体包括龙门街以西、沿河大道以东古城墙、护墙壕内的大片市区，极似"琵琶"（也存在形似"蝎子""倒挂编钟"的说法）的主体部分（见图 3.8）。

随州古城为汉东故国旧址（《左传·桓公六年》有"汉东之国随为大"记载），始建于春秋战国时期，已无存。今城址建筑为元、明所建。随州于 1208 年始有内城（砖城，亦称青城），1496 年始有外城（土城）。清同治《随州志》所载城垣图便可清晰可见土城和青城（见图 3.9）。随州古城基本上是绕水而建、绕城而生，城墙和护城河（亦称"城河""城濠"或者"护河"）对随州古城城市空间形态具有较大影响。中华人民共和国成立以来，过境交通的建设和自然水系的改道，逐渐取代了城壕，成

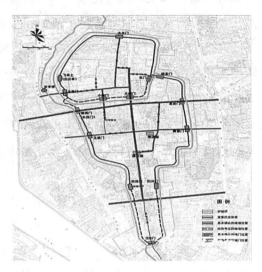

图 3.8　随州古城基本空间形态

为影响随州城市空间形态演变的重要因素。①

自然水系主要指㴇水河和㴐水河。由大洪山发源的㴐水和由桐柏山发源的㴇水（㴇水全长 101 公里），汩流而下，各自汇聚其他小河小溪，形成今日的㴐水河和㴇水河。㴇水，分东、西两支，西支为正源，其发源于桐柏山南麓随县万和镇鹰子咀，先后流经新城、万和、天河口、殷店、尚市、厉山等，在厉山镇车水沟与源于殷店镇的东支汇合，形成主干，此河至随州城瓜园注入㴐水。㴐水发源于大洪山，经长岗、洪山、㴐阳、环潭、安居进于城区。经随州境内长 194 公里，主要支流有均水、浪河、溠水、㴇水、漂水，构成五大水系。㴐水河和㴇水河二者在随州城合二为一为府河（俗称两河口），成为长江一级支流。由于长期以来㴇水以西的河水经常泛滥，使得城市发展限制在㴇水以东。1995 年，白云湖大坝开工建设，拦住府河水，形成秀丽的白云湖。

———————————

① 张功常：《随州城市空间格局演变研究》，华中科技大学 2012 年硕士论文。

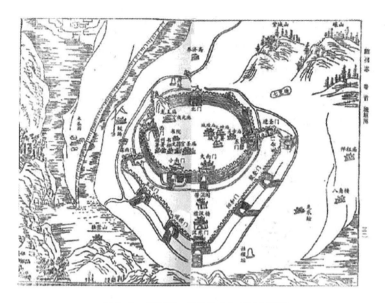

图 3.9　清同治《随州志》载城垣图

过境交通主要指汉丹铁路和 316 国道。汉丹铁路自湖北省武汉市汉西站北咽喉引出，向西经孝感（长江埠、云梦、安陆）、随州、襄阳、老河口至湖北省丹江口市丹江站，全长 412 公里。其中襄阳北站至老河口东站与襄渝铁路共轨。1958 年 10 月开工，1966 年通车，1967 年交付运营。汉丹铁路的存在，使得随州城市发展跨越铁路成本过高，城市空间布局基本上被限制在汉丹铁路以西。316 国道原名襄（阳）花（园）公路，始建于 1925 年。1966 年至 1970 年间，厉山、淅河两座永久式大桥建立，已由襄花公路改名为汉丹公路又复称为汉孟公路，1986 年，汉孟公路 60 华里改造完成，在名称上"汉孟公路"逐渐被"316 国道"所代之，之后"316 国道"又改名为"交通大道"。2013 年，316 国道再次从中心城区外迁，继续向东移了近 6 公里，迁至新火车站以东，老 316 国道也即交通大道作为城市主通道。交通大道宛若一条南北中轴线（随州以"路"为名的城市主干道大多都与老 316 国道交汇有关）确立城市发展的基本格局，形成典型的"国道经济""主干道经济"。

长期以来，受㵐水和汉丹铁路的影响，加之老 316 国道的经济拉动作用，随州工业主要沿公路和铁路干线发展，东西发展受限，进而形成南北向的狭长形带状城市空间形态。从随州城市空间形态演变历程来看，随州城市空间形态演变主要呈现出 1930 年以前琵琶形态（亦称"抱钳蝎形"）；1930—1970 年襄阳花园公路、汉丹铁路相继开通所形成的"方型"；1970—2000 年沿公路和铁路干线发展或在城市中心边缘布局的城市扩张壮大期；2000—2008 年翼间填充和沿道路指状发展的空间拓展模式；2008 年至今跳跃式多组团紧密发展期①。总体来看，以随州市 1982—2016 年 6 次总规为线索，可清晰的勾勒出随州城市空间结构的衍变之路（见表3.1）。

表 3.1　　　　　　随州市 **1982—2016 年城市空间结构衍变**

总规版本	城市空间结构要点描述	空间格局形成背景
1982 年	以琵琶古城为中心，东南至缫丝厂，西至齿轮厂，北至客车厂，汉丹铁路和外围国有企业共同"勾勒"出随州城市轮廓。	属农业大市，城市规模小，发展以国有工业企业为主。
1985 年	打造成国家历史文化名城。	基于曾侯乙编钟的影响力和琵琶形古城的魅力。
1991 年	首次将浙河、两水纳入城市建设用地范围，城市空间采用中心城区和两水、浙河组团式布局。㵐水二桥建成通车，随州城区开始向㵐水河以西扩张，工业经济向北部两水、东部向浙河方向发展。	改革开放不断深入，随州城市经济、社会发生了较大变化，城市原有空间布局、基础设施已显得不相适应。

---

① 肖立胜：《历史文化名城护城河域保护与更新规划研究》，华中科技大学 2010 年硕士论文，第 36 页。

总规版本	城市空间结构要点描述	空间格局形成背景
2000 年	"一城四片，组团布局"，市行政中心、城南商务组团建设迅速启动。该版总规实施期间，汉十高速在随城西南开口，迎宾大道、白云大道、府河大桥等市政项目的实施，打开了随州"南大门"，开启了城南建设的序幕。	在行政区划调整、汉十高速等重大交通设施相继实施、城市空间结构发生变化、改革活力持续释放等多重因素叠加。
2009 年	城市发展方向延续原有脉络，提出"东拓、西抑、南控、北调"发展战略。城市框架进一步拉大。城东，鹿鹤大道、季梁大道、文化公园等一批市政基础设施和绿地公园建成，国家高新区获批；城南成为全市政治文化和生态建设中心。人财物向新区聚集，为建设区域性"双百"中心城市奠定了基础。	县区"分家"，随州行政区划再次发生重大变化，旅游等新兴产业发展迅猛，动车、高铁时代来临，特别是汉丹铁路东移，彻底解除了城市向东发展的约束，为拓展城市空间创造了难得的机遇。
2016 年	"一主两翼，三轴多点"的市域城镇体系空间结构；"一主一副、双轴多组团"多中心组团式城市空间结构；随州中心城市发展方向和空间拓展实行"中优、东强、南拓、西塑、北融"新发展格局。	国家、省在战略层面对随州发展提出了新的定位与要求，一系列的区域发展战略、宏观形势及政策变化、区域重大交通及基础设施选址建设情况的变化等。

（二）随州城市空间总体规划

随着经济社会的不断发展，尤其是汉丹铁路外迁（2008 年）、新火车站的东移、城市南部高速公路（汉十）建成，以及政务中心向城南新区的

迁移、市经济开发区和曾都区开发区的建设、2013 年 316 国道外迁、2019
汉十高铁的建成，拉开了随州的城市空间发展格局。

　　根据《随州市城乡总体规划（2016—2030 年）》，在城乡空间结构规
划上，着力构筑在城乡空间结构规划上，着力构筑"一主两翼，三轴多
点"的市域城镇体系空间结构（见图 3.10）；

图 3.10　随州市域城镇体系规划图

　　在城市空间结构上，规划形成从老城区"单核"驱动到"一主一副、

双轴多组团"多中心组团式结构的全面发展。在随州中心城市发展方向和空间拓展上，实行"中优、东强、南拓、西塑、北融"新发展格局。随州作为湖北省第一批总规编制改革试点城市，《随州市城乡总体规划（2016—2030年）》，绘就了随州未来15年的城乡规划宏伟蓝图。1979年，全市行政区域面积仅为197平方公里，2017年扩大至9636平方公里，增长了约48倍。

（三）随州城市空间布局举措

在随州未来城市空间规划已绘就的背景下，在城市空间具体布局中，可着重从以下几个方面加以落实。

1. 规划建设"一河两岸"

涢水河和㵐水河汇合处形同一个大大的"丫"字，形成白云湖。"白云湖两岸生态环境建设项目"2010年曾被国家住建部授予"人居环境范例奖"。帕特里克·格迪斯在《进化中的城市》一书中指出："城市必须不再像墨迹、油渍那样蔓延，一旦发展，他们要像花儿那样呈星状开放，在金色的光芒间交替着绿叶。"21世纪是人类由褐色工业走向绿色文明的世纪，目前世界上有许多国家都把城市花园化作为现代化建设的衡量标准。随州城内，白云湖穿城而过，水流适中、河宽适度、生态适宜，南岸片区串联着涢水湿地、随城山国家森林公园、政务新区、编钟文化产业园、府河欢乐世界，北岸片区连接着商务中心、生态居住、淅河老街、㵐水湿地、叶家山遗址等资源，这使得"一河两岸"具备建设高品质城市主轴的先天条件。在未来城市空间布局中，可依托这个天然轴带，着眼经济商贸、综合交通、休闲旅游、文化体育、生态景观多功能集成，把"一河两岸"打造成为商务集聚的经济带、传承历史的文化轴、通行畅达的交通线、生态现代的景观廊、亲水宜居的生活区。当前的重点，可发展沿一河两岸布局楼宇经济、总部经济，发展高端服务业，逐步形成高端齐全的服务业态，吸引优质企业入驻，带动人流、物流、资金流、信息流在此汇聚、流动，推动产业叠加、产能叠加、税收叠加；要提升绿化美化亮化档次，塑造层次丰富、错落有致、疏密相间的绿化格局，把历史人文气息和健康养生元素融入造景，建设两岸生态示范区、滨河活力区、湿地体验区、滨水休闲区四大功能绿地，构建多样化的生态景观空间，提高滨水生态品质，打造滨水生态休闲景观游憩带，形成水城共融、城在景中的美丽画卷。同时，要以一河两岸为主轴，使汇聚起来的人气、商气、财气向外延伸，辐射带动㵐水、漂水流域及城区腹地得到更高质量的发展。此外，要实施战略性留白，对部分未开发建设的片区，谨慎开发，而不是一味地兴建高端住宅，为子孙后代留下优质的发展空间。

2. 规划建设"曾随文化走廊"

随州是曾随文化的发源地，有丰富的考古遗址文化资源。继擂鼓墩曾侯乙墓之后，通过考古发掘，又发现了西周叶家山墓地、东周安居古城址、文峰塔墓地、义地岗墓群等，自东向西形成廊带，清晰地勾勒出一条较为完整的曾随文化带，串联起从西周初期到战国中晚期700多年的曾国历史，这在全国乃至世界范围内都非常罕见、非常难得。随州须抓住"实施荆楚大遗址传承发展工程"的机遇，加强考古大遗址保护，加快创建擂鼓墩国家考古遗址公园，充分挖掘和展示曾随文化，把老祖宗留下来的文化遗产精心守护好运用好。可以参照西安兵马俑的方式，加快推进遗址的考古发掘、文物保护和配套设施建设，通过保护性开发，形成一线串珠的效果，把700多年来历史延续、地理迁徙脉络十分清晰的曾国反映出来，打造便于研学参观的考古遗址文化片区，让历史说话、让文物说话，让宝贵的历史文脉更好地传承下去，建成独树一帜的文化高地。

3. 规划建设特色板块

其一，规划修复琵琶古城。如前所述，随州古城的整体形态俯瞰状如琵琶形状，是我国古代城市建筑史上一绝。至今仍保留完整的护城河及三段残存城墙，使古城格局清晰可探。要加强对古城墙的修缮、对护城河的改造，加大遗址遗迹保护力度，保护玉石街、乌龙巷、龙门街等传统街巷格局，保留草店子街的传统建筑风貌。要修旧如旧，不搞毁容式修复，打造"古城印象"，留住历史记忆。其二，规划建设编钟青铜古镇、高铁小镇两大综合性旅游集散中心。其中，编钟青铜古镇，配套擂鼓墩 5A 级景区，以随州博物馆为中心，以编钟文化为主题，打造集中国首个编钟主题街区、青铜文化创意产业小镇、随州旅游集散中心于一体的特色古镇；高铁小镇（城际空间站），以汉十高铁随州站为中心，打造集观光、旅居、度假、体验、商贸于一体的城市综合街区。其三，建设一批城市综合体、商业综合体、现代慢生活街区，如老火车站城市商业综合体（随州未来中心城）、草店子城市综合体及棚改安置房项目、城北新区商业综合体（新城控股吾悦广场）、擂鼓墩编钟青铜古镇、桃李春风时光记忆小镇等，为市民生活增色、为城市形象添彩。

第四章
城市治理布局篇

第四章
城市治理布局篇

"城市用很多方式反映并塑造了其居民的价值观和视角。"

——贝淡宁、艾维纳

城市是经济、政治、文化、社会各方面活动的中心，城市治理对城市经济社会发展极为重要。进入中国特色社会主义新时代，不断完善城市治理体系，提高城市治理能力，是满足人民日益增长的美好生活需要的关键一环。习近平总书记在上海考察时曾强调，城市治理是国家治理体系和治理能力现代化的重要内容。一流城市要有一流治理，要注重在科学化、精细化、智能化上下工夫。在城市工作中，必须深刻认识城市治理的重要性，不断提高城市治理水平。

一、城市治理发展趋势

改革开放以来，我国经历了世界历史上规模最大、速度最快的城镇化进程，城镇化率由 1978 年的 17.9% 提高到 2019 年的 60.60%，城市的不断壮大在推动经济发展、社会进步等方面发挥了重要的作用。中国正在进行人类历史上最大规模的城市化建设和进程推进，城市化的发展格局发生了重大的变化，这是人类发展过程中一项波澜壮阔的系统工程。如今，中国不仅拥有可比肩发达国家的城市数量，还拥有不逊色于纽约、巴黎、伦敦、东京等国际知名大都会规模的城市。城市化步伐的加快以及信息技术的迅猛发展，使得城市治理不断呈现智能化、精细化、人性化等发展趋势。

（一）更加注重智能化管理

城市型社会是以城镇人口为主体，人口和经济活动在城镇集中布局，城市生活方式占主导地位的社会形态。由乡村型社会向城市型社会的转变，是经济发达、社会进步和现代化的重要标志之一。从国际经验看，判断一个国家或地区是否已经进入城市型社会，主要有城镇人口、空间形态、生活方式、社会文化和城乡关系五个标准。其中，城镇人口标准是最为重要的核心标准。以人口城镇化率来对城市型社会进行阶段划分：城镇化率在51%~60%之间，为初级城市型社会；城镇化率在61%~75%之间，为中级城市型社会；城镇化率在76%~90%之间，为高级城市型社会；城镇化率大于90%，为完全城市型社会。早在2011年，中国城镇人口已达到6.91亿，城镇化率首次突破50%关口，达到了51.27%，城镇常住人口超过了农村常住人口。人口城镇化率超过50%，这是中国社会结构的一个历史性变化，表明中国已经结束了以乡村型社会为主体的时代，开始进入到以城市型社会为主体的新的城市时代。依照国际经验判断，中国的城市治理已成为国家治理现代化的重要空间，开始进入初级城市型社会。

城市化进程的加快，带来了人口管理、交通拥堵、环境保护、安全等诸多问题。伴随着物联网、云计算、新一代移动通信技术，以及大数据的快速发展，如何运用新一代信息技术来减少资源消耗，降低环境污染，解决交通拥堵，消除安全隐患，从而实现城市的可持续发展，成为人们迫切需要解决的问题。智慧城市主要指利用各种信息技术或创新概念，将城市的系统和服务打通、集成，以提升资源运用的效率，优化城市管理和服务，实现精细化和动态管理，以及改善市民生活质量（如智慧商圈、智慧公园、智慧停车、智慧如厕等)①。智能化创新可应用于民生服务、城市治理、政府管理、产业融合、生态宜居等多个领域，城市治理的智能化是智慧城市的应有之义。如通过建立城区重点区域建设智能视频分析系统，对占道经营、乱停乱放、设施维护、公共秩序、公共安全、环境卫生等问题进行影像分析、智能预警、智能监管、智能考评，提高城市治理效率，满足现代城市治理系统化、精细化、动态化的要求。当前，一些城市在智慧城市建设中，通过建立智慧政务城市综合管理运营平台有效提高了城市治理水平。②

(二) 更加注重精细化管理

新型城镇化在不断推进，城市群亦在不断发展。随着一线城市深圳对广州的超越，二线城市杭州成都的迅速崛起，中国城市格局开始出现重大调整。如2016年6月3日，国家发展改革委正式发布《长江三角洲城市群发展规划》，明确将安徽合肥城市群纳入新版规划图，长三角城市群范围也从原来的上海市、江苏省、浙江省"一市两省"扩展到目前的"一市三省"，由沪苏浙皖四地26个城市组成的新长三角城市群阵列正式亮相。

①　国外对智慧城市的定义为"在城市发展过程中，在其管辖的环境、公用事业、城市服务、公民和本地产业发展中，充分利用信息通信技术（ICT），智慧地感知、分析、集成和应对地方政府在行使经济调节、市场监管、社会管理和公共服务政府职能的过程中的相关活动与需求，创造一个更好的生活、工作、休息和娱乐环境"。Dirks S, Keeling M. A vision of smarter cities：How cities can lead the way into a prosperous and sustainable future [J] . IBM Institute for Business Value，2009（06）。

②　如天津市和平区的"智慧和平城市综合管理运营平台"包括指挥中心、计算机网络机房、智能监控系统、和平区街道图书馆和数字化公共服务网络系统四个部分内容，其中指挥中心系统囊括政府智慧大脑六大中枢系统，分别为公安应急系统，公共服务系统，社会管理系统，城市管理系统，经济分析系统，舆情分析系统，该项目为满足政府应急指挥和决策办公的需要，对区内现有监控系统进行升级换代，增加智能视觉分析设备，提升快速反应速度，做到事前预警，事中处理及时迅速，并统一数据、统一网络，建设数据中心、共享平台，从根本上有效的将政府各个部门的数据信息互联互通，并对整个和平区的车流、人流、物流实现全面的感知，该平台在和平区经济建设中将为领导的科学指挥决策提供技术支撑作用。

2017 年 4 月，国家决定设立河北雄安新区。规划范围涉及河北省雄县、容城、安新 3 县及周边部分区域，地处北京、天津、保定腹地。规划建设以特定区域为起步区先行开发，起步区面积约 100 平方公里，中期发展区面积约 200 平方公里，远期控制区面积约 2000 平方公里。这是继深圳经济特区和上海浦东新区之后又一具有全国意义的新区。

随着城市格局的演变，城市规模也重新作了调整。1980 年，我国首次参照联合国的标准规定中国城市人口（中心城区和近郊区非农业人口）达到 100 万以上的城市为特大城市。2010 年《中小城市绿皮书》界定城市规模达到市区常住人口为 300 万至 1000 万的中国城市为特大城市。"国家中长期新型城镇化规划"中城市规模认定标准根据市区常住人口规模进行认定，市区常住人口超过 500 万人的城市认定为特大城市。国务院随之在 2014 年 10 月底颁发新的城市规模调整标准。以城区常住人口为统计口径，将城市划分为五类七档。① 城区常住人口 50 万以下的城市为小城市，其中 20 万以上 50 万以下的城市为 I 型小城市，20 万以下的城市为 II 型小城市；城区常住人口 50 万以上 100 万以下的城市为中等城市；城区常住人口 100 万以上 500 万以下的城市为大城市，其中 300 万以上 500 万以下的城市为 I 型大城市，100 万以上 300 万以下的城市为 II 型大城市；城区常住人口 500 万以上 1000 万以下的城市为特大城市；城区常住人口 1000 万以上的城市为超大城市。数据显示，截至 2013 年全国城区人口超过 1000 万的有 7 个城市，分别是北京、上海、天津、重庆、广州、深圳、武汉；城区人口达到 500—1000 万的有 11 个城市，分别是成都、南京、佛山、东莞、西安、沈阳、杭州、苏州、汕头、哈尔滨、香港。此次城市标准的重新划分，主要是为了实行精细化管理。细分小城市，在城市规划基础上做大城市规模；细分大城市，实施人口分类管理，该控制的控制，该有条件放开的放开，实现管理的科学化。

城市越来越大，街道越来越密，人口越来越多，单纯依靠过去传统的

---

① 由《关于调整城市规模划分标准的通知》明确提出的城市划分标准。

城市管理模式、管理手段，显然不能满足需求。在城市由外延式扩张向高质量、高水平转变进程中，对城市治理现代化提出了更高要求。城市的精细化管理本质是让人民群众在城市生活得更方便、更舒心、更美好。譬如一些街道隔离桩违规设置，行人屡屡受伤；一些"钉子"围挡围而不建，影响居民出行；一些旧停车位画线清理不及时不干净，车主被罚冤枉钱等①，对群众生活造成了严重不便。城市精细化管理需要城市管理者用"绣花功夫"促进城市现代化治理体系和能力不断升级。近年来，我国城市精细化管理有许多创新探索。比如网格化管理，把城市按面积大小或人口多少划分为若干网格，每个网格内有专门的网格员，负责网格内的大小事务。又如有些地方利用物联网技术，给每一个井盖、每一盏路灯、每一个垃圾桶一个"身份证号"，与监控中心的电脑相连，哪里出了问题，可以及时报警、及时处理、及时维修。

(三) 更加注重人性化管理

"城市，让生活更美好。"然而，城市与贸易、财富、知识、权力密切相关，正因如此，自城市产生以来，对于城市的批评从未断绝，如一些西方城市相继成为批判和仇恨的对象。古希腊哲学家苏格拉底说："田野与树木没有给我一点教益，而城市的人们却赐给我颇多的教益。"对于古罗马而言，纵然无数诗人、爱国者、历史学家、哲学家、政治家为罗马这座古老城市所倾倒，并称颂其为"王国之母、世界之都、城市之镜"。而古罗马讽刺诗人尤维纳利斯通过挖掘古罗马日常生活、城市堕落和人口膨胀等问题，谴责了古罗马特权阶级的腐化和奢侈。其在《讽刺诗》中直接道出，"人类的一切行为、愿望、忧惧、愤懑、爱欲、欢乐、纷争，都将是拙作的食粮"。美国作家克·达·莫利曾言，"所有的城市都是疯狂的，然而是华丽的疯狂。所有城市都是美丽的，然而是冷酷的美丽"。缺少人性化关怀的城市将充斥着傲慢和冷漠。英国作家狄更斯所著的小说《双城

---

① 李洪兴：《让城市管理像绣花一样精细》，载《人民日报》2019 年 7 月 24 日。

记》，以法国大革命为背景，通过对比巴黎和伦敦两个城市，对资本主义发展带来的种种罪恶和劳动人民生活的贫困化，导致下层群众中存在极端的愤懑与不满进行了艺术化表达，体现了作者的批判现实主义精神和人文主义关怀。就我国而言，20 世纪 90 年代，现代性逐渐成为反思的对象，对城市的批判随即而来，这种批判多以与城市现代文化相对的传统精神为标尺，是对城市无限膨胀欲望的批判与否定。这一否定在部分作家作品中常表现为张扬精神"返乡"，如贾平凹"为商州立碑"的写作；张炜"融入野地"的写作。但也有更多作家直面城市现代性，表现出对抗姿态，但在对抗的背后又隐藏着无力与困惑。①

亚里士多德有句名言"人们来到城市是为了生活，人们居住在城市是为了生活得更好"。在城市化进程中，诸如归属感缺失、安全感缺失、幸福感下降等诸多"城"长烦恼相伴而生。城市管理与广大人民群众生活密切相关。作为城市管理者，不能为了管理而管理，而应坚持以人为本，更应关注细节，更注重人的感受，致力于满足人民群众对美好生活的期待。当前，受行政管理思维惯性，在管理方式上更多以"堵"的方式进行，意图拉起城市治理的"高压线"。严格的城市执法是必要的，但完全依靠冷冰冰、硬邦邦的管理方式将可能对市民产生抵触心理，使城市治理效果大打折扣。作为城市管理者应采取灵活、多元的管理方式，让管理更有"温度"，让管理更近民心。

从 2010—2018 年随州人均 GDP 数据来看②，随州人均 GDP 逐步增长，在 2018 年达到 4 万多元，民生福祉得到逐步改善（如图 4.1）。人均 GDP 作为评价和比较一个国家或地区经济实力、发展水平和生活水准的重要综合指标，亦是预测微观经济行为和宏观发展状况的灵敏指标。

---

① 吴妍妍：《格非的城市批判及其困境》，载《当代文坛》2007 年第 4 期。

② "某年度全市实现生产总值（GDP）、某年末全市常住人口"相关数据援引随州统计年鉴，计算结果由"在核算期内（一年）该地区实现的生产总值与该地区所属范围内的常住人口的比值"换算而来，基于统计口径和数据来源的不同，可能会存在误差，最终结果以官方数据或解释为准。

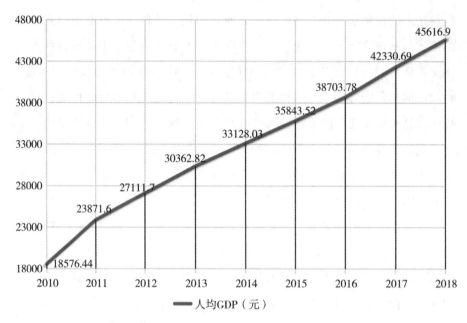

图 4.1　随州历年人均 GDP 增长趋势图（2010—2018）

从国际经验来看，"人均 GDP 有若干个重要节点，分别是 3000 美元、6000 美元、10000 美元等，3000 美元是基本门槛，过了此阶段意味着初步解决了温饱问题；6000 美元是重要转折点，过了 6000 美元意味着进入中等收入阶段，基本实现了小康生活；过了 10000 美元则是富裕的标志"。①有人指出，"世界城市空间布局优化大多始于人均 GDP 达到 5000 美元时；人均 GDP 达到 6000～10000 美元时，生态环境问题突出，政府开始重视对生态环境的投入，城市环境"倒 U 曲线"出现拐点；人均 GDP 突破 1 万美元后，经济增长步入以提升质量为主的稳定增长阶段"。② 譬如，根据环境"库兹涅茨曲线理论"（如图 4.2），当一个国家经济发展水平较低的时

---

① 何广锋：《人均 GDP 与消费支出变迁透视未来投资机会》，载《中国战略新兴产业》2016 年第 26 期。

② 郭春丽、林勇明：《人均 GDP 超过 1 万美元后的世界城市发展问题》，载《中国经贸导刊》2011 年第 12 期。

候，环境污染的程度较轻，但是随着人均收入的增加，环境污染由低趋高，环境恶化程度随经济的增长而加剧；当经济发展达到一定水平后，也就是说，到达某个临界点或称"拐点"以后，随着人均收入的进一步增加，环境污染又由高趋低，其环境污染的程度逐渐减缓，环境质量逐渐得到改善。所以，伴随着人均 GDP 的不断提升，人们对经济发展的认识愈加理性，对环境和生活品质的要求更高，从而开始关注于环境的建设。

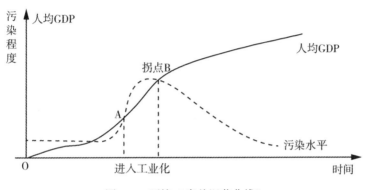

图 4.2　环境"库兹涅茨曲线"

按照国家统计局《2018 年国民经济和社会发展统计公报》所公布的"全年人民币平均汇率为 1 美元兑 6.6174 元人民币"折算，2018 年随州人均 GDP 约为 6893 美元，超过 6000 美元这一重要转折点。这说明随州已逐步进入小康生活阶段，人民需求的层次和品位也大大提升，更加追求高品质的生活，更加关注城市功能的完善，更加关心人居环境的改善，更加注重精神需求的满足，需求呈现出广泛性、复杂性、多样性、发展性等特点。

城市管理只有坚持人性化，注重细节服务，才能提升城市文明，凸显城市品位，彰显城市魅力，提高居民幸福指数。近年来，各地在提升城市人性化管理方面做出了诸多积极有益的探索。如深圳出台了全国首个加快建立多主题、供给多渠道的保障房。通过政府的保障性住房解决高房价对人才的挤压影响。沈阳市为了让孩子们能够乘坐安全的校车，正式发布施行《校车运营单位管理规定》，要求所有校车都要安装卫星实时监控系统。大连市在市内部分公共场所安放"心脏骤停卫士"——自动心脏除颤器。突发情况下，市民可随时取用，从而满足了心脏性猝死病人对黄金3分钟的最佳抢救时间的需求，提高心脏性猝死抢救成功率。当然，人性化管理是相对的概念，各地经济发展水平的差异，人性化治理方式的表现方式也会有所差异。在城市治理坚持人性化的同时，要通盘考虑各地经济发展水平和人民群众反映强烈的问题，防止人性化治理的形式化、口号化、空洞化。

二、城市治理存在问题

基于上述中国城市治理的背景和基础分析，中国城市治理，在新的形势下，具有这样几个新的特征或发展瓶颈：

（一）矛盾叠加困境

近年来，由于地区之间发展的不平衡，资源和机会主要集中在少数大城市，中小城市的人口也在向大城市集中，一些超大城市加速膨胀。这是一个国家在工业化和经济发展中必然要经历的过程。伴随着大规模、高速度和多样化的城市化进程的加快，诸如交通拥挤、供水紧张、大气污染、住房不足、生态环境恶化、城市内涝、城市贫困、社会矛盾、城市公共安全隐患等一系列"城市病"问题不断涌现，给城市治理带来了前所未有的挑战。如在城市化快速推进中，由于城市规划缺乏科学性和前瞻性，致使出现城市道路、绿化、市政基础配套设施严重滞后等问题。又如基于人口规模化聚集所衍生的社会问题、转型升级的阵痛使多种社会问题相互交织、网络舆情所引起城市治理不确定因素和风险源不断增加等。

（二）管理体制困境

城市管理综合执法改革是城市管理体制改革的重要部分。2008年7

月,《国务院办公厅关于印发住房和城乡建设部主要职责内设机构和人员编制规定的通知》(国办发〔2008〕74号)将城市(综合)管理职责和管理体制的决定权交由城市政府,将城市管理的具体职责交给城市政府,由城市政府确定市政公用事业、绿化、供水、节水、排水、污水处理、城市客运、市政设施、园林、市容、环卫和建设档案等方面的管理体制。《中共中央国务院关于深入推进城市执法体制改革改进城市管理工作的指导意见》(2015)对今后一段时期内城市管理执法体制改革、城市管理工作改进提出了明确要求,框定了管理职责①,规定了综合执法的范围②。《中共中央国务院关于进一步加强城市规划建设管理工作的若干意见》(2016)明确规定了"改革城市管理体制"的内容③。

---

①　城市管理的主要职责是市政管理、环境管理、交通管理、应急管理和城市规划实施管理等。具体实施范围包括:市政公用设施运行管理、市容环境卫生管理、园林绿化管理等方面的全部工作;市、县政府依法确定的,与城市管理密切相关、需要纳入统一管理的公共空间秩序管理、违法建设治理、环境保护管理、交通管理、应急管理等方面的部分工作。城市管理执法即是在上述领域根据国家法律法规规定履行行政执法权力的行为。

②　推进综合执法。重点在与群众生产生活密切相关、执法频率高、多头执法扰民问题突出、专业技术要求适宜、与城市管理密切相关且需要集中行使行政处罚权的领域推行综合执法。具体范围是:住房城乡建设领域法律法规章规定的全部行政处罚权;环境保护管理方面社会生活噪声污染、建筑施工噪声污染、建筑施工扬尘污染、餐饮服务业油烟污染、露天烧烤污染、城市焚烧沥青塑料垃圾等烟尘和恶臭污染、露天焚烧秸秆落叶等烟尘污染、燃放烟花爆竹污染等的行政处罚权;工商管理方面户外公共场所无照经营、违规设置户外广告的行政处罚权;交通管理方面侵占城市道路、违法停放车辆等的行政处罚权;水务管理方面向城市河道倾倒废弃物和垃圾及违规取土、城市河道违法建筑物拆除等的行政处罚权;食品药品监管方面户外公共场所食品销售和餐饮摊点无证经营,以及违法回收贩卖药品等的行政处罚权。城市管理部门可以实施与上述范围内法律法规规定的行政处罚权有关的行政强制措施。到2017年年底,实现住房城乡建设领域行政处罚权的集中行使。上述范围以外需要集中行使的具体行政处罚权及相应的行政强制权,由市、县政府报所在省、自治区政府审批,直辖市政府可以自行确定。

③　"明确中央和省级政府城市管理主管部门,确定管理范围、权力清单和责任主体,理顺各部门职责分工。推进市县两级政府规划建设管理机构改革,推行跨部门综合执法。在设区的市推行市或区一级执法,推动执法重心下移和执法事项属地化管理。加强城市管理执法机构和队伍建设,提高管理、执法和服务水平。"

近年来，城市综合管理和综合执法改革取得了显著成效，同时也暴露出管理体制不顺、职责边界不清、法律法规不健全、管理方式简单、服务意识不强、执法行为粗放等问题。当前，各地根据实际情况，自主探索形成了不同的体制模式。从管理权与执法权是否统一的角度，可以分为"城市综合管理权和综合行政执法权相统一的模式"（如北京市、上海市、深圳市、武汉市）和"城市行政管理权与综合行政执法权相分离的传统模式"（如沈阳市、西安市）。从规划、建设、管理是否合一的角度，还可以分为规划、建设、管理分立模式（如沈阳市）；规划、建设、管理合一模式和综合协调模式①。城市管理体制改革的不断探索，在一定程度上缓解了"九龙治水"各管一摊、"几顶大盖帽管不住一个破草帽"等现象，但在改革城市管理体制，理顺各部门职责分工，提高城市管理水平，落实责任主体等方面仍存在较多问题。如在随州白云湖综合整治工作上，有少数单位和领导干部对白云湖环境问题见怪不怪、习以为常，甚至认为还过得去、自满自得；由于该项工作涉及多个部门，机制问题还未完全理顺，一些部门重视程度不够。

与此同时，由于地位缺失、管理权限限制、舆论偏见、执法力量不足等问题，城管执法面临着较大的挑战。《国务院关于进一步推进相对集中行政处罚权工作的决定》规定，各省、自治区、直辖市人民政府不得将集中行使行政处罚权的行政机关作为政府一个部门的内设机构或者下设机构，也不得将某个部门的上级业务主管部门确定为集中行使行政处罚权的行政机关的上级主管部门。尽管如此，城市管理部门的法律地位仍未厘清。如城市管理局（委员会）更多属于政府领导下一个事业参公管理单位②，城市管理部门设

---

① 莫于川、雷振：《从城市管理走向城市治理》，载《行政法学研究》2013 年第 3 期。

② 通观全国，城市管理部门的属性不尽一致，有的属于独立的政府组成部门，有的却是政府组成部门的下设机构；有的是行政机关，有的却是事业单位。例如，现在的地级市城市管理方面的执法机构名称有：城市管理局（加挂城管行政执法局牌子）、城市管理行政执法局、城市管理综合执法局、城市管理与综合执法局、综合执法局等；同时，地方城管执法机构性质也不统一，例如，有事业编制的城管执法局，也有行政编制的城管执法局等。

置、职能范围、机构属性、执法队伍编制混乱等突出问题仍然存在，进而引起城管执法存在着依据不充分、处置手段欠缺、执法保障不到位等问题。与此同时，由于政出多门、多头管理、职能交叉，相互推诿的现象时有发生，在一些地方，城管甚至成为指哪打哪的"别动队"，不得不优先完成强制拆迁等"市政交办事项"。

综合来看，在城市管理体制上，由于部门利益之争，我国仍然存在着"城市管理体制仍然没有理顺，机构名称和职能未能统一；偏离中央文件与国家机构改革精神，脱离实际，强势推进'大跃进式'超大范围的跨部门综合执法；偏离中央文件精神，片面理解一级执法主体和执法重心下移的文件精神，将执法队伍全部下移到街道或者乡镇，市、区两级城管执法部门不设执法队伍，无法对其下移的执法队伍实施有效监管，无法形成执法合力，提高管理与执法效能"等问题。①

(三) 基层自治困境

社区是社会的基本单元，是城市管理的基层平台。城市基层自治制度的变革与创新，是一个逐步摸索、逐渐展开、渐至成熟的过程。譬如"枫桥经验"形成于社会主义建设时期，发展于改革开放新时期，创新于中国特色社会主义新时代，经历了从社会管制到社会管理再到社会治理经验的两次历史性飞跃。"枫桥经验"之所以经久不衰，主要在于党组织要成为基层社会治理的"领头雁"；最大限度赢得民心、汇集民力、尊重民意；把基层治理的权力真正交给人民群众；把各类风险防范在源头、化解在基层、消灭在萌芽状态；进一步建设好基层政法综治单位等。

以时间划分，城市基层自治大致经历了 20 世纪 80 年代的酝酿阶段，90 年代前期的产生阶段，以及 90 年代后期以来的成长阶段；以地域划分，城市基层自治的变革轨迹又可具体还原为沈阳市沈河区、武汉市江汉区、贵阳市小河区、南京市白下区、青岛市市北区、北京市石景山区等地所做

---

① 王毅：落实习近平城市管理思想解决城管体制改革"温差"（上），https：//www.sohu.com/a/252782856_694812。

的体制创新，凝结成诸如"沈阳模式""江汉模式""上海模式""温州模式"等各具特色的探索形式。以内容划分，则可将此过程分为社区服务阶段和社区建设阶段：在前一个阶段，居委会的组织、经费、人员及功能都得到了强化或改善，但其定位依然是行政性的而非自治性的，它"作为街道办事处下级部门的定位一度得到加强和正规化。协助政府完成城市管理事务使其不堪重负，同时也使其组织与人员进一步行政化"①。后一阶段（90 年代后期）的主要任务，是由政府主动推动城市基层自治制度的试验性改革，尽管它依然是国家利益和国家意志的体现，却在客观上培育了社会的自主意识和自主力量，居委会作为群众自治组织的地位与功能，到了该阶段才真正地开始凸显出来。

　　尽管许多文件和会议，都多次强调要实行基层自治。但在实际运作中，居委会组织或处于"二政府"状况，或成为各级政府的"漏斗"，各种琐碎事宜较多。业委会组织，许多成员虽有积极性，但因素质动机等参差不一，与居委会也时有矛盾。1954 年，第一届全国人大常委会通过了《城市街道办事处组织条例》规定，街道办事处是市辖区或不设区的市的人民委员会的派出机关，负责办理市、市辖区人民委员会有关居民工作的交办事项、指导居委会工作、反映居民的意见要求三项职能。2009 年，全国人大宣布废止《街道办事处条例》，使街道管理失去了国家层面基本的法律依据。如何调动城市基层社区各行动者参与城市治理的积极性亟须得以解决。

三、城市治理具体模式

　　城市治理亦称城市管理。有学者认为，"现代城市管理是根据城市居

---

　　①　中办发〔2000〕23 号文《中共中央办公厅、国务院办公厅关于转发〈民政部关于在全国推进城市社区建设的意见〉的通知》，事实上肯定了民政部有关"社区居民委员会的根本性质是党领导下的社区居民实行自我管理、自我教育、自我服务、自我监督的群众性自治组织"的表述。

民对城市环境的需求，提供城市公用设施、建设公共环境，维护公共秩序，促进城市健康运行的治理活动"。① 长期以来，人们习惯于将城市管理与"城管执法"等同，即政府有关部门（如城管局、市容管理局等）行使行政末端管理权（主要是行政处罚权和强制权）的活动，如政府有关部门（如城管局、市容管理局等）针对城市生活中影响市容市貌的"脏、乱、差"问题，对占道经营、无证经营者进行处罚和强制。除此之外，城市管理还应包括前端的管理权（如行政规划、行政许可等），此种语境下的城市管理包括了行政规划、行政许可、行政执法等内容，主要指政府特定机构保障城市基础设施健康运行和公共空间良好秩序的活动。②

在城市从管理向治理转变的进程中，城市治理的主体多元化和治理的服务引导性等得到重视。按照传统类型划分，城市管理包括市政基础设施管理、社会服务管理及城市安全及风险防范等组成部分。根据目前城市规划、建设、运行与管理等管理范围，涵盖了城市安全与风险防范，城市规模与人口控制，智慧城市与大数据库，城市共建与社区自治，综合执法与精细管理，市民需求与公共服务等方面。

（一）城市安全视角下的"风险防范模式"

所谓城市安全风险，主要指由于城市人口密度大，人类活动高度聚集，城市系统的脆弱性显著，使得城市系统及其构成要素存在外在威胁和内在隐患的可能性及其损失的不确定性。目前，学界对城市安全的类型存在多种划分方法。从城市灾害角度看，中国工程院院士邹德慈（2008）认为城市安全问题包括自然灾害和人为灾害两大类，其中自然灾害主要分为气象灾害和地质灾害，包括地震、洪水、台风、滑坡、泥石流、海啸、火山爆发、干旱、风暴潮、冰冻、冰雹等；人为灾害包括火灾、交通事故、

---

① 刘欣葵：《城市管理定位准确 有效整合政府资源》，载《城市管理与科技》2009 年第 6 期。

② 莫于川、雷振：《从城市管理走向城市治理》，载《行政法学研究》2013 年第 3 期。

水体污染、地面下沉、酸雨、恐怖袭击、战争等。从城市灾害的复合性来看，也可将城市灾害划分为自然灾害、人为灾害和综合灾害。从突发事件角度看，还可将城市安全问题划分城市的自然灾害、事故灾难、公共卫生事件、社会公共安全事件四大类。从构建安全城市的规划图景看，吕斌（2008）认为城市安全包括生态安全、防灾安全、生活安全、通勤的安全、心理安全五个方面①。方创琳（2008）认为城市安全包括城市资源安全、城市生态环境安全、城市经济安全、城市治安安全、城市生产安全、城市生活安全等6个方面②。

城市安全视角下的"风险防范模式"主要从提高城市工程防御能力和社会应对能力战略视角进行城市安全规划与建设，将城市安全与综合防灾系统纳入城市总体规划和建设。2014年4月15日，习近平总书记在国家安全委员会第一次会议上强调，要准确把握国家安全形势变化新特点新趋势，坚持总体国家安全观，走出一条中国特色国家安全道路。国家安全体系包括政治安全、国土安全、军事安全、经济安全、文化安全、社会安全、科技安全、信息安全、生态安全、资源安全和核安全。显然，在城市层面也面临上述11个方面的安全问题。随着城镇化的深入推进，城市安全问题日益暴露，特别是新的城市安全风险不断涌现。然而，传统的城市安全规划，主要关注战争空袭、恐怖袭击、治安性犯罪等"城市防卫"问题以及自然灾害、技术灾难等"城市防灾"问题（刘秉镰、韩晶等，2007），已经不能适应新形势下构建城市安全体系的需要。

因此，坚持总体国家安全观在城市安全风险防范实践中的指导地位，具有十分重要的现实意义。为此，一些大城市，近年来加大了对城市风险管理应对措施。如在2011年"3·11"地震以后，日本政府将城市防灾扩大到城市政策、产业政策等在内的综合应对策略，提出了构建强大而有韧性的国土和经济社会的总体目标。就我国而言，随着大城市外来人口的急

---

① 郭叶波、魏后凯、袁晓勐：《中国进入城市型社会面临的十大挑战》，载《中州学刊》2013年第1期。

② 参见牛凤瑞：《城市学概论》，中国社会科学出版社2008年版。

剧增多, 在能源供应、水和食品的健康、空气污染治理等方面, 不仅有着供需矛盾的刚需, 更有保障民生安全的重责。又如大数据背景下的城市社会治理, 要处理好建立合理的治理结构、整合多样的数据资源、管理数据隐私和安全等问题。

(二) 规模扩张背景下的 "人口控制模式"

近年来, 关于大城市是否要控制人口规模的问题成为最具争议的话题之一。2014 年 7 月, 国务院发布《国务院关于进一步推进户籍制度改革的意见》, 明确提出 "严格控制特大城市人口规模"。这里说的特大城市是指城区常住人口超过 500 万的城市。2016 年, 北京、上海、广州和深圳这四个一线城市先后公布了本地的 "十三五" 规划纲要, 其中均明确了 2020 年人口控制目标。北京的目标是将常住人口控制在 2300 万人以内, 上海是2500 万, 广州是 1550 万, 深圳是 1480 万。

为何要严格控制城市常住人口, 这首先与城市基础设施和公共服务的供应能力有着密切关系。从城市规划角度讲, 确定到某时期人口达到一定规模后, 水、煤、电、医院、学校、商业设施等, 都要有相应的建设完善举措, 而一定的人口又与城市建设用地指标密切相关。以上海为例。上海市的建设用地已然到了捉襟见肘的地步, 如再大量增加人口, 势必要冲破建设用地的底线, 也会增加人口密度。更主要的是, 国际上超大城市的经验教训告诉我们, 我国的城市发展需要走大城市群和新型城镇化同步探索的道路, 既有大城市集聚效应, 又能防止大城市病泛滥, 使大城市与周边城镇均衡发展, 近几年来特色小镇的兴起建设, 则有利于缓解过度依赖大城市的矛盾。

值得说明的是, 规模扩张背景下的 "人口控制模式" 在理论上尚存争议。如有人认为, "关于北京等城市的 '大城市病' 问题, 问题在于城市的治理方式, 而不是人口过多。真正要解决这一矛盾, 要对围绕北京的优质资源的增量和存量进行空间调整。北京行政办公区向副中心迁移、设立雄安新区等疏解非首都功能等举措，都是中央对北京人口控制战略的及时调整"①。类似的观点还如，通过行政手段来控制人口规模、治理城市病的做法是不符合科学和历史经验的。西方特大城市的人口增长并没有停止，相反，他们的人口仍然在继续增长。②从城市治理的内在规律看，适当控制人口规模能够避免少数大城市的过度膨胀，但也不能因噎废食，否定城镇化的重要意义。有研究表明，人口城镇化水平是衡量小康社会、现代化发展水平的重要指标，人口城镇化将成为我国未来社会发展的基本国情，城乡结构的重大调整将伴随我国现代化的全过程，对我国未来繁荣发展的源泉和动力产生重大影响。加快人口城镇化是实现城乡一体化载体、经济增长的稳定驱动力、解决三农问题的根本出路，高质量城镇化是实现现代化的前提，充分体现城镇化进程中人口城镇化、城市现代化、城乡一体化三重内涵。③

（三）城市转型趋势下的"智慧城市模式"

随着大数据、云计算等信息技术的发展，大数据为城市治理提供了新的工具和手段，在城市治理中的作用日益明显。目前，在政策红利和数字经济加速发展双重刺激下，全球已有很多国家将大数据上升为国家战略。我国国民经济和社会发展第十四个五年规划纲要明确提出要系统布局新型基础设施，加快第五代移动通信、工业互联网、大数据中心等建设。

2015年底，中央网信办、国家互联网信息办提出了"新型智慧城市"概念。与传统智慧城市相比，新型智慧城市有着新的目标、思路、原则、

---

① 李铁：《"大城市病"的问题出在城市治理方式而不是人口》，http://mini.eastday.com/mobile/171130121602096.html#。

② 《治理"城市病"，控制人口规模可行吗？》https://new.qq.com/omn/20180817/20180817A1EG6B.html。

③ 中国人口与发展研究中心课题组、桂江丰、马力、姜卫平、王钦池、张许颖、陈佳鹏、王军平：《中国人口城镇化战略研究》，载《人口研究》2012年第3期。

内涵、方法和要求。新型智慧城市是以"为民服务全程全时、城市治理高效有序、数据开放共融共享、经济发展绿色开源、网络空间安全清朗"为主要目标，通过体系规划、信息主导、改革创新，推进新一代信息技术与城市现代化深度融合、迭代演进，实现国家与城市协调发展。创建国家新型智慧城市，是解决城市管理和服务过程中面临的各项难题的有效手段，也是顺应时代潮流、以创新推动发展、提升城市建设和管理水平的重要举措。如贵州已建成中国的大数据库中心之一，浙江湖州德清镇正在建设城市地理信息特色小镇，上海的数据化城市管理中心也将实质性启动。

当前，随州正处在爬坡过坎、转型发展的关键时期，创建新型智慧城市，应用新技术促进城市规划、建设、管理和服务智慧化可有效提升城市治理水平。但也应该看到，智慧城市是一个系统工程，并非城市信息化、"数字城市"的简单升级，而涉及政府、企业、市民之间的互动、共享系统的共同构建，而智慧城市建设多具有投资规模大、建设内容多、运行周期长、风险高等特点。因此，在智慧城市建设中，应结合城市实际情况，量力而行，对智慧城市建设中的投融资风险、信息安全、隐私泄露风险加以综合考虑，确保智慧城市建设的稳步推进。

四、城市治理随州实践

"城，所以盛民也。"习近平总书记指出，"城市管理应该像绣花一样精细"。作为生产空间、生活空间、生态空间的综合体，城市应体现"品质至上""细节为王""以人为本"，实现生产空间集约高效、生活空间宜居适度、生态空间山清水秀。城市管理作为一项综合性、系统性的工程，要在细微处下工夫，精致、精细、精心、精美贯彻到城市建设管理的每一个细节，用"绣花精神"治理城市，着力解决城市病等突出问题，解决市民衣食住行业教保医等方面的所关切的事项，不断提升城市竞争力，打造一座有温度、有质感、有品位的城市，全面提升城乡居民的幸福指数。

（一）因时而进——提升管理水平

"城市三分建设七分管理，宜居的城市环境是管出来的。"一座城市的建设、发展与治理水平，关乎市民的获得感、幸福感与安全感。中央城市工作会议指出，"抓城市工作，一定要抓住城市管理和服务这个重点，不断完善城市管理和服务，彻底改变粗放型管理方式，让人民群众在城市生活得更方便、更舒心、更美好"。在城市治理中，应一切从人的感受和体验出发，着力提升精细化管理水准，切实改善城市环境，才能让城市生活更有温度、更加美好。譬如菜市场该关停还是规范，公交站牌疏一些还是密一点，城市公园该建在哪里，斑马线上如何礼让行人……这些看似细微琐碎的事项，无不与百姓日常生活紧密相关。以人民为中心的城市管理，就应时时处处以百姓之心为心，以百姓需要为出发点，才能让城市运行更有序、更安全，也才能让城市空间更亮丽、更温馨。

近年来，随着我国城镇化发展模式的转型，城市建设的重点逐步从关注城市建设的速度，向关注城市发展的质量转变；从关注城市中的"物"的建设，向关注城市中的"人"的生活舒适性和幸福感转变。加强基础设施建设，推动形成布局合理、功能完善、衔接顺畅、运作高效的基础设施网络，提升设施与百姓需求的契合度。近年来，随州以重大项目为抓手，基础设施建设实现新突破，高速铁路、高速公路建设突飞猛进，物流、引水、文化等项目步伐加快，市民幸福指数逐步上升，城市知名度和美誉度不断提升，城市建设取得举世瞩目的成就。但在城市治理中，还需从以下几个方面加以完善。

1. 完善城市基础设施建设。要持续加大投入力度，推进基础设施建设提档升级，推动形成布局合理、功能完善、衔接顺畅、运作高效的基础设施网络。要构筑通达路网，加快推进随信高速公路、南北外环及浪河至何店一级公路、桃园大桥、物流站场和水运、城区人行天桥以及干线公路改扩建等项目建设，深入推进"四好农村路"建设，打通各类"断头路"，形成完整路网，提高道路通达性。要完善循环水网，坚持保供水、畅排水、洁用水、防洪水、排涝水"五水共治"，加强水资源基础设施建设，加快实施城区雨污管网改造工程，消除城市易涝点，持续实施城乡饮水安全巩固提升工程，建立城市备用饮用水水源地，提高自来水公司集中供水能力。要优化能源保障网，加快新一轮城乡电网改造提升，加快天然气基础设施建设，提高供电、供气服务质量和安全保障水平，有序推进太阳能、风能、生物质能等新能源开发利用，优化城市能源供给结构。要畅通信息服务网，加快推进智慧随州建设，加快信息基础设施升级换代，构建智慧化的社会治理体系、民生服务体系，实施"互联网+"行动计划，打造大数据平台，提升经济社会各领域互联网化、智慧化水平。

2. 补齐公共服务短板。神韵随州的建设必须在细微处见功夫、见质量、见情怀，这远比多造几栋楼来得重要。有的城市，表面上看光鲜亮丽，繁花似锦，但仔细一打量，或者住上一段时间后却发现，要么标识牌不明显、路牌指示不清晰，进城如入迷宫；要么人行道、自行车道、慢车道混在一起，惊险连连；要么地下管道失修，常常污水外溢；要么人行道上乱堆乱放，道板七翘八裂，行走不便；要么人性化欠缺，半天找不到一座公厕，绕道很远都过不了马路……总感觉城市缺了一点内涵，少了一份温暖。城市日常生活中的这些问题，看起来是些许小事，却连着偌大民生。

作为城市管理者，既要抓建设开发这样的大事，也要一枝一叶总关情、万家忧乐在心头。要乐于从解决群众身边的烦心事、困难事做起，善于从群众反映最强烈、最突出的问题改起，着力补齐全面建成小康社会的"短板"，加快随州市城市公共活动中心综合体（一宫四馆三中心）建设，进一步提高公共服务供给，提高城乡居民收入，打造良好的就业创业环境，从而切实保障人民群众各方面权益，促进人的全面发展，提供更丰富更具品质的产品和服务供给，让人民群众有更强获得感和幸福感。

举例来讲，如杨树每年均开花，花期为20天左右，杨树花絮在天晴、干燥、风吹的情况下就会四处飞舞。针对随州春季"城区白杨树飞絮问题"①，一方面对于城区生态景观和经济价值来说，白杨树具有举足轻重的作用，尤其是在改善生态环境、增强碳汇功能等方面都发挥了重要作用②；但另一方面白杨飞絮确实对广大市民带来了生活上的不便。所以，要着力解决人民群众关切问题，聚焦群众的操心事、烦心事、揪心事，排出先后次序，明确时限要求，能解决的抓紧整改解决；因客观条件不具备一时难以解决的，要进行说服教育、积极引导。如对"城区白杨树飞絮问题"，相关城市管理部门在建议市民在杨树飘絮的时节，过敏人群出门要戴好口罩，回家及时清除杨絮残留物，用湿巾或消毒湿巾擦拭干净等同时，也要采取逐步更换已经老龄化和病虫害严重的植株，对白云湖两岸的杨树逐年进行树种替换，选择树种时会避开靠飞絮为媒的树种等。

又如，近年来，随州供水、公交等公共服务领域公益性质弱化，群众饮水不放心、出行不方便等问题日益突出。供水方面，当前随州水环境质量面临多重压力叠加的严峻形势。首先是水质压力。经过前期努力，水质总体趋于好转，但个别断面效果不明显。公交方面，公交拥挤、候车时间长、线路设置不合理、司售人员素质差、不按站点停车、车内环境差、营运时间短、丢客甩客等现象不一而足。面对群众需求，市委市政府提出深化供水体制改革、公交体制改革，后期需要加快改革力度，使各项改革措

---

①　随州城区范围的杨树占绿化树种的比重不大，主要分布在白云湖两岸，多为防护林，老城区内零星分布的杨树基本上是老居民房前屋后随意栽种的，属20世纪70年代栽植。城区范围内由园林部门栽植和养护的乔木均为风景树，并未种植杨树树种。随州白杨树所有权及日常管理均不属园林部门，园林部门仅有出于保护绿化成果的监管权。在今后的监管工作中，对杨树会在维持的基础上逐渐减少。杨树花期较短，花絮肆意飘舞时日不多，且城区内杨树树龄普遍几十年，兼具生态景观和经济价值，尤其夏日可以供居民、行人树下乘凉休憩。【结果反馈】关于"城区白杨树飞絮问题"，随州市风景园林管理局告市民书，http：//www.suizhou.gov.cn/art/2018/5/10/art_75_95190.html。

②　杨树为速生树种，一般作为经济林栽植，10~15年即可成材采伐更新。杨树生长速度快、树阴浓密，防风遮阴效果好，耐旱耐涝、适应性强，价格相对便宜，可作庭荫树、行道树，丛植于草坪，还可作固沙、保土、护岩固堤及荒沙造林树种。

施尽快落地实施，花大力气解决好城乡居民用水、出行这些最基本的民生问题。

还如针对随州涉房信访问题资金数额较大、涉及人数较多、处理难度较大等问题，2019 年以来市委作风巡查办已受理涉房类信访积案 20 件，涉及 19 个小区、业主 4460 余户，有的涉房积案时间长达 13 年。此类矛盾问题若不妥善化解，极易造成风险隐患。房地产开发项目时间跨度长、收费项目多、环节手续复杂，所需办理事项达 60 项，监管部门涉及 20 余个部门。"房产办证难"问题，表面上是由于开发商资金链断裂、违规建设、违规收费和物业公司管理不达标等原因造成。但 20 多个部门管不住一个房产证问题，究其根本原因，是一些职能部门和少数党员干部没有牢固树立以人民为中心的发展思想，监管缺位、作风不实，不主动担当作为，导致简单问题复杂化，加大信访问题化解难度。解决此类问题，既要进一步发挥城区商品房权属登记联席会议制度的作用，综合运用经济、政策、法律、教育等手段，合力攻坚，推动问题一件一件加以解决；更要在着力推动当前问题解决的同时，进一步加强各方面监管机制建设，严防新开发楼盘出现此类问题，避免群众买房"费钱又费心"。

3. 优化公共交通运行体系。"城市让生活更美好"，这句话虽然简单，却寄托着人们对城市生活的美好期盼。但是，"城市让生活更美好"说起来容易，做起来却很艰难。因为无论是北上广这样的一线城市，还是武汉这样的新一线城市，抑或是宜昌、岳阳这样的三线城市，都患上了交通拥堵这种"城市病"。譬如在《随州论坛》"什么样的生活是有品质的生活？"的讨论中，网友的建议也侧面反映了随州"道路堵、停车乱、公交慢、接乘不便"的现状。如商场关门、公交收班时间要推迟，争取引入中百罗森等 24 小时便利店，星巴克等咖啡厅；注重小型机动车辆（摩托车、三轮车、电动车）的管理，严格实行快慢车分道行驶；晚上 7 点半后，在武汉没有火车也没有长途汽车回随州，希望政府协调铁路部门积极去争取。此外，一到晚上 5 点半，周边乡镇的客车都停运了，真是太不方便了。等等。

如何解决这一难题？从一些城市的做法来看，推行公交出行是可行之策。比如上海，地铁网线建设很发达，加上紧邻地铁站建设的公交枢纽站，提供了便捷的换乘途径，而在换乘优惠上，持公交卡在 2 小时内公共交通间换乘有 1 元的优惠，从经济上给予优惠，有利于市民出行选择公共交通。再如苏州，城市中设置有公交专用道，架设摄像机抓拍，只能公交车和特定班车使用，在高峰期公交车也能够独占使用，确保了"公交优先"，有利于公交准点率。我们可以借鉴这些成功经验，进一步完善从家门到公司的"门对门"公交出行解决方案，继续提高公共交通运行效率和服务品质。如在共享经济时代，可逐步推进共享汽车政策落地随州。

其三，打造平安随州。城市安全是最大的民生，也是打造神韵随州的基础。要紧紧围绕"努力把随州建设成为全省最平安城市"的奋斗目标，加大对城市安全问题的投入力度，加强信息交流，争创全国安全发展示范城市，努力让市民的获得感、幸福感、安全感更加充实、更有保障、更可持续。如杭州市在城市建设中，建立了政府主导、社区配合、多组织参与的整体机制，有效提高了居民的安全防范意识，以社区警察、协警、保安、治安志愿者为主体的群防群治队伍共同营造"治安天堂"。黑恶势力是社会的毒瘤，是群众获得感、幸福感、安全感的现实威胁，是国家长治久安必须清除的绊脚石。2018 年，党中央部署开展为期 3 年的扫黑除恶专项斗争①。将扫黑除恶与"打伞破网""打财断血"同步推进，和加强基层组织建设、加强行业治理紧密结合，既有力打击威慑黑恶势力犯罪，形成压倒性态势，又有效铲除黑恶势力滋生土壤，形成长效机制，扫出一片朗朗乾坤。

其四，塑造文明社风。"天下之本在国，国之本在家。"家风正，则民风淳；家庭美，则乡风靓。要充分强化政府主体责任、市级部门协同责任，调动广大群众共同参与的积极性，发挥政府有形之手、市场无形之

---

① 截至 2019 年 9 月，全国依法打掉涉黑组织 2300 多个、涉恶犯罪团伙近 3 万个；全国纪检监察机关立案查处涉黑涉恶腐败和"保护伞"案件移送司法机关 5500 人。

手、市民勤劳之手，深入开展群众精神文明创建活动，积极争创全国文明城市。以优良党风引领优良家风，以好家风促进好民风，营造齐抓共管的浓厚氛围，实现全体市民共建美好城市、共享美好生活。

综合来看，要统筹抓好城市这个"火车头"，着力打造现代水资源保障体系、综合交通运输体系、能源体系、网络信息体系和物流体系，打造形成布局合理、功能完善、衔接顺畅、运作高效的基础设施网络，在政府、社会、市民的共建、共治、共享中，不断开辟中国特色城市发展道路。

（二）因事而谋——创新治理模式

遵循新发展理念，创新城市发展模式，是提高城市宜居性和发展可持续性的重要途径。

1. 党建创新引领，增强城市治理和服务创新凝聚力。其一，构建合作联盟推进服务联动。可建立区域合作联盟，签订共驻共建、共建共享框架协议，建立街道与驻区单位双向服务、双向互动的联络机制，共同搭建"社会管理综合治理"平台，定期召开协调会议，共同制定地区环境整治和综合治理行动方案，切实解决一系列事关居民群众利益的重点难点问题。如随州城镇建筑垃圾专项整治，还停留在依靠宣传教育和集中清理阶段是远远不够的。要学习武汉等地成熟做法，在建立长效管理机制上下工夫，压实社区、物业公司、装修公司和居民的责任。其二，强化非公党建拓展服务空间。进一步加强非公企业党组织组建工作力度，成立随州地区非公企业联合党委。按照有利于改进党员教育管理方式、充分发挥党组织和党员作用的原则，形成街道、社区、楼宇共同做好非公党建的良好局面，不断扩大工作覆盖面。其三，建立"双联"制度延伸服务触角。以在职党员"双报到"活动和主题教育实践活动为契机，深入推进党组织服务触角延伸。通过开展党员设岗定责，送温暖慰问困难群众，"亮身份、比奉献"等多项公益服务和志愿活动，切实发挥党组织的集聚引领作用，增强党组织的凝聚力和向心力。其四，深化"逢四说事"和"访议解"活动，在"为民服务解难题"上找差距、抓落实，切实解决人民群众在就业、教育、收入、医疗、养老、环保等方面的突出问题，用实际行动帮助人民群众解决实际困难，扎扎实实为人民群众办实事、办好事。

2. 成立协会和社会组织，提高城市治理合力。成立企业联合会、文化建设联合会和社会工作联合会"三驾马车"，深化志愿服务模式，广泛发动居民群众参与爱心助老、环境整治、安全维稳等城市服务，让其真正成为城市的建设者和受益者，形成"枢纽型协会组织+社会组织+志愿者"格局，吸纳各界精英参与社区治理。

3. 创新基层协商民主，引导公民有序参与城市治理。动员城市重要力量，举行政策论证会、民生恳谈会、民意听证会等。聘请热心社区建设的人士担任专项工作监督员，强化他们"城市事情共同谋划，城市事业共同推进、城市愿景共同实现"的主体意识，形成"政府搭台、居民唱戏"的局面，定期召开座谈会，听取市民意见，全力营造"共谋、共建、共管、共评、共治、共创"的浓厚氛围。

4. 借力技术手段，提高城市治理和服务能力。深入推进区域信息化建设，创新人口服务模式，建立服务网站、办事平台和 APP 应用的网上服务系统，采用推送机制向在本地区工作和生活的公众和社区居民及时准确地提供便民、预警、活动、气象、应急宣教等各类服务信息以及街道、社区的业务指南，提高育龄群众参与度，以此有效提升城市的为民服务能力，进一步满足城市居民群众日益增长的信息化服务需求。

（三）因势而新——深化体制改革

2015 年，习近平总书记在主持召开中央财经领导小组第十一次会议时强调指出："要改革城市管理体制，理顺各部门职责分工，提高城市管理水平，落实责任主体。"为城市管理体制指明了改革方向。过去，市与市辖区权责关系不顺，市级城管部门相对集权，既要充当裁判员，又要做运动员，在工作中经常难免出现顾此失彼的现象，工作难以做到精细化。而区级城管部门，由于区财政相对较弱，所承担的业务由于经费不足，导致在执法、环卫等方面的工作难以做到位。小街小巷的维护管养多年来基本没有开展过，很多路面破损、硬化不到位，导致基层政府在城市管理中的基础性作用得不到有效发挥。因此，要按照"重心下移、属地管理、条块结合、以块为主、责权一致、讲求实效"的原则和"到基层、进社区、属地化、网格化"的基本思路，构建分工科学、责权明确的城市管理格局，实现城市管理重心下移。在"汉襄肱骨、神韵随州"建设中，随州针对城市管理资源下沉力度、基层参与积极性不高的问题，我们坚持先行先试、积极稳妥，深化城市管理执法体制改革，组建 9 支城管执法大队，东城、西城、南郊、北郊、城南新区、高新区 6 支执法大队下沉工作一线，规划、渣土、督查 3 支执法大队负责有关专项工作，有力推动了城市管理工作在基层落地落实，城市更干净、更整洁、更有序了，群众满意度明显提高。建议成立随州地区综合执法管理中心，下设中心办公室、三个综合管理工作组和一个应急保障工作组，整合工商、城管、公安、交通、食药监、房管所等各支专业力量，形成"1+1+3+1"的组织构架，变分散执法为统一管理，开展"组团式执法服务"；变多支队伍为一支队伍，实施"综合式打捆作业"；变事后处置为主动出击，实现"高效率协同处置"；单项考量为横向对比，实现"高绩效目标管理"，实现统一领导、统筹协调、联勤联动、综合治理的工作格局。

第五章
产业发展谋划篇

"城市是各种行业的中心。"

——威·柯珀

产业兴则城市兴，产业强则城市强。产业作为城市经济的核心，是一个城市发展的重要支撑和脊梁，是立市之本、强市之基。产业政策作为政府调控经济资源配置的一种手段，是由国家制定的，引导国家产业发展方向、引导推动产业结构升级、协调国家产业结构、使国民经济健康可持续发展的政策，属于经济政策体系的重要组成部分。

我国《国民经济和社会发展第十三个五年规划纲要》第五篇明确提出了，"优化现代产业体系"，对今后一段时期内我国产业政策进行了总体定调。综合来看，我国产业政策体系主要由"规划""目录""纲要""决定""通知""复函"等规范性文件构成。具言之，产业主要包括各种指向产业的特定政策。在政策类别上，产业政策可划分产业布局政策、产业组织政策、产业结构政策、产业技术政策等。① 产业布局政策如《国家集成电路产业发展推进纲要》《产业用地政策实施工作指引（2019版）》；

---

① 陈瑾玫：《中国产业政策效应研究》，北京师范大学出版社 2011 年版，第 20~30 页。

产业组织政策如在《国民经济和社会发展第十三个五年规划纲要》[①]《钢铁产业调整升级规划（2016—2020 年）》《有色金属工业发展规划（2016—2020 年）》等涉及推动集中、培育大规模企业内容；产业结构政策如《汽车产业投资管理规定》《产业结构调整指导目录》等；产业技术政策如《国家中长期科学和技术发展规划纲要（2006—2020 年）》《产业技术政策》《新一代人工智能发展规划》等。

产业转型升级绝非一句口号，蕴含着产业结构调整规律、产业梯度转移规律、产业集聚规律、产业移植规律、产业变革规律、产业布局规律等内在逻辑。在我国社会进入新时代、我国经济进入"新常态"背景下，所面临的发展形势、战略目标、主要任务较之以往发生了巨大的变化。与之对应，传统的产业政策应转向新的产业政策，亟需构建高质量发展导向的产业政策体系，推进产业布局政策由"关注国内区域间布局和转移"向"更加注重产业全球化布局"转型；产业结构政策由"选择性产业政策"向"功能性和普惠性产业政策"转型；产业技术政策由"追赶主导型"向"并跑和领跑主导型"转型；产业组织政策由"注重大企业发展"向"大中小企业融合发展"转型[②]。

一、产业发展环境研判

随州产业发展环境与态势可借助 SWOT 分析方法（如图 5.1），即基于内外部竞争环境和竞争条件下的态势分析，将与产业发展密切相关的各种主要内部优势（strengths）、劣势（weaknesses）和外部的机会（opportunities）和威胁（threats）等相互匹配起来加以分析和研判，并据此作出制定相应

[①] 第五篇（优化现代产业政策体系）第二十二章（实施制造强国战略）第三节（推动传统产业改造升级）中，明确提出"鼓励企业并购，形成以大企业集团为核心，集中度高、分工细化、协作高效的产业组织形态"。

[②] 易信：《新一轮科技革命和产业变革趋势、影响及对策》，载《中国经贸导刊》2018 年第 30 期。

的产业发展战略、选择相应的产业发展策略。需要说明的是，SW 即优势和劣势，主要用来分析内部条件；OT 即机遇与威胁，主要用来分析外部条件。

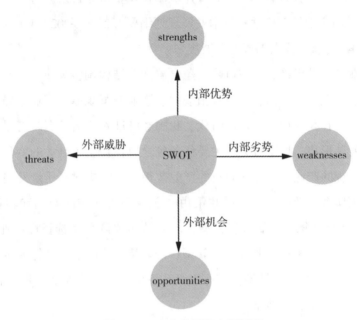

图 5.1　SWOT 分析基本框架图

（一）随州产业发展优势

随州作为"中国专用汽车之都"，是中国专用汽车主要发源地和主要生产基地，产业配套相对齐全，上下游产业链基本形成；拥有全国较为完备的应急产业生产体系，涵盖了专用汽车的多种类型。专用汽车产业综合实力居全国首位，专汽产量约占全国 1/10，罐式车等六大类产品销量多年居全国第一，拥有国家发明专利 200 多项，30 多种车填补国内空白。随州作为"中国风机名城"，风机产业连续 10 多年纳入全省重点成长型产业集群，产业规模达到 100 亿元，占全国风机市场份额的 12%。随州作为"中国香菇之乡""中国花菇之乡"，香菇出口 40 多个国家和地区，十余年位于全国同类地级市首位，连续多年在全省位列前茅。随州建成了首批国家级外贸转型升级出口食用菌专业型基地、出口食用菌质量安全示范区、生态原产地产品保护示范区，所有香菇企业产品均进行了境外认证和商标注册，随州的香菇产业正加速与国际接轨。与此同时，兰草、茶叶、银杏、蜜枣、大蒜、泡泡青、油茶、板栗、中药材等农副产品名扬海内外。另外，随州是全国重要的食用菌加工出口基地，也是全国优质大米、优质小麦、优质茶叶、优质牛、优质生猪、蜂蜜、食用菌、大蒜等产品生产基地。丰富的农业资源为农产品加工业发展提供了得天独厚的条件。新兴产业蓬勃发展，占比逐步提高，新能源产业突破性发展，光伏、风电、生物质发电齐头并进。综合来看，目前随州拥有应急产业及零部件、风机、香菇、铸造、电子信息等五个省级重点成长型产业集群，工业和农业发展基础较好。随州作为"炎帝神农故里""中国编钟之乡""《魅力中国城》十佳魅力城市"等，文化旅游资源丰富，具有较强的旅游业发展基础。综合观之，随州产业发展的区位优势、品牌优势、集群优势较为明显。

（二）随州产业发展劣势

其一，从产业发展历史上来看，随州作为湖北省最年轻的地级市，经济基础底子薄，起步较晚，家底不厚，优势产业主要集中在专汽、食品工作等领域，经济内生性增长动力不足，多元产业增长极缺失，核心竞争优势相对较弱，"多点突破"能力不足。总的来看，发展不够、体量偏小依然是随州面临的最大实际。其二，从产业发展链条来看，企业自主创新能力不够，技术研发水平不高，产品科技含量不高、同质化严重，大多属于劳动密集型行业，依靠机械化和手工化作业生产中低端产品，恶性竞争等问题较为严重。其三，从产业发展结构来看，随州作为农业大市，现代农业发展不足，现代服务业发展有待提升，三大产业之间的融合发展缺乏深度。其四，从产业品牌培育来看，本土化产业品牌影响力还不够，企业品牌意识不强。其五，规模普遍偏小，生产要素配置分散，缺乏规模经济。随州虽然拥有五个省级重点成长型产业集群，但产业"集而不群"，产业集群内经济结构不够合理、企业发展不平衡、行业龙头企业带动性不强的问题依然存在，产业协同创新不足。其六，在产业发展融资方面，随州民营经济所占份额大，但民营经济整体发展水平落后于先进地区，融资、成本、土地、人才等问题成为民营企业发展的难点、堵点。如金融机构授信模式单一、资产抵押贷款率偏低、贷款周期过短、利率偏高、抽贷断贷等融资难、融资贵问题。总体来看，随州已进入工业化中期，经济基础薄弱，总体质量不高，产业结构欠优，经济增长中存在效率较低、后劲不足的现象。

(三) 随州产业发展机遇

随州当前面临着难得的发展机遇。随州产业发展外部机遇可从宏观经济环境、区域经济环境、地方经济环境三个方面展开。

1. 宏观经济环境

我国正处在产业结构调整和消费结构快速升级的新一轮经济增长周期，我国经济发展进入新常态，全面深化改革释放巨大制度红利，创新驱动日益成为经济增长主动力。长江经济带、大别山革命老区振兴、汉江生态经济带、淮河生态经济带发展规划等四个国家级战略在随州叠加，与此同时，随州亦是西部大开发战略由东向西的重要接力站和中转站。良好的宏观经济环境和政策为随州经济平稳增长、转变经济发展方式、调整优化产业结构带来了前所未有的机遇。（1）实施"中国制造2025"战略、乡村振兴战略、加快现代农业发展和扩大内需等政策，有利于全市传统产业向中高端转型，促进新能源、新材料等战略性新兴产业做大做强。（2）"一带一路"① 倡议下，随州面临市场需求空间西移和外延的机遇。随州可利用"一带一路"政策导向下市场需求空间西移和外延的机遇，积极拓

---

① 2013年9月和10月，习近平主席分别提出建设"一带一路"合作倡议。短短6年间，160多个国家和国际组织同中国签署共建"一带一路"合作协议，中国在"一带一路"沿线国家建设境外经贸合作区达80多个，与"一带一路"沿线国家贸易总额超过6万亿美元，直接投资超过900亿美元，穿梭于大漠荒原的中欧班列"钢铁驼队"成为中外货物贸易的新纽带，一座座"中国建造"成为造福沿线各国人民的新地标……从亚欧大陆到非洲、美洲、大洋洲，共建"一带一路"成为共同的机遇之路、繁荣之路。

展"一带一路"沿线新兴市场。（3）国际国内产业分工和产业结构正在面临深刻调整，我国东部沿海地区产业向中西部地区转移步伐加快，在中西部各省区市竞相承接沿海产业转移背景下，随州面临良好的产业承接机遇。随州可充分发挥资源丰富、要素成本低、市场潜力大的优势，把握沿海、长三角及武汉市城市功能及产业结构的战略性调整的机遇，积极承接沿海产业转移，抢占制造业的中低端，提升产业层次。同时，在"双循环新发展格局"下，对随州提高高水平对外开放提供了难得的机遇。（4）以移动通信、物联网、人工智能等为代表的新一代信息技术与产业深度融合，引发新一轮技术和产业变革，将有利于随州在新一轮科技革命中抢抓机遇，推动应急（专用汽车）、地铁装备、农产品加工等产业提质增效升级，培育新能源、新材料等战略性新兴产业方面取得突破性进展。（5）军民融合发展已上升为国家战略，民企参军进入发展快车道，为随州专汽产业向军工产业的转型提供了重要的战略契机。

2. 区域经济环境

当前，湖北省正在深入实施"一主引领、两翼驱动、全域协同"战略布局，区域发展格局、产业结构与布局面临着深刻调整和重塑。随州处于武汉城市圈和"襄十随神"城市群的关键切点，汉江生态经济带与淮河生态经济带交汇点，"襄十随神"制造业高质量发展带关键节点城市，具有较强的区域竞争力。其一，随州要主动担当桥接汉襄，担当肱骨之责，主动服务和融入共建"一带一路"、长江经济带发展、促进中部地区崛起等国家战略；积极对接"武汉城市圈"发展，深度融入"襄十随神"城市群建设。例如"襄十随神"城市群建设中，各地区均有汽车产业，十堰已发展成为我国最大的商用汽车生产基地和具有较大影响力的汽车零部件生产基地之一。襄阳不仅是东风商用车和乘用车的重要制造基地，同时还是我国汽车动力和汽车零部件的制造基地以及新能源汽车发展较快的示范城市。随州是湖北汽车长廊的节点城市之一，应急（专用汽车）产业和汽车零部件产业集群优势明显，亟须把握汽车产业发展比较优势，坚持区域协调、城乡融合、产业协同、特色分工，加快转型升级和配套协作，推进传统产业转型升级，加速培育先进制造业，催动汽车产业链、价值链全面重塑，提升竞争力。其二，放大汉江生态经济带、淮河生态经济带、大别山革命老区振兴发展等叠加效应，深化与毗邻地区交流合作、协同发展，打造联结长江中游城市群和中原城市群的重要节点。其三，着力强县、壮镇、美村，推动县域经济加快崛起，镇域经济多点发力，美丽乡村百花齐放，形成"多中心互动、多层次和谐、多特色互补、多空间拓展"的城乡融合发展形态。

3. 地方经济环境

从市域来看，随州进入战略机遇叠加期、政策红利释放期、发展布局优化期、蓄积势能迸发期、市域治理提升期。当前，随州确立了"双百"城市目标，坚持"中优、东强、南拓、西塑、北融"，不断拓宽城市骨架。统筹推进老城区和城南、城东、城北新区建设，加快推进城南高铁片区建设。武西高铁、鄂北水资源配置工程等区域性重点项目的建设，为随州高质量发展到来了难得机遇。如随州可顺应"高铁时代"引发生产要素快速流动的大趋势，主动融入"武汉半小时经济圈"，加强与武汉市产业对接、科教资源对接、市场对接，推进武汉与区域经济合作和产业协作，促进资源要素合优化配置。

(四) 随州产业发展挑战

随州在面临外部难得发展机遇的同时，亦面临一系列的严峻挑战。其一，从国际经济形势来看，中低收入国家利用资源和汇率优势，大力发展中低端制造业，进一步强化对中国的供给替代效应。贸易投资保护主义抬头，以"中美贸易摩擦"为主线的全球经济运行环境极其复杂，出口需求疲软，企业利润增速低迷。譬如当前，随州香菇产业发展正处于转型升级的关键时期，受中美贸易摩擦、各种不确定外部因素叠加的影响，香菇出口总量萎缩，产业发展遭遇瓶颈，"随州香菇"的品牌影响力面临着冲击和考验。其二，从国内经济形势来看，经济内部增长动力有所下滑，消费、投资、出口全面回落，经济面临下行压力；落后过剩产能问题严重，供给侧结构性改革任务艰巨。在全国全省经济指标增幅下滑的趋势下，随州主要经济指标增长速度也出现不同程度回落。其三，从区域经济形势来看，区域之间、城市之间的竞争日趋激烈，尤其是在全省乃至全国范围内围绕市场、科技、资源、文化、人才的竞争和区域竞争日益激烈，资源环境约束和劳动力供给制约更为严峻，随州依然处于不进则退、慢进亦退的大变局之中。此外，随州市地处南北过渡地带，洪涝、高温热害、干旱、低温冻害等自然灾害频发，尤其是近年来的持续干旱对随州工业和农业发展造成不利影响。

二、产业布局政策与实践

推动汉襄肱骨建设，须加快产业布局和产业结构优化调整，加快建设现代化产业体系，挺起高质量发展的"脊梁"。"不谋全局者，不足以谋一域"，须将随州产业布局置于国家、省产业布局政策之下，提出因应之策。

（一）产业布局的政策演进

产业布局亦称产业规划，主要指产业在一国或地区范围内的空间分布和组合的经济现象。我国产业布局总体上经历了均衡、非均衡和区域协调发展的嬗变过程。第一，1950年至1970年之间，我国实行的是公平优先的均衡产业布局，产业布局主要向内地倾斜。彼时，我国西部地区工业尤其是西北和西南地区的工业得以明显增长，东、西部地区工业布局长期不合理状况得以改善。譬如苏联援建的156项重大工业项目主要安排在东北地区和中西部内陆地区。20世纪60年代初，随着中苏关系恶化以及美国在我国东南沿海的攻势，十几年的"三线建设"由此拉开帷幕，我国开始了经济史上一次极大规模的工业迁移过程，中西部地区的 13 个省、自治区进行了一场以战备为指导思想的大规模国防、科技、工业和交通基本设施建设，产业畸重东部的格局被打破，西部现代工业由此兴起。第二，1978年改革开放至 2000 年期间，在"让一部分人、一部分地区先发展、先富起来，先富带动后富，实现共同富裕"的发展构想下，我国实行的是效率优先的非均衡产业布局，产业布局向东部地区倾斜，再逐步向中、西部地区梯度推进，产业发展形成了"经济特区——沿海开放城市——沿海经济开放区——内地"优先次序。在此期间，我国先后建立 5 个经济特区，之后又开放沿海 14 个城市，加之后来的上海浦东新区建设，沿海地区的全面开放，形成了点、线、面逐步推进的对外开放格局①，"珠三角、长三角、环渤海"等经济圈风光无两。第三，21 世纪以来，为了改变东、西部地区经济发展差距不断扩大的局面，我国实行了区域协调发展的产业布局，"西部大开发、振兴东北地区等老工业基地、中部崛起、东部率先发展"的区域经济发展格局应势而生。②

十九大报告提出"要加大力度支持革命老区、民族地区、边疆地区、贫困地区加快发展，将扶持老少边穷地区发展放在区域协调发展战略的优先位置"；"强化举措推进西部大开发形成新格局，深化改革加快东北等老

---

① 从 1980 年起我国先后在广东省的深圳、珠海、汕头，福建省的厦门和海南省分别建立了 5 个经济特区；1984 年进一步开放了大连、秦皇岛、天津、烟台、青岛、连云港、南通、上海、宁波、温州、福州、广州、湛江、北海等 14 个沿海城市；1985年后又陆续将长江三角洲、珠江三角洲、闽南三角地区、山东半岛、辽东半岛、河北、广西辟为经济开放区，从而形成了沿海经济开放带。1990 年我国政府决定开发开放上海浦东新区，并进一步开放一批长江沿岸城市，形成了以浦东为龙头的长江开放带。1992 年以来，又决定对外开放一批边疆城市和进一步开放内陆所有的省会、自治区首府城市；还在一些大中城市建立了 15 个保税区、32 个国家级经济技术开发区和 53 个高新技术产业开发区。这样，我国已形成了沿海、沿江、沿边、内陆地区相结合的全方位、多层次、宽领域对外开放的格局。

② 刘慧玲：《我国产业区域布局的发展历程与展望》，载《工业技术经济》2010年第 11 期。

工业基地振兴，发挥优势推动中部地区崛起，创新引领率先实现东部地区优化发展"等；"要以'一带一路'建设为重点，推动形成全面开放新格局"；"以疏解北京非首都功能为'牛鼻子'推动京津冀协同发展，高起点规划、高标准建设雄安新区；以共抓大保护、不搞大开发为导向推动长江经济带发展"。《关于制定国民经济和社会发展第十四个五年规划和二〇三五年远景目标的建议》明确提出了"健全区域战略统筹、市场一体化发展、区域合作互助、区际利益补偿等机制，更好促进发达地区和欠发达地区、东中西部和东北地区共同发展"。十九大之后，"区域协调发展战略"的新发展理念成为主线。经济特区、国家级新区、自贸试验区、国家级经济技术开发区、国家级高新技术产业开发区、国家综合配套改革试验区、国家级金融综合改革试验区、保税区、出口加工区等作为区域经济发展、产业调整和升级的重要空间聚集形式，承载着聚集创新资源、培育新兴产业、推动城市化建设等一系列的重要使命。

（二）产业布局的随州轮廓

随州地处长江流域和淮河流域的交汇地带，东承中部中心城市武汉市，西接省域副中心城市襄阳市，北临南阳市、信阳市，南达荆门市，是湖北省对外开放的"北大门"，区位优势明显。产业发展规划是产业发展的战略性决策，是实现长远发展目标的指导性纲领。在随州市"十四五"规划、《随州市城乡总体规划（2016—2030 年）》《鄂西生态文化旅游圈随州市发展整体规划》《2021 年随州市人民政府工作报告》等规范性文件和重要政策文件指引下，随州坚持走"产城融合"之路，以"东进、西优、南拓、北联"为城市空间拓展方向，立足产业和发展空间对接，在构筑"一主两翼，三轴多点"的市域城镇体系空间结构基础上，主要采取点轴结合、块状集聚的模式，通过线状基础设施联系各级重点发展的城镇形成产业开发带，同时以重点城镇为依托，在空间上形成块状聚集核心的产业布局。①

　　受资源禀赋、历史变迁、发展水平、区域竞争、产业转移等综合因素，随州产业形成了自身独特的布局。具言之，以应急产业及零部件产业群为依托，形成了以高新区连接曾都、随县经济开发区的"一区三园"的30余公里汽车产业发展走廊，布局科学、特色鲜明、竞争力强的汽车产业发展空间格局正徐徐拉开；以广水风机产业群为依托，形成了"杨寨工业园、广水市经济开发区、广水市十里工业园、广水办事处桐柏工业园"四大园区东西向风机产业聚集发展的重点区和产业带，"专业分工、优势互补、密切协作、和谐竞争"的风机产业发展格局日臻完善；以香菇产业群为依托，形成了以三里岗为中心的随南地区，以殷店、草店为中心的随北地区，以广水吴店为中心的广水北部地区的香菇产业发展格局，农业产业"1+3+N"产业布局逐步推进；以生态旅游产业为依托，形成了以炎帝故里、大洪山、西游记公园等核心景区为龙头、以A级景区②为骨干、以乡村旅游为支撑的旅游产业布局，全域旅游大格局正在形成。

---

　　①　根据随州市工业发展"十三五"规划，随州工业发展五大平台主要包括：(1) 随州国家级高新技术产业园区：建设专用汽车产业园、生物产业园、电子信息产业园、新能源产业园、新材料产业园、研发孵化园。重点发展专用汽车产业、食品工业、生物医药产业、电子信息产业、新能源产业、新材料产业、现代服务业。加强国家新型工业化产业（汽车专用车）示范基地、国家应急产业示范基地建设。(2) 曾都经济开发区：重点发展专用汽车及汽车零部件、食品工业、电子信息、医药及新材料、纺织服装等产业，建成湖北专汽产业园区和百万吨铸造产业园区。(3) 广水经济开发区：重点发展风机制造业、电子信息产业、冶金制造业、食品工业、智能装备制造业、电子商务服务业。(4) 随县经济开发区：重点发展汽车工业、纺织业、食品工业和高技术制造业。(5) 府南高新技术产业园区：重点发展新能源产业、新材料产业、商贸服务业。随州多点支撑的乡镇工业体系主要包括：重点打造三里岗香菇产业园、洪山食品工业园、杨寨冶金工业园等3个省级乡镇工业园，积极培育柳林铸造工业园、小林建材工业园、万店生态农业产业园、马坪詹王食品产业园等市级乡镇工业园，构建多点支撑的乡镇工业体系。

　　②　AAAA级：随县炎帝神农故里风景名胜区、玉龙温泉、随州西游记漂流景区、随州市文化公园、随州市大洪山风景名胜区、随州市千年银杏谷景区；AAA级：随州大洪山琵琶湖风景区；AA级：大洪山鸳鸯溪、随州市曾侯乙墓景区、随州炎帝神农烈山风景名胜区；广水三潭风景区。

（三）产业布局的随州构想

产业布局应主动适应外部产业发展环境变化，通过产业布局的调整和优化，积极对接"一带一路"、中原城市群建设，深刻融入长江经济带、大别山革命老区、汉江生态经济带、鄂西生态文化旅游圈、武汉城市圈、襄十随城市群等建设，积极融入国家和省级战略。当前，随州正处于长江经济带、汉江经济带、淮河经济带、大别山革命老区振兴发展等国家重大战略和省委省政府"一主引领、两翼驱动、全域协同"战略布局机遇，产业发展的内外部环境均产生较大变化，在"汉襄肱骨、神韵随州"建设中，随州应找准区域竞争产业定位，优化完善产业布局。

根据李嘉图的"比较优势理论"，无论是一个国家抑或一座城市，发展自己比较优势最大的产业，将会极大提高其竞争力。一个城镇，依赖为数不多的几个支柱产业便可跃升全国百强镇，如中山古镇灯饰，东莞长安五金模具、虎门服装。一个城市，依靠几个主导大产业，便可迈入经济强市。如佛山顺德的家私家具、机械装备，深圳的金融、物流、高新技术。建设"汉襄肱骨、神韵随州"，擦亮四大产业名片，是融入省委省政府"一主引领、两翼驱动、全域协同"区域和产业发展战略布局的现实需要，是对供给侧结构性改革的积极响应，是产业转型升级的内在要求。打造四大产业基地就是通过主动融入"一主引领、两翼驱动、全域协同"区域和产业发展战略布局，对接"中国制造2025"，改造提升传统产业，大力发展先进制造业，培育壮大战略性新兴产业，促进应急产业及零部件、风机、香菇、铸造、电子信息等五个省级重点成长型产业集群持续健康发展，力争建成专用汽车、食品工业两大"千亿元产业"，把随州"比较优势转化为竞争优势、区位优势转化为发展优势、品牌优势转化为产业优势、资源优势转化为经济优势"。

1. 建设全国有引领力的专汽之都

建设具有引领力的专汽之都，需要从以下几个方面发力。其一，要巩固应急产业。为推动应急产业转型升级，向中高端迈进，随州依托专汽产业优势，提出了大力发展应急产业的决策部署。2015 年随州成功创建"国家应急产业（专用车）示范基地"，2016 年成功承办第二届全国应急产业发展大会，在着力打造国家应急产业示范基地、中部应急产业配套服务中心和产业科技成果转化试点，即"一基地一中心一试点"。2018 年，"国家应急产业示范基地高标准迎接考评验收"成为省级特色工作目标。同时，《随州市应急产业发展规划（2018—2022）》正式出台，明确了应急产业 5 年发展规划，提出"以随州国家应急产业（专用汽车）示范基地为核心，带动生物医药、新材料等产业参与共建。到 2022 年，以专用汽车和生物医药、新材料为主导的应急产业示范基地基本形成"。因此，要高标准推进国家应急产业示范基地建设，打造全国产品种类最丰富、产业配套最齐全、应急应战最及时的产供研展服一体化应急产业（专用车）示范基地。其二，要瞄准军民融合。当前，军民融合发展已经上升为国家战略，民企参军正当时。要抢搭国家强军快车，加大军工技术转化力度，致力在专汽领域培育更多军品资质企业，开发更多部队后勤保障专用车产品，如军用炊事车、运水车、运兵车、宿营车及武器运输车等专用车型，加快推动军民融合产业园，为实现强军梦作出随州贡献。如福建龙岩作为国家级军民融合产业示范基地、中国专用汽车名城，在 2014 年"新古田会议"①召开后，在专汽领域积极发展军民融合产业，并逐步形成了具有区域比较优势和特色的应急装备制造产业体系，并被国家工信部确定为国家级军民融合新型工业化示范基地。其三，要推动数字转型。优先在专汽领域推进产业数字化，数字产业化，加快建设专汽大数据中心。要大力发展"高精尖"专用车，研发生产轻量化、绿色化、智能化专用车，做大整车和汽车零部件产业，推进高附加值专汽产品产业化发展，实现专汽由"随州制

---

① 全军政治工作会议于 2014 年 10 月 30 日在福建省上杭县古田镇召开，中共中央总书记、国家主席、中央军委主席习近平出席会议并发表重要讲话。

造"向"随州质造""随州智造"转变，向"随州创造"转型。其四，要
推进能源革命。推动汽车革命与能源革命协同发展，对接国家新能源汽
车政策、规划与产业，抢占新能源汽车"风口"，加快补齐新能源汽车底盘、
动力电池、驱动电机、车用操作系统、充换电基础设施等短板，重点建设
一批新能源专汽生产企业及配套生产企业。如随州专用汽车品种不再局限
于生产吸污车、洒水车、教练车等低端市场的产品，而开始向臂架式混凝
土泵车、清障车、矿山自卸车、新能源环卫车等高端的专用车市场转型；
又如襄阳作为湖北省最先深度挖掘新能源汽车产业的城市，着力建设中国
新能源汽车之都，推动企业由传统燃气发动机控制系统向新能源电机控制
系统转型；由传统专用车向新能源专用车转型；传统发电机向新能源电机
转型，大力开发新能源煤矿防爆车和专用车等。其五，要发展会展经济。
"如果一个城市办会展，就相当于一架飞机在这座城市上空撒钞票"常被
引喻为会展经济的重要性。瑞士的日内瓦、德国的慕尼黑、美国的拉斯维
加斯、法国的巴黎、英国的伦敦及意大利的米兰等都是国际上著名的"展
览城"，并将展览作为当地支柱产业。如自 2005 年起，梁山举办近 16 次
"中国（梁山）专用汽车展览会"，全力打造中国专用汽车产业发展区域品
牌，中国（梁山）专用汽车展览会已成为国内、国际专用车知名企业一年
一度的交易盛会，收到了很好的效果。反观随州及辽宁铁岭、福建龙岩等
地，虽然也举办相应的博览会、发展论坛（见表 5.2），但在承续性、影响
力等方面尚有不足。随州应该围绕专汽产业、应急产业、风机产业积极承
办国家级产业发展推进会、交流会、展示会，提升专汽之都、风机名城影
响力。

表 5.2　　　　　我国四大专用车基地会展经济发展情况

产业基地	金字招牌	会展经济	会议论坛
湖北随州	中国专用汽车之都	中国（随州）专用汽车博览会	中国（随州）专用汽车发展论坛

续表

产业基地	金字招牌	会展经济	会议论坛
山东梁山	中国专用汽车产业基地	中国（梁山）专用汽车展览会	中国（梁山）专用汽车产业发展高峰论坛
辽宁铁岭	中国专用汽车生产基地	中国（铁岭）专用车博览会	中国专用汽车技术发展论坛
福建龙岩	中国专用汽车名城	海峡两岸机械产业博览会	中国（龙岩）专用汽车产业发展高峰论坛

2. 建设全国有影响力的现代农港

随州市委四届七次全会提出，"建设具有影响力的现代农港"。"建设具有影响力的现代农港"是随州"十四五"规划的重要内容之一，是"现代农业产业体系、现代农业生产体系、现代农业经营体系"三大体系构建在随州的生动实践和创新发展。"现代农港"建设中，随州要积极探索具有地方特色的现代农业发展道路，实现产业链、供应链、价值链、品牌链、利益链等多链互动。其一，要延伸产业链，促进产业融合。全力打造"两香一油"现代化生产基地，大力实施"一朵菇"工程，认真落实促进香菇产业高质量发展"十条意见"，打造规模化、标准化、智能化基地；实施"一袋粮"工程，打造全省最大的优质稻生产基地；实施"一杯茶"工程，打造全省最大的茶叶出口基地；实施"一壶油"工程，打造全省重要的油茶产业基地；实施"一头猪"工程，打造全省领先的生猪全产业链基地；实施"一只鸡"工程，打造中南地区最大的肉鸡产业基地。其二，要贯通供应链，拓宽供销渠道。着力优化冷链物流、农产品交易中心、综合信息平台等配套设施建设；做好双循环格局下农产品国内市场开发和农业外贸工作。其三，提升价值链，增强科技赋能。通过深入技术变革、深化技术推广、深耕科技研发，加快推进农业现代化进程。其四，优化品牌链，释放发展动能。做好农业品牌的培育、认证、推广等工作，将产业优势转化为品牌优势。

3. 建设全国有吸引力的谒祖圣地

其一，打造"寻根办节强磁场"。寻根，是一种生命符号的认知，是一种文化追求，是世界华人对始祖的牵挂与缅怀，是对美好未来的祈福与向往。要善于借节造势，通过寻根节的举办，增强世界华人的文脉、血脉、根脉认同，助力"一带一路"建设，推动海峡两岸和谐发展，增进全球华人亲情和福祉，为实现中华民族伟大复兴的中国梦凝心聚力。其二，打造"全域旅游强磁场"。在行业经济向跨界经济转型的背景下，跨界与融合已然成为经济转型升级的发展趋势。当前，文旅融合正在成为城市发展的新动能，随州要借助"炎帝神农故里""中国编钟之乡"等金字招牌，依托于文化历史和本地产业特色，大力推动历史与旅游融合、工农业与旅游融合、文化与旅游融合，探索"全域旅游"新模式。其三，打造"宣传推广强磁场"。要挖掘文化旅游内涵，深度挖掘炎帝文化、编钟文化、红色文化等特色文化内涵，增强文化旅游吸引力。要加强旅游产品营销。开展线上线下立体式旅游宣传营销，尤其是善于利用新媒体促进旅游产品在线宣传和销售。要加强区域旅游合作，加强旅游资源整合。如以炎帝神农文化为核心，抓好随州旅游线路与省内旅游线路的对接，特别是与鄂西生态文化旅游圈的对接，打造精品旅游线路，着力推进襄阳的谷城、神农架、巴东的神农溪、随州炎帝神农故里四位一体发展格局。还可与河南新郑黄帝故里景区、湖南炎陵景区等地实行大区域联合协作对接，打造"炎黄子孙"寻根之旅的大景观旅游线路，形成区域性联动的拜祖、谒祖、祭祖的精品旅游线路。

4. 建设全国有竞争力的风机名城

在"十四五"规划中也提出"建设具有竞争力的风机名城"。具言之，必须在以下几个方面着力：其一，加大产业基地建设，增强产业竞争力。即推进广水精细化产业园建设，着力建设"两园一中心"，即风机地铁装备产业园、风机物流产业园、风机检测中心，引导风机企业向园区集聚、抱团发展，壮大风机企业集群，建设全省重要的先进制造业基地。其二，聚焦科技创新，增强科技竞争力。广水风机产业在地铁、环保、节能型风机方面拥有 40 多项新工艺，处于国内领先水平。要以高端化、智能化、科技化发展为方向，聚焦科技创新，搭建技术研发、成果转化、人才培养平台，推动风机产品由"跟跑型"向"领跑型"转变，其三，放大品牌效益，增强品牌竞争力。风机产业在融合发展方面起着关键作用，目前关联企业有 60 多家，产品型号有 1000 多种。下一步，必须坚持聚集发展、集约发展、特色发展，优化园区规划和空间布局，以构建产品齐备的风机产业格局为目标，引导智能制造、钢铁冶金、新型建材等产业与风机产业关联发展、配套发展，拉长加粗产业链条，构建上下游链条配套、协作紧密的风机产业集群，加快壮大县域优势板块，打造新的增长极。

"四大产业名片"在产业布局上遥相呼应随州整体产业布局，专汽产业主要以随县、广水市、曾都区、随州高新区四大区域为主阵地。风机产业主要以广水市多个风机产业园和随州高新区所形成产业集聚发展的重点区和产业带为基点。现代农港建设可促进随州特色农业产业集群发展，如香菇产业主要以随南地区、随北地区以及广水吴店为中心所形成产业带为支点。发展以炎帝文化、编钟文化、曾随文化等为代表的文化产业有利于整合随州优秀历史文化资源。如炎帝故里景区以炎帝神农文化为特色，以博物馆和擂鼓墩古墓群为载体，展示随州悠久的历史与文化，与博物馆和擂鼓墩景区共同打造炎帝故里文化旅游区和世界华人谒祖圣地、编钟古乐之乡。编钟文化产业基地建设可将擂鼓墩、叶家山、义地岗、羊子山遗址公园等文化大遗址串珠成线、连线成片，建设曾随文化遗址走廊。"四大产业名片"廓清了随州产业布局，形成了"一县一产业、一市一集群"的产业发展格局，形成了"汉襄肱骨，神韵随州"建设的重要产业支撑。

三、产业结构政策与实践

产业结构广义上主要指国民经济各产业之间、各产业内部各行业之间和各行业内部各产品之间生产力诸要素及其成果的数量比例关系和质量分布状态。

（一）产业结构政策演进

产业布局与产业结构具有紧密的联系，二者相辅相成，产业布局影响产业结构的层次、水平、发展趋势，而产业结构的调整和演变对产业布局亦会产生较大影响。产业布局更类似于产业结构在地域空间上的投影。譬如我国以往城市经济发展采取的是非均衡发展产业布局，城市发展优先次序总体上沿着"沿海地区→长三角→珠三角→中西部"等发展轨迹。这种产业布局对我国各地的产业结构产生了深远影响，如沿海地区的产业结构主要以第三产业为主导，而中西部地区的产业结构则主要以第二产业为主导。当前，为加快建设现代化经济体系，推动高质量发展，我国的产业结构不断得以转型升级。产业结构政策的引导手段由严格投资审批向负面清单、自由进出转变；调控方式由行政性指令向竞争性立法转变；补贴方式由特惠性向普惠性转变，由生产环节向研发、消费坏节转变。[1] 总体观之，我国产业结构政策经历了改革开放初期（1978—1991 年）的着力解决结构失衡问题、全面改革时期（1992—2001 年）的推动基础产业发展与培育支柱产业、深化改革时期（2002—2011 年）的改造提升传统产业与发展技术密集型产业、全面深化改革时期（2012 年至今）的建立现代产业新体系等过程。[2] 我国产业结构经过多年的大规模建设和调整，产业层次不断升级，

---

[1]　张小筠、刘戒骄：《改革开放 40 年产业结构政策回顾与展望》，载《改革》2018 年第 9 期。

[2]　张小筠、刘戒骄：《改革开放 40 年产业结构政策回顾与展望》，载《改革》2018 年第 9 期。

结构不断优化，关系逐步趋向合理。

1. 宏观上来看：产业结构主要指农业、工业和服务业等三类产业在一国经济结构中所占的比重。根据国家统计局的数据显示（如图5.3），我国产业结构的总体发展趋势是："三次产业之间以及各产业内部细分产业之间的结构不断优化，第一产业比重明显下降，第二产业比重基本稳定，第三产业比重持续增加，产业结构逐渐趋于合理。"针对不同的产业类型，我国采取的发展战略颇具差异。譬如就第二产业而言，随着2015年"中国制造2025"战略的启动实施，我国制造业正在由产业链下游向中上游转移，制造业内部结构由传统的劳动密集型向高端装备制造、信息通信设备、智能制造等资本技术密集型调整。就第三产业而言，则逐渐由传统服务业为主向现代服务业为主转变。

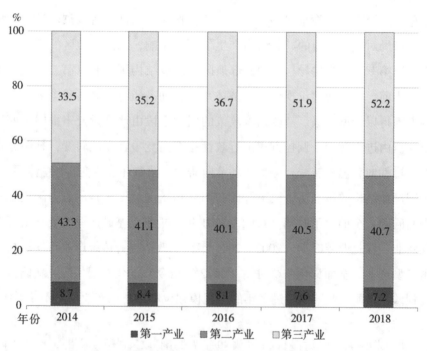

图5.3　三次产业增加值占国内生产总值比重（2014—2018年）

值得注意的是，在我国经济总量已经跃居世界第二的背景下①，产业结构不合理、产业层级较低、在全球价值链分工中处于中下游环节，三大产业间融合互动不强等问题仍较为突出。尤其是，近年来，随着信息技术以及大数据、云计算、人工智能等新兴科技的兴起，共享经济、数字经济、战略性新兴产业的方兴未艾，新科技革命和产业变革不断改造传统生产模式和服务业态，新技术、新产业、新业态、新动能、新模式不断涌现，传统三次产业的划分界限日益模糊，产业内部结构不断演变，产业体系加速重构，不同产业之间相互渗透、融合趋势明显。比如农业与工业的融合互动、服务业与工业的融合互动、服务业与农业的融合互动，以及产业内各子部门、各业态的融合互动。习近平总书记多次强调，"要加快建设实体经济、科技创新、现代金融、人力资源协同发展的产业体系"。十九大报告和"十四五"规划建议也对建设支撑高质量发展的现代产业体系提出了新要求。因此，当前我国正在着力构建，以战略性新兴产业为先导、先进制造业为主导、现代服务业为支撑、现代农业为基础的现代产业新体系。

2. 中观上来看：产业结构主要指各个产业在城市整体经济活动中的主次地位和对城市经济发展的贡献率。国家发改委发布的《2019年新型城镇化建设重点任务》在第四章"推动城市高质量发展"部分（即"分类引导城市产业布局"中）明确提出，"引导大城市产业高端化发展，发挥在产业选择和人才引进上的优势，提升经济密度、强化创新驱动、做优产业集群，形成以高端制造业、生产性服务业为主的产业结构。引导中小城市夯实制造业基础，发挥要素成本低的优势，增强承接产业转移能力，推动制造业特色化差异化发展，形成以先进制造业为主的产业结构"。从区域经济发展来看，未来区域竞争的本质是城市群之间的竞争，城市的合理分工是提升城市群竞争力的核心。每个城市要通过不断优化产业结构，发挥比较优势，找到其在区域合作、分工、竞争中的合理位置，提高城市区域

———————
① 相关数据来源于《2018年国民经济和社会发展统计公报》。

竞争力。

3. 微观上来看：对产业结构三个产业之间在国家和地方加以合理安排后，各产业内部各行业及各行业内部各产品之间重点发展哪些产业和产品，限制哪些产业和产品，还需要加以引导和指导。近年来，我国产业政策中的"目录指导"便是一种重要的政策工具。① 在与产业结构密切相关的技术、装备、产品、行业方面，按照《国务院关于实行市场准入负面清单制度的意见》和《国务院关于印发打赢蓝天保卫战三年行动计划的通知》的要求和部署，国家发展与改革委员会同有关部门对《产业结构调整指导目录（2011 年本）（修正）》进行了修订，形成了《产业结构调整指导目录（2019 年本，征求意见稿）》，指导目录将产业结构划分为"鼓励类、限制类、淘汰类"三个类别，其中"允许类"不列入目录②。在产业

① 在 21 世纪以来的产业政策中，目录指导是一项重要的政策措施。2000 年颁布了《当前国家重点鼓励发展的产业、产品和技术目录（2000 年修订）》；1999—2007年期间相继发布了四个版本《当前优先发展的高技术产业化重点领域指南》等鼓励类指导目录；1999—2002 年期间相继发布三批《淘汰落后生产能力、工艺和产品的目录》的淘汰类目录。2005 年颁布《产业结构调整指导目录（2005 年本）》进一步详细分列了鼓励类、限制类和淘汰类的目录。2009 年以来推行的重点产业调整与振兴规划中，将调整《产业结构调整指导目录》和《外商产业投资产业指导目录》作为两项重要的内容。根据《促进产业结构调整的暂行规定》，对于鼓励的产品和项目，相关部门在项目审批与核准、信贷、税收上予以一定的支持；对于限制类的新建项目则禁止投资，投资管理部门不予审批，金融机构不得提供贷款，土地部门不得供地等等；对于淘汰项目，不但要禁止投资，各部门、各地区和有关企业要采取有力措施，按照规定限期淘汰。是故，目录指导并非简单的一种"指导"，而是直接与项目审批和核准、信贷获取、税收优惠与土地优惠政策的获取等紧密相关，同时限制类目录和淘汰类目录具有强制性实施的特性。参见江飞涛、李晓萍：《直接干预市场与限制竞争：中国产业政策的取向与根本缺陷》，载《中国工业经济》2010 年第 9 期。
② 鼓励类主要是对经济社会发展有重要促进作用，有利于满足人民美好生活需要和推动高质量发展的技术、装备、产品、行业。限制类主要是工艺技术落后，不符合行业准入条件和有关规定，禁止新建扩建和需要督促改造的生产能力、工艺技术、装备及产品。淘汰类主要是不符合有关法律法规规定，不具备安全生产条件，严重浪费资源、污染环境，需要淘汰的落后工艺、技术、装备及产品。对不属于鼓励类、限制类和淘汰类，且符合国家有关法律、法规和政策规定的，为允许类。允许类不列入目录。

结构调整目录框架下，战略性新兴产业①得以大力培育，涵盖了新一代信息技术产业、高端装备制造产业、新材料产业、生物产业、新能源汽车产业、新能源产业、节能环保产业、数字创意产业、相关服务业等 9 大领域。

（二）随州产业结构比例

三大产业既自成一体，又相互联系、相互作用，共同按比例结构构成有机系统。三大产业之间的比例随着经济发展环境、外部约束条件的改变处于变动不居的状态。产业结构配置比例虽无绝对的标准值，倘若产业结构滞后于经济发展的要求，则会制约甚至阻碍经济发展。

根据随州市国民经济和社会发展统计公报，可以勾勒出近 5 年随州三次产业增加值占全市生产总值比重变化趋势（见图 5.5）：产业结构总体上呈现出"一产降、二产稳、三产升"的特点。第一产业即农业增加值占全市生产总值比重缓慢下降，但随州作为农业大市，农业在三大产业中仍处于较高比重；第二产业即工业增加值占全市生产总值比重较为平稳，但较之第一、第三产业，第二产业占全市生产总值比重始终处于高位，占据半壁江山。可见"一业独大"的工业经济发展格局在随州仍然没有发生根本性的改变；第三产业即服务业增加值占全市生产总值比重则在逐步缓慢上升。

举例来讲，1978 年随州三次产业构成比为 68.8∶14.3∶16.9，1999年三次产业构成比为 29.7∶37.6∶32.7，第三产业增加值所占比重上升到

---

① 国务院《"十三五"国家战略性新兴产业发展规划》指出，战略性新兴产业代表新一轮科技革命和产业变革的方向，是培育发展新动能、获取未来竞争新优势的关键领域。并提出，到 2020 年，战略性新兴产业增加值占国内生产总值比重达到15%，形成新一代信息技术、高端制造、生物、绿色低碳、数字创意等 5 个产值规模10 万亿元级的新支柱，并在更广领域形成大批跨界融合的新增长点。国家统计局发布的《战略性新兴产业分类（2018）》，分类规定的战略性新兴产业是以重大技术突破和重大发展需求为基础，对经济社会全局和长远发展具有重大引领带动作用，知识技术密集、物质资源消耗少、成长潜力大、综合效益好的产业，包括新一代信息技术产业、高端装备制造产业、新材料产业、生物产业、新能源汽车产业、新能源产业、节能环保产业、数字创意产业、相关服务业等 9 大领域。

32.7%，首次超过了第一产业，打破了"二、一、三"的产业结构，进入"二、三、一"时代。2018 年三次产业构成比 14.3∶48.3∶37.4，形成二、三产业共同拉动经济增长的新格局。

大力发展第三产业是我国长期追求的目标。主要缘于第三产业能带来更多就业、更多消费、更低能耗和污染，且生产性服务业对经济结构升级至关重要。然而，与全国（见图 5.3）和湖北省（见图 5.4）相比，随州第三产业占 GDP 比重较低，从全国平均水平来看，早在 2013 年，我国第三产业便首次超过第二产业。

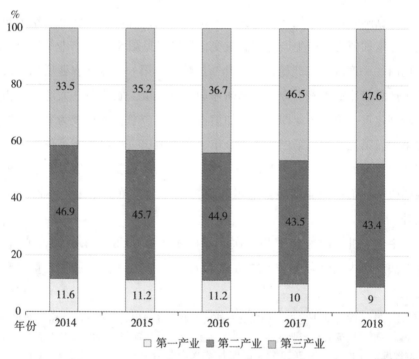

图 5.4 湖北省三次产业增加值占全省生产总值比重（2014—2018 年）①

① 在 2014—2018 年湖北省历年国民经济和社会发展统计公报中，当年的统计公报所公布的三次产业构成比与后一年确定该年三次产业构成比可能会有误差，故以后一年所确定的该年三次产业构成比为准。如 2016 年湖北省国民经济和社会发展统计公报所公布的该年三次产业构成比为 10.8∶44.5∶44.7，2017 年湖北省国民经济和社会发展统计公报所公布的 2016 年三次产业构成比 11.2∶44.9∶43.9，故以此为准。

而湖北省则在 2017 年，第三产业占 GDP 比重首次超过第二产业，产业结构实现"二三一"到"三二一"的历史性跨越。产业结构序变折射发展动能转换的提速。通过对比，可以发现，随州第三产业的发展仍有较大发展空间。总体来看，随州产业结构基本形成了农业基础稳固、工业生产能力全面提升、服务业全面发展的格局。

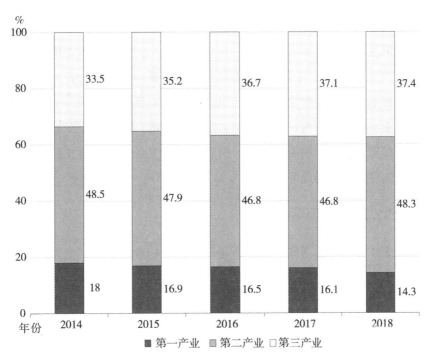

图 5.5 随州市三次产业增加值占全市生产总值比重（2014—2018 年）

在产业结构内部，其一，随州第一产业主要采取的是"1+3+N"产业布局，其中"1"为香菇优势产业，"3"畜禽、优质粮油、茶果菜 3 个基础产业，"N"为洪山鸡、吉阳大蒜、泡泡青、马铃薯、优质桃、小龙虾等"N"个地方特色产品。总体来看，随州农业仍存在着企业规模不大、精品品牌少、产品深加工不够、融资难、原料基地不稳定等问题。其二，第二产业主要以应急产业及零部件、食品工业、冶金建材、医药化工、电子信息、战略性新兴产业等产业为主，存在着"高端产业、低端环节"现象较为普遍，产业链不完整、产品关联性不够强、产业配套能力薄弱，企业大多处在产业价值链低端，高端品牌少，高技术含量、高附加值产品占比低，高技术产业和先进制造业实力仍然不强。其三，随州第三产业由弱变强，由小变大，经历了一个从无到有，从单一到多元业态的发展过程，产业规模不断壮大，产业结构不断优化，产业贡献不断增强，服务业主要集中于现代物流、文化体育、商贸服务、旅游、房地产等方面。随州服务业总体上仍然存在着发展质量不高，总体规模偏小，市场主体竞争力和品牌优势不明显；内部结构不优，传统服务业仍占据主体地位，高人力资本含量、高技术含量、高附加值的现代服务业比重偏低；产业融合不够，服务业与农业、制造业的内在关联较弱、融合度偏低。如为工业发展提供中间服务的信息、金融、物流、批发、租赁等各类生产性服务业发展不足；服务业整体开放程度偏低等问题。

（三）随州产业结构演进

三大产业之间的良性互动是产业转型升级的重要保障。三大产业所占比重处于不断的衍变之中，须根据内外部经济条件不断优化、调整。一般而言，产业结构的演变规律为，"第一产业的比重逐步下降；第二产业的比重先上升后下降；在第二产业比重下降的同时，第三产业比重随之由缓慢上升变为迅速上升，最终反超第二产业"。未来的产业发展主要不是规模扩张，而是产业价值链和产品附加值的提升。在"汉襄肱骨、神韵随州"建设中，应以"农业现代化、工业智能化、服务高端化、市域城镇化"为抓手，以加快新一代信息技术与制造业深度融合为主线，着力发展传统优势产业和战略性新兴产业，加快构建以特色产业为引领、先进制造业为支撑、生产性服务业协调发展的现代工业体系。

1. 对于随州第一产业而言，要不断巩固发展现代农业

以推动随州特色农业产业发展为抓手，加快"1+3+N"产业布局，夯

实现代农业生产体系，构建现代农业经营体系，健全农产品质量安全全过程监管体系，强化现代农业科技创新推广体系，拓展现代农业社会化服务体系，大力提高农业综合生产能力、抗风险能力和市场竞争能力，确保粮食安全和农产品有效供给，实现传统农业大市向现代农业强市转变，全面建成国家现代农业示范区。

2. 对于随州第二产业而言，工业整体竞争力有待进一步加强

对接"中国制造2025"，积极探索实践新型工业化道路，实施智能制造工程，推进工业化与信息化深度融合。加强供给侧结构性改革，淘汰落后、过剩产能。发挥应急产业、食品工业引领作用，促进应急产业及零部件、电子信息、风机、香菇、铸造等五大省级重点成长型产业集群持续健康发展，重点发展专用汽车、食品工业为主导的两大千亿级产业，发展壮大战略性新兴产业，改造提升传统产业，推进产业集聚化发展，提高工业经济发展质量和效益，增强工业整体实力和竞争力，夯实工业强市之基。

3. 对于随州第三产业而言，要加快发展现代服务业

优化现代服务业布局，适应产业转型升级的新要求，着力培育消费新热点、新业态，创造新供给，释放新需求，增添新动力，推动服务业大发展。大力发展金融业、现代物流业，积极发展电子商务服务业、科技服务业，培育发展节能与环保服务、生产性租赁服务、商务服务、人力资源管理与培训服务、批发经纪代理服务等生产性服务业态，促进生产性服务业与工业、农业融合互动发展。同时，适应消费结构升级、需求多样化的新要求，着力提升发展商贸服务业，积极发展健康与养老服务业，稳健发展房地产业，重点发展旅游业，促进旅游业与文化产业、健康服务业等产业融合发展，将旅游业培育发展成为全市新兴支柱产业。

四、产业技术政策与实践

习近平同志指出："当今世界，新科技革命和全球产业变革正在孕育兴起，新技术突破加速带动产业变革，对世界经济结构和竞争格局产生了重大影响。"

（一）产业技术政策沿革

产业技术政策是指国家制定的用以引导、促进和干预产业技术进步的政策的总和。1956年，中央制定了第一个发展科学技术的规划《1956—1967年科学技术发展的远景规划纲领》，提出"向现代科学进军"的口号。在此期间，取得了"两弹一星"等军工领域的技术成果。① 改革开放以来，我国产业技术政策大致经历了"改革开放初期（1978—1991年）的支持传统行业技术改造和技术引进、全面改革时期（1992—2001年）的加强应用研究促进高新技术开发和成果转化、深化改革时期（2002—2011年）的加强自主创新和前沿技术开发、全面深化改革时期（2012年至今）的深化科技体制改革实施创新驱动发展战略等过程"②。当前，信息技术、生物技术、新能源技术、新材料技术等交叉融合正在引发新一轮科技革命和产业变革。

党的十九大报告进一步提出，"加快建设创新型国家，要瞄准世界科技前沿，强化基础研究，实现前瞻性基础研究、引领性原创成果重大突破。加强应用基础研究，拓展实施国家重大科技项目，突出关键共性技术、前沿引领技术、现代工程技术、颠覆性技术创新，为建设科技强国、质量强国、航天强国、网络强国、交通强国、数字中国、智慧社会提供有

---

① 钱正元、沈洁：《我国产业技术政策综述》，载《合作经济与科技》2018年第24期。

② 刘戒骄、张小筠：《改革开放40年我国产业技术政策回顾与创新》，载《经济问题》2018年第12期。

力支撑"。习近平总书记在多个场合都曾强调过科技创新的重要性,并多次提到要掌握核心技术,指出核心技术受制于人是最大的隐患。在湖北考察时强调:"真正的大国重器,一定要掌握在自己手里。核心技术、关键技术,化缘是化不来的,要靠自己拼搏。"近年来,我国科技创新工作紧紧围绕深入实施国家"十三五"规划纲要和创新驱动发展战略纲要,在出台《"十三五"国家科技创新规划》的同时,近40个领域"十三五"科技创新规划相继发布,大力实施关系国家全局和长远的重大科技项目,构建具有国际竞争力的现代产业技术体系,健全支撑民生改善和可持续发展的技术体系,发展保障国家安全和战略利益的技术体系,有力支撑"中国制造2025""互联网+"、网络强国、海洋强国、航天强国、健康中国建设、军民融合发展、"一带一路"建设、京津冀协同发展、长江经济带发展等国家战略实施。

在世界新一轮科技革命和产业变革的历史交汇期,我国主动融入全球新一轮科技和产业革命,以推进新一代信息技术、生物技术、新能源技术、新材料技术、智能制造技术等领域科技创新及其产业化为重点,建设制造强国,发展现代服务业,加快培育和发展战略性新兴产业,推动产业化水平迈向中高端。在创新驱动发展战略深入实施中,加快突破产业发展"卡脖子"技术,打造"国之重器"的"杀手锏""锁喉技",促进更广领域新技术、新产品、新业态、新模式蓬勃发展,有力推动高质量发展和全面建成小康社会。"天眼"探空、"蛟龙"探海、神舟飞天、墨子"传信"、北斗组网、超算"发威"、大飞机首飞……一批分布在高端装备、战略性新兴产业、信息化等方面的重大工程惊艳全球;高铁、移动支付、共享经济、网购等引领潮流。习近平在中央政治局第十八次集体学习时强调,把区块链作为核心技术自主创新的重要突破口,明确主攻方向,加大投入力度,着力攻克一批关键核心技术,加快推动区块链技术和产业创新发展。

(二) 随州产业技术生态

近年来,随州深入实施创新驱动发展战略,不断强化创新体系和创新能力建设，以市校合作为载体，加快集聚全省创新资源，承接分享全省科技创新红利，取得积极成效。

1. 聚焦体系完善。《随州市工业发展"十三五"规划》明确指出，重点实施创新创业服务、创新型企业培育、高新技术产业化载体、政产学研合作、人力资源强市五大工程，发挥科技创新在全面创新中的引领作用，建立完善企业为主体、市场为导向、产学研相结合的技术创新体系，提高企业自主创新能力。具体包括，推动龙头企业建立技术创新体系，提升创新能力；推进新技术应用；推广智能制造。当前，随州科技资金投入每年都保持一定比例增幅，并将"高新技术产业增加值占工业增加值的比重增加幅度"纳入对各县市区党政领导班子科学发展综合指标考评体系。

2. 聚焦平台建设。近年来，随州市与华中科技大学共建湖北省专用汽车研究院，裕国股份公司联合中国农业大学、华中农业大学等院校成立湖北省香菇产业技术研究院，随州高新区与武汉理工大学合作成立随州——武汉理工大学工业研究院。这三大产业研发平台频频与随州企业"牵手"合作，集成创新，加快科技成果转化。

3. 聚焦柔性引才。围绕随州重点产业、特色产业，随州深入推进院士专家工作站建设，加大高层次人才引进力度。联合实施"科技副总计划"，引导更多高校院所的专家教授走进企业，充分发挥个人和所在高校院所的综合优势，在开展产学研合作、推进科技成果转化、引进培养人才团队、完善企业创新体系等方面全方位服务企业，提升企业创新能力。

4. 聚焦成果转化。2018年随州争取省级以上科技项目30项，申请专利2026件，实现高新技术增加值119.92亿元。出台了《鼓励成果转化和自主创新实施办法》，实施科技企业创业与培育工程，大力推进孵化器建设，不断完善和提升现有孵化器承载创业、对接资源的功能。鼓励、吸引各类人才带着项目、资金、技术到随州创新创业，实施高新技术企业成长工程，并制定滚动培育计划，培育一批高成长性的科技型初创企业，为战略性新兴产业发展提供后备队伍。

（三）随州产业技术创新

随州始终将科技创新摆在全局发展的核心位置，深入实施创新驱动发展战略，加快创新发展步伐，为建设"汉襄肱骨、神韵随州"、实现高质量发展提供强有力的科技和人才支撑。当前，随州在"汉襄肱骨、神韵随州"建设中，呈现平台覆盖面广、高层次人才集聚、科技成果丰富、高新技术产业发展加速的良好局面。在未来产业技术创新中，可从以下几个方面加以完善：

1. 以创新驱动引领高质量发展。聚力打造产业新城，塑造更多依靠创新驱动的引领型发展，提升科技含量，推动优势产业转型升级，打造更具核心竞争力的"四大产业基地"；打破低端锁定，深入实施"百企百亿技改工程"，大力实施《中国制造 2025》战略，加快"机器换人"步伐，加快互联网、大数据、人工智能和制造业的深度融合，着力于装备产品智能化提升、生产过程智能化改造、智能制造试点示范等工作；推动传统产业改造提升，加快推进汽车机械、食品加工、纺织服装、医药化工、风机制造等传统产业和传统产品高新技术化，有机结合高新技术与培育特色支柱产业；瞄准前沿领域，推动新兴产业发展壮大，推动互联网+协同制造，完善无线传感网、行业云及大数据平台等新型应用，创新互联网销售、智能车载技术融合应用。譬如，我国供给侧改革中普遍存在着中低端产品产能过剩和中高端产品供给不足的矛盾。依据"微笑曲线"理论，制造业总体处在"微笑曲线"的底端（如图 5.6）。

要实现高质量发展，必须通过创新向曲线两端延伸，推动产业和产品向价值链中高端跃升。举例来讲，随州专用汽车产业与国际、国内高水平的汽车整车生产企业相比，其生产线的自动化程度、设备的智能化水平、制造工艺的先进性方面仍有距离，必须通过创新，谋求在技术和产业方面的新优势，抢占制造业高端。

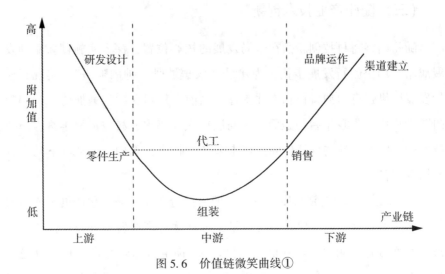

图 5.6　价值链微笑曲线①

2. 以优秀人才推动高质量发展。人才是科技创新的第一资源。探索柔性引才方式，大力实施人才强市战略，以"领军计划"吸纳人才，"炎帝人才支持计划"培育人才，通过"我选湖北·聚才随州"计划吸引人才，博士后科研创新平台柔性引才，院士专家工作站借脑引才，高端专家库储备人才等系列人才工程和项目为抓手，通过聘任专家教授担任重点产业发展首席技术顾问、建设院士专家工作站、博士后实践基地、校企共建研发中心等多元化方式，引进培养更多创新团队和领军人才，解决人才紧缺问题，形成引才、留才、育才、用才的"小气候"，营造了重才、爱才、惜才的好氛围。

3. 以创新平台助力高质量发展。深化"市校合作、企校合作"，引导校企联合开展科技攻关，增强协同创新能力。积极搭建高校与科研院所人才交流、科研合作、智力支撑平台，并不断完善创新平台运行机制。坚持平台建设和项目建设并举，加强湖北专汽研究院、工业研究院、香菇研究

① 数据来源：苏宁金融研究院制图。

院、院士工作站等创新平台建设，积极引导、鼓励和支持企业建立工程技术研究中心、校企共建研发中心和重点实验室建设，积极推动更多高校科研院所来随建立分支机构、研发中心①，引进培养更多创新团队和领军人才，做实做强创新平台载体，推动市校合作各个协议项目落地见效。健全完善以企业为主体、市场为导向、产学研深度融合的技术创新体系和产业发展模式，使更多创新成果在随州转化。

4. 以优良环境护航高质量发展。畅通创新成果转化渠道，打造一流创新生态，全面落实加强自主创新促进科技成果转化的激励政策，加大对"科技创新型企业；批准立项建设国家级和省级产业技术研究院及重点实验室；国家级和省级工程技术研究中心、校企共建研发中心、企业技术中心；具有较高技术含量且符合国家产业政策的重点技改项目；企业研发投入占销售收入比重超过5%以上的部分；引进、培育国家级领军人才、省级领军人才及其团队；实施具体研究开发项目并取得显著成效的企事业单位"等财政奖补支持力度；提升政府创新服务能力，深化科研领域"放管服"改革，给经费管理松绑，给项目管理放权，给科研人员减负，给人才流动清障；厚植创新创业创造沃土，积极营造"大众创业、万众创新"氛围，最大限度释放全社会创新创业创造动能。

五、产业组织政策与实践

产业组织主要指同一产业内部各企业间在进行经济活动时所形成的相互联系及其组合形式。产业组织政策主要指政府为实现特定目标而对某一产业或企业采取的鼓励或限制性的政策措施，旨在处理垄断与竞争的关系，进而建立竞争效率和规模经济相容的产业组织方式。产业组织政策在维护市场秩

---

① 譬如随县天星粮油科技有限公司与武汉轻工大学组建的"湖北省油茶籽深加工校企共建研发中心"、湖北金悦农产品开发有限公司与湖北省农科院组建的"湖北省校企共建甘薯精深加工研发中心"、三友（随州）食品有限公司与湖北省农科院组建的"湖北省校企共建食用菌精深加工研发中心"。

序，促进市场竞争和提高产业竞争力等方面发挥着重要的作用。

（一）产业组织政策演进

"上世纪 80、90 年代，我国产业组织政策的重点是通过限制新企业的进入、严格投资审批、扶持重点企业（定点生产）、关闭五小、推动企业兼并重组、组建企业集团等形式，来打造大规模企业与推动生产集中；进入 21 世纪以后，我国产业组织政策仍是以扩大优势企业规模、提高集中度为核心。"① 具言之，"新中国成立至 1956 年资本主义工商业完成全行业公私合营的七年，采取制止垄断、投机和促进经济竞争等产业组织政策，实行五种经济成分统筹兼顾。1957—1978 年，实施部门分工和专业化协作，采取试办托拉斯、在工业和交通部门建立专业公司、建立大企业带动行业发展等产业组织政策，积极探索调整政企关系和解决条块分割问题。改革开放 40 年间，产业组织政策从改革初期的支持横向经济联合和提高市场集中度转变为遏制垄断和促进竞争"②。由此可见，"推动集中、打造大规模企业"成为我国产业组织政策的主旋律，这与西方发达国家支持中小企业发展为核心的产业组织政策形成明显对比。国家"十三五规划"明确指出："鼓励企业并购，形成以大企业集团为核心，集中度高、分工细化、协作高效的产业组织形态。"在经济发展水平较低阶段，以推动集中为导向的产业组织政策可以发展规模经济、提高生产效率、化解过剩产能等。

然而，并非所有的产业都应"一刀切式"的采取规模经济政策，应视产业发展水平、阶段及产业特征等来加以确定。有学者认为，"对规模经济较小的产业，一般应以增强市场竞争活力为政策导向，保护中小企业积极开展市场竞争，提高经济效率；而对规模经济较显著的产业，则应以追求规模经济为政策导向，鼓励中小企业同大企业形成专业化分工协作关

---

① 江飞涛：《中国产业组织政策的缺陷与调整》，载《学习与探索》2017 年第 8 期。

② 刘戒骄、张小筠、王文娜：《新中国 70 年产业组织政策变革及展望》，载《经济体制改革》2019 年第 3 期。

系，以实现规模经济"。党的十八大以来，我国进入全面深化改革关键期。党的十八届三中全会指出："建设统一开放、竞争有序的市场体系，是使市场在资源配置中起决定性作用的基础。"伴随着政府与市场的关系的认识的进一步加深，党的十九大报告强调，"使市场在资源配置中起决定性作用，更好发挥政府作用"。在此期间，我国相继采取了"放宽垄断行业市场准入、建立公平竞争审查制度、消除企业兼并重组的制度障碍、鼓励创新创业和为小微企业减负降费"等政策举措。从政策演进来看，"我国未来产业组织政策应以公平竞争制度建设为主线，保障各类市场主体公平竞争，鼓励新兴产业成长，形成有利于突破核心技术的产业生态系统，从而使竞争政策在培育世界一流企业、促进新兴产业成长和攻克核心技术方面发挥积极作用"[①]。

（二）产业组织随州举措

随州作为湖北省最年轻的地级市，产业发展水平并不高。在产业组织管理上，致力于优势产业继续做大做强，即培育一批龙头企业、打造一批优质品牌、形成一批产业集群，形成规模经济效应。相关数据显示，截至2017年底，全市规模工业企业达到698家。2018年全市规模以上工业增加值同比增长8.1%。全市规模以上工业完成销售产值1330.8亿元。截至2019年4月，全市专汽规模以上企业180家。根据《随州市工业经济稳增长快转型高质量发展行动方案》（2018—2020年）所确定的目标，规模以上工业企业数量年均新增30家以上。同时，大力实施"五千工程"（打造专用汽车及零部件千亿元产业、农产品加工千亿元产业，推出千个特色文化旅游产品，培育千家规模企业，培养千名企业家）和5个"50"计划（抓好50家重点企业产能释放、50个亿元以上技改项目、50个亿元以上新建项目落地、50家企业解困脱困、50家企业智能化改造及"两化"融

---

①　刘戒骄、张小筠、王文娜：《新中国70年产业组织政策变革及展望》，载《经济体制改革》2019年第3期。

合试点)。《随州市专用汽车产业"十三五"发展规划》强调,"十三五"将是我国专用汽车产业走向对外合资合作的关键时期,先进的专用汽车产业技术与管理模式的引进,必将大大推进我国应急产业的发展与进步。做强龙头企业,重点扶持齐星集团、程力集团、恒天汽车、东风随专、厦工楚胜、三环铸造等一批龙头企业,通过兼并重组或扩产、扩能等方式壮大规模。到"十三五"末,形成3~5家专用汽车企业集团,力争1家企业进入国内专用车企业100强,引进国际知名专用汽车企业方面取得重大突破。随州"十三五"规划指出:"推进要素配置市场化改革,全面放开竞争性行业和垄断行业的竞争性业务,消除民间资本进入的隐形壁垒。积极发展国有资本、集体资本、非公有资本等交叉持股、相互融合的混合所有制经济,创建全省混合所有制改革试点示范区。""推进企业联合重组。重点瞄准大型跨国公司、国内上市公司、央(省)企和知名民营企业,着力引进战略投资者和大型企业以并购、控股、参股等方式参与随州企业兼并重组、联合重组。"《随州市工业发展"十三五"规划》明确,"十三五"期间规模以上工业企业达到1000家以上,实现"12345"的发展目标,即培育1家产值过100亿元企业,2家产值过50亿元企业,30家产值过20亿元企业,40家产值过10亿元企业,力争5家企业主板上市。重点发展专用汽车、食品工业为主导的千亿级产业集群;培育7个百亿级战略性新兴产业集群①;培育发展300家成长型中小工业企业;培育发展500家以上科技型初创企业。

(三) 产业组织随州展望

随州的产业组织政策着重从资产、产值、排名、重组、品牌、上市等方面推动企业做大做强,在这一逻辑主线下,未来随州可从以下几个方面来提升产业组织化程度。

---

① 实施战略性新兴产业培育壮大工程,壮大发展电子信息、生物医药和新能源三个百亿级产业由块状经济向现代产业集群转型升级,培育发展新能源汽车、智能装备制造、新材料和节能环保四个新兴产业向百亿元产业迈进。

1. 依托特色产业优势，壮大龙头企业。龙头企业指的是在某个行业中，对同行业的其他企业具有深远影响和一定的号召力、示范、引导作用，并对该地区、该行业或者国家作出突出贡献的企业。行业龙头企业地位重要、贡献重大，必须下大力气培育发展一批大企业大集团，发挥龙头企业、上市公司的引领带动作用，把"龙身"和"龙尾"带动起来，更好更快地提升全市企业和行业整体发展水平。如贵州"老干妈"通过带动合作社和农户建辣椒基地，形成了产加销一体化的发展模式。又如随州应急产业企业大多数属于中小型民营企业，缺乏具有明显龙头带动和辐射作用的大企业，应采取重点扶持、资源整合、资产重组等多种方式培育龙头企业，推动应急产业企业做大做强。重点扶持齐星集团、程力集团、恒天汽车、东风随专、厦工楚胜、三环铸造等一批龙头企业，形成若干家应急产业企业集团以及国内应急产业内具有较大影响力的企业等。

2. 发挥品牌引领作用，铸就品牌经济。品牌建设是一家企业做大做强的名片，更是一个地区经济社会发展的重要标志。企业要发展，品牌是灵魂。商标作为品牌建设的重要组成部分，截至 2018 年底，随州中国驰名商标达到 18 件（见图 5.7），其中应急（专汽）产业 9 件、化工建材行业 5 件、农产品类 2 件、风机产业 2 件①。驰名商标的认定，不仅有利于提升企业的无形资产、增强企业的市场竞争力，同时还是企业"走出去"的"护身符"。

序号	单位	商标名称	商标注册证号	类型	商品或服务	所属地区
1	湖北省齐星汽车车身股份有限公司	齐星集团 QIXING GROUP	4498464	12	车辆底盘；汽车；汽车车身；车篷（成形）；车轮；车辆内装饰品。	高新区

---

① http：//dy.163.com/v2/article/detail/E1CS18860518MI7I.html。

序号	单位	商标名称	商标注册证号	类型	商品或服务	所属地区
2	湖北省大力专用汽车制造有限公司	Hercules 湖北大力汽车	3762600	12	汽车、混凝土搅拌车、清洁车等。	曾都区
3	湖北程力专用汽车有限公司	湖北程力 HUBEI CHENGLI	4290094	12	洒水车、油槽车、起重车。	曾都区
4	湖北省风机厂有限公司	三峰	163758	7	鼓风机	广水市
5	湖北双剑鼓风机制造有限公司	SHUANGJIAN 双剑	3221203	7	鼓风机	广水市
6	湖北犇星化工有限责任公司	犇星	4353406	1	硫醇甲基锡、工业化学品、工业用化学品。	高新区
7	湖北全力机械集团股份有限公司	SUIZHU SZ	3623517	12	车轮毂、陆地车辆刹车、车轮。	曾都区
8	湖北江南专用特种汽车有限公司	江特	5274717	12	清洁车、洒水车。	曾都区
9	湖北随州鸿发蜂产品有限公司		1522498	30	蜂蜜、蜂胶。	高新区
10	厦工楚胜（湖北）专用汽车制造有限公司	楚胜	4785253	12	汽车车身、运货车。	高新区
11	湖北茂盛生物有限公司	湖北茂盛生物有限公司	7150504	1	农业肥料、混合肥料、植物肥料。	随县
12	湖北三环铸造股份有限公司		747638	12	汽车底盘零部件。	曾都区

续表

序号	单位	商标名称	商标注册证号	类型	商品或服务	所属地区
13	湖北永阳材料股份有限公司		516775	19	防水材料。	广水市
14	三友（随州）食品有限公司	SAN YOU	4095177	29	冬菇、木耳、发菜、干食用菌。	曾都区
15	湖北华丰生物化工有限公司	金丰华	6687441	1	农业肥料、农业用肥、磷肥（肥料）、复合肥料。	曾都区
16	湖北大洋塑胶有限公司（2016.7.29）		6901122	19	塑料管道。	广水市
17	随州市东正专用汽车有限公司		5845744	12	道路应急抢修车、卫生防疫车、垃圾车、水泥搅拌车、吸污车。	曾都区
18	湖北宏宇专用汽车有限公司	宏宇专汽 HONGYU SPECIAL VEHICLE	6300502	12	汽车、清洁车、洒水车。	曾都区

图 5.7 随州市驰名商标

为助力“汉襄肱骨、神韵随州”建设，“随州香稻”“随州香菇”“随州漆器”地理标志商标正在积极申报之中。同时，随州还将亿丰、中兴等 5 家企业纳入中国驰名商标孵化库，择优推荐上报 27 件商标列入《湖北省重点商标保护名录》。此外，截至 2018 年 10 月，全市已有农产品地理标志商标 8 件，农产品驰名商标 2 件；有效农业“三品一标”138 件，已有 40 余家龙头企业通过 ISO9000、ISO22000、GAP 等质量体系认证。随州拥有众多的城市名片，有“炎帝神农故里、编钟古乐之乡”两张历史文化名片，有“中国专用汽车之都”“中国香菇之乡”“中国风机名城”“中国银杏之乡""中国蕙兰之乡"五张经济名片,有"国家级风景名胜区大洪山、国家级森林公园中华山"两张生态文化名片,涵盖了工业、农业、旅游、文化等方面。所以,随州需在立足特色产业基础上,在品牌群体培育、品牌质量提升、品牌平台搭建、品牌文化挖掘等方面创新求变,发挥品牌引领作用,推动应急产业(专汽)、地铁装备产业(风机)、食品等领域品牌成长为行业领军品牌,着力形成"品牌产品—品牌企业—品牌产业—品牌经济"的产业发展格局。

3. 多种经济共同发展,增强发展活力。在多种所有制经济共同发展上,随州要做好"退、改、进、转"等方面工作。"退"就是要加快退出一般竞争性领域,推进要素配置市场化改革,全面放开竞争性行业和垄断行业的竞争性业务,消除民间资本进入的隐形壁垒。"改"就是要改制改组,大力发展混合所有制经济,稳步推动国企投资主体多元化。推进企业联合重组,大力发展混合所有制经济;充分发挥产业资源优势,承接产业转移,推动本土企业参与央(省)企在资源、资本、项目、生产要素、市场、专业园区、国际贸易等方面开展多种形式的合作;支持优势产业、优质企业与央(省)企实现资产重组,采取控股、参股等方式发展混合所有制经济,壮大增量、盘活存量,充分利用大企业集团的资本、技术、管理优势发展壮大随州产业规模①;发挥市场在资源配置中的决定性作用和更好发挥政府作用的要求,将"放管服"改革进行到底,加大"马上办、网上办、就近办、一次办"改革力度,努力做到要素保障零距离、审批服务

---

① 改革开放之初,省汽车改装厂、随州棉纺织厂、省齿轮厂、随州缫丝厂、省油泵厂、随州环潭大修厂六家大厂及随州电源厂、金环水泥、玉龙供水、洛阳重晶石矿等十多家小型企业构成全市工业发展的基础。2000年地级随州市成立后,随州引进了泰晶电子、华鑫冶金、毅兴智能、中兴食品等一批优质民营企业,通过资本的优化重组,技术的引进转化,产生了恒天新楚风、叶开泰国药、重汽华威、三环铸造、厦工楚胜、玉柴东特、正大集团等一批优势企业。截至2018年11月,随州共有41家混合所有制经济体,总资产超过320亿元,涉及专用汽车、食品、生物医药等重点支柱产业。通过本土内部裂变、聚变、蝶变,齐星集团、金龙集团、程力集团等一批本土企业逐步成长为年产值过10亿元龙头企业。参见:《"特色发展 创新驱动'混'出活力——随州工业企业的成长与壮大"》,载《随州日报》2018年10月30日A1版。

零延迟、政策执行零折扣，真正激发市场主体活力，为发展民营经济和混合所有制经济拓展空间。"进"则是要发挥国有企业自身优势，做大做强做优主业，建立龙头企业直通车、政企银对接会等机制，营造更加有利于民营企业发展的良好环境，实现国有经济和民营经济共同发展。"转"创新发展路径和商业模式，构建以"四新"（新技术、新产业、新业态、新模式）为支撑的"一体两翼"（以实体经济为本体，以新产业培育和传统产业改造产业）发展新格局。

第六章
城乡融合布局篇

"中国的城市化与美国的高科技发展将是深刻影响 21 世纪人类发展的两大主题。"

——斯蒂格勒茨

城市与乡村如车之两轮、鸟之两翼，城市和乡村是人类文明世界的相互依存的空间共同体。习近平总书记指出，"我国拥有 13 亿多人口，不管工业化、城镇化进展到哪一步，城乡将长期共生并存。"城市和农村并非相生相克，而是相互依存、相辅相成，在经济社会发展过程中，既要解决城镇化过程中所产生的一系列问题，又要破解乡村振兴发展中所面临的一系列难题，还要关注城乡融合发展中所出现的共性和个性问题，并结合地方实践提出因应之策。诚如有学者所言，"城乡融合与乡村振兴的对象是一个乡村地域多体系统，包括城乡融合体、乡村综合体、村镇有机体、居业协同体，应加快建设城乡基础网、乡村发展区、村镇空间场、乡村振兴极等所构成的多级目标体系。"①

---

① 刘彦随：《中国新时代城乡融合与乡村振兴》，载《地理学报》2018 年第 4 期。

一、城乡关系的历史变迁

我国城乡融合发展政策经历了一个不断成熟的过程。对于城乡关系发展阶段，学理上进行了大量的研究。有学者认为，城乡关系主要经历"乡育城市—城乡分离—城乡对立—城乡融合"等几个阶段，亦有学者认为，城乡关系是沿着"城乡混沌—城乡对立—城乡关联—城乡统筹—城乡融合"的历史发展脉络推进。① 有学者将改革开放以来的城乡关系发展总结为"城乡关系趋好阶段（1978—1984 年）、城乡再度分离阶段（1984—2003 年）、城乡统筹发展阶段（2003—2012 年）和城乡全面融合发展阶段（2012 年至今）"②，还有学者以城乡产品流通政策、城乡产业政策、城乡要素流动政策（户籍、劳动力、土地）、城乡收入分配、城乡行政管理等为参考系，梳理了 1978—1992 年、1992—2003 年、2002 年至今几个阶段的城乡发展政策③。由此可见，城乡关系发展阶段划分并无绝对的标准，纵然如此，从"分离与对立"到"统筹与融合"的过程已然构成我国城乡发展历程的大致轮廓。总体观之，中华人民共和国成立 70 周年以来，我国城乡关系大致经历了"中华人民共和国成立之初至改革开放之前的城乡二元分割阶段、改革开放至 20 世纪末的城乡关系调整阶段、21 世纪初至十八大前的城乡统筹阶段、十八大以后的城乡融合发展的新阶段"的演变历程。

---

① 费利群、滕翠华：《城乡产业一体化：马克思主义城乡融合思想的当代视界》，载《理论学刊》2010 年第 1 期。

② 吴丰华、韩文龙：《改革开放四十年的城乡关系：历史脉络、阶段特征和未来展望》，载《学术月刊》2018 年第 4 期。

③ 陈明生：《改革开放以来我国城乡关系政策的发展，参见全国高校社会主义经济理论与实践研讨会领导小组：《社会主义经济理论研究集萃——纪念新中国建国 60 周年（2009）》，2009 年 7 月。

（一）城乡二元形成时期

这一时期的时间节点主要为建国之初至改革开放之前。中华人民共和国成立之初，百废待兴，面临着工业基础薄弱、资金严重缺乏、技术水平低等问题。此际，如何加快以重化工业为主的工业化成为我国经济发展的主要目标。在该阶段，我国总体历经了三年国民经济恢复、"一化三改"和"一体两翼"的社会主义改造、人民公社化运动、"大跃进"、国民经济巩固调整和"文革"等大阶段、大事件，其中就城乡关系而言，"一五"时期基本是城乡阻隔、"大跃进"和"文革"时期基本处于"城乡隔离"状态①。具言之，为了集中农业剩余支持重工业优先发展，我国建立了以经济体制为核心的工业化资源动员机制，实行农产品统购统销制度（1953年）、农村人民公社制度（1958年）、城乡二元户籍制度（1958年），以及城乡差别的社会福利制度等。尤其是在1958年提出"超英赶美"口号下，发展重工业战略得到进一步加强。政府在农村建立起一套与之相适应的计划配置和管理办法，包括设置工农业产品价格剪刀差、实行主要农产品统购统销制度以及农业集体经营体制。② 与此同时，政府城市也建立起以户籍制度为基础，由政府统一安排的就业制度和商品粮供应制度，以及其他与人们生活相关的衣食住行、生老病死等一系列制度，城乡资源要素封闭独立运行，最终形成了城乡社会二元体制③。在抽取农业剩余，补贴工业发展的计划体制阶段下，工农业产品不等价交换、城乡要素流动停滞、自主择业权受限、农村居民和城镇居民的权利和发展机会不均衡，城乡二元体制得以不断强化，城乡分割愈加明显。

---

① 吴丰华、韩文龙：《改革开放四十年的城乡关系：历史脉络、阶段特征和未来展望》，载《学术月刊》2018年第4期。

② 参见林毅夫等：《中国的奇迹：发展战略与经济改革》，上海人民出版社1994年版。

③ 参见刘应杰：《中国城乡关系演变的历史分析》，载《当代中国史研究》1996年第2期。

（二）城乡关系调整时期

这一时期的时间节点主要为1978年至2003年。党的十一届三中全会做出了实行改革开放的重大决策，并提出了发展农业的一系列政策措施，如《关于积极发展农村多种经营的报告》《关于改革农村商品流通体制若干问题的试行规定》《关于完成粮油统购任务后试行多渠道经济若干问题的试行规定》《关于开创社队企业新局面的报告》《关于进一步活跃农村经济的十项政策》《国务院关于农村个体工商业的若干规定》《关于农民进入集镇落户问题的通知》等文件相继颁布实施，计划体制开始逐渐弱化，家庭联产承包制、农产品市场改革、城市国有企业改革等逐步推进，限制和影响劳动力城乡转移的一系列制度约束被打破①，城乡二元体制开始松动。从1982年至1986年，五个三农一号文件相继出台，1982年一号文件正式承认包产到户合法性，1983年一号文件明确要放活农村工商业，1984年一号文件要求疏通流通渠道以竞争促发展，1985年一号文件开始调整产业结构和取消统购统销，1986年一号文件明确提出增加农业投入和调整工农城乡关系②。值得注意的是，从1987年到2003年连续17年中央未发布三农一号文件。尽管农业农村改革颇具成效，但在之后工业化、城镇化不断推进和快速发展，使得农业农村在市场竞争中颓势凸显。以城市为重心的发展路径并未得以根本性的扭转。"工农关系、城乡关系在实质上依然是农业养育工业、农村支持城市。"③农村为城市提供大量的廉价劳动力、土地

---

①　我国农村剩余劳动力转移从倡导农业生产的多样化经营来吸纳农村剩余劳动力，到鼓励发展乡镇企业、实现农村剩余劳动力"离土不离乡"的就地转移，再到允许农民"就近进城"，最后致力于城乡一体化，实现劳动力全国范围内的自由流动等，构成了中国特色的农村剩余劳动力转移政策的历史演进脉络。参见马桂萍、侯微：《改革开放后中国农村剩余劳动力转移政策的历史演进》，载《当代中国史研究》2008年第5期。

②　陈文胜：《改革开放前后中国城乡关系的历史演进》，http：//www.aisixiang.com/data/106306.html。

③　詹碧英：《改革开放以来我国城乡关系政策的演变及启示》，载《辽宁行政学院学报》2009年第5期。

资源等同时，还要向国家缴纳农业税、农业特产税和屠宰税、向乡镇、村缴纳提留统筹费以及其他摊派和集资等，对农村"多取少予"的局面并未得以根本性改变。总体上看，在该阶段，政府投资中农业投资比重持续下降、土地和资本市场化进程缓慢、城乡居民福利差距进一步拉大、户籍制度改革缓慢、农民负担不断加重、农村社会矛盾急剧上升、农业生产严重下降等问题仍然较为突出。湖北一乡党委书记曾含泪上书国务院所提出的"农民真苦，农村真穷，农业真危险"呼喊成为当时农村发展的现实缩影。

(三) 城乡统筹发展时期

这一时期的时间节点主要为 2003 年至 2007 年。随着我国经济社会的不断发展，综合国力不断增强，工业反哺农业的条件初步具备，统筹城乡战略理念不断得以确立。2002 年，党的十六大报告明确将"统筹城乡经济社会发展"作为解决城乡二元结构问题的基本方针。2002 年，中央农村工作会议提出了"多予，少取，放活"基本方针。2003 年，党的十六届三中全会提出"五个统筹"的要求，并将"统筹城乡发展"列为五个统筹之首。2004 年 1 月，针对全国农民人均纯收入连续增长缓慢的情况，出台了《关于促进农民增加收入若干政策的意见》中央一号文件，此后中央一号文件不曾中断。2004 年党的十六届四中全会，作出了我国已经进入"工业反哺农业、城市支持农村"阶段的判断①。2005 年，党的十六届五中全会确定"建设社会主义新农村"的重大历史任务。从 2000 年伊始，该阶段我国统筹城乡发展措施不断、两个反哺逐渐落实、新农村建设在全国范围内展开，"三农"支持力度不断加大，相继推行了农村税费改革，全面放开粮食市场，全面取消农业税，城市就业、住房分配制度以及医疗制度改革等举措，退耕还林还草补助、种粮补助、农机具补助以及新农合、新农

---

①　在党的十六届四中全会上，胡锦涛同志提出了"两个趋向"的重大历史论断：即"在工业化初始阶段，农业支持工业、为工业提供积累是带有普遍性的趋向；在工业化达到相当程度后，工业反哺农业、城市支持农村，实现工业与农业、城市与农村协调发展，也是带有普遍性的趋向"。

保、农村低保等组合政策逐步出台，城乡关系得以明显改善，城乡发展不断扩大的差距得以缓解。

（四）城乡融合发展时期

从统筹城乡发展到城乡发展一体化，再到城乡融合发展，我国先后出台了农业税免征、粮食保护收购价、粮食补贴、农机补贴，医保、低保、九年免费义务教育、乡村公路建设、农电改造、危房改造、农村信息化等一系列强农惠农富农政策，城乡关系认识不断加深。2012 年党的十八大明确提出："城乡发展一体化是解决'三农'问题的根本途径。"2012 年党的十八届三中全会进一步指出："城乡二元结构是制约城乡发展一体化的主要障碍。必须健全体制机制，形成以工促农、以城带乡、工农互惠、城乡一体的新型工农城乡关系，让广大农民平等参与现代化进程、共同分享现代化成果。"2013 年十八届三中全会出台的《中共中央关于全面深化改革若干重大问题的决定》正式提出"健全城乡发展一体化的体制机制"。2014 年出台的《国家新型城镇化规划（2014—2020）》把促进农业转移人口市民化作为新型城镇化的第一任务。

2017 年，党的十九大提出实施乡村振兴战略，建立健全城乡融合发展体制机制和政策体系。"乡村振兴战略"由此作为我国当前"三农"工作的总揽。2017 年底召开的中央农村工作会议首次提出乡村振兴"七条道路"，也即"城乡融合发展之路、共同富裕之路、质量兴农之路、乡村绿色发展之路、乡村文化兴盛之路、乡村善治之路、中国特色减贫之路"，明晰了乡村振兴战略的实现路径。其中，城乡融合发展具有基础性和关键性的地位，它既是乡村振兴之路，同时也是乡村振兴欲实现的目标。2019年 4 月 15 日，中共中央、国务院印发《关于建立健全城乡融合发展体制机制和政策体系的意见》，进一步明确了城乡融合发展体制机制改革的整体框架，提出建立健全有利于城乡要素合理配置的体制机制、建立健全有利于城乡基本公共服务普惠共享的体制机制、建立健全有利于城乡基础设施一体化发展的体制机制、建立健全有利于乡村经济多元化发展的体制机制、建立健全有利于农民收入持续增长的体制机制。

较之城乡统筹，城乡融合重在破除体制机制障碍，推动城乡要素自由流动，由"以工补农、以城带乡"向"工农互促和城乡互补"双向融合转变。有学者认为："城乡融合思想在当代可以解读为城乡身份认同的平等性、城乡生活选择的自主性、城乡建设发展的趋同性和城乡幸福体验的一致性。"① 在该阶段，农村公共财政投入不断提高，新一轮户籍制度改革持续推进，城乡居民基本养老保险和基本医疗保险制度逐步整合，城乡义务教育经费保障机制得以建立，城市工商资本进入农村的限制不断放松等。

二、城乡融合的现实检视

在全面建成小康社会的战略目标指引和"五大发展理念"的指导下，伴随着精准扶贫②、美丽乡村建设、农业供给侧结构性改革、乡村振兴等重大战略的实施，我国城乡关系持续好转、城乡差距持续缩小、城乡居民生活持续进步、城乡得以全面发展。然而，在看到的成绩的同时，也须正视我国城乡融合发展中所存在的诸多瓶颈和困境，防止出现诸如拉美国家的城市化进程当中所处的农业萎缩、农村凋敝、农民贫困等现象。

（一）户籍制度改革问题

加快户籍制度改革，是当前推动我国城镇化的关键环节。然而，户籍不仅仅是限制人口流动的管理手段，还附着就业、住房、教育、土地、养

---

① 姚永明：《马克思、恩格斯城乡融合思想的当代解读与实践》，载《中国青年政治学院学报》2012 年第 3 期。

② 习近平总书记把脱贫攻坚作为心里最牵挂的一件大事，实施精准扶贫方略。中国创造了人类减贫史上的奇迹，对全球减贫贡献率超过 70%。现行标准下的农村贫困人口从 2012 年底的 9899 万人减少到 2018 年底的 1660 万人，其中集中连片特困地区农村贫困人口 935 万人，比 2012 年末减少 4132 万人，6 年累计减少 81.5%，农村贫困发生率降至 1.7%，尤其是深度贫困地区的贫困人口生活水平大幅提高，贫困地区面貌明显改善，即将历史性地解决困扰中华民族几千年的绝对贫困问题。

老、医疗、生育、社会救助、最低生活保障等社会管理功能、经济利益分配，改革成败事关群众切身利益。虽然经过近年来一系列的改革，户籍附着的城乡利益不断剥离，但剥离的范围和程度离城乡融合的要求仍有较大差距。户籍制度改革牵一发而动全身，需要系统谋划、顶层设计，进而统筹户籍制度改革和相关经济社会领域的改革。中共中央、国务院《关于建立健全城乡融合发展体制机制和政策体系的意见》明确指出："有力有序有效深化户籍制度改革，放开放宽除个别超大城市外的城市落户限制。"《2019年新型城镇化建设重点任务》中，"要求继续加大户籍制度改革力度，在此前城区常住人口100万以下的中小城市和小城镇已陆续取消落户限制的基础上，城区常住人口100万至300万的Ⅱ型大城市要全面取消落户限制；城区常住人口300万至500万的Ⅰ型大城市要全面放开放宽落户条件，并全面取消重点群体落户限制"。

　　然而，现有户籍制度改革还存在以下几个方面的问题值得关注。其一，资源配置不合理。现行公共服务体制与深化户籍制度改革矛盾较大，尤其是不断涌入的流动人口对社会公共服务资源的稀释值得关注。如人口分布的集聚所引发的房地产市场波动；大规模户籍制度改革对公共医疗、教育、安全所带来的压力；户籍制度改革突破城市资源承载能力所引发的城市病问题；户籍制度改革的惠及对象问题（不能仅指向所谓的高端人才进行选择性改革）。其二，土地流转不顺畅。深化户籍制度改革中的土地制约问题。在土地流转制度有待完善的背景下，土地与户籍挂钩的农村土地集体所有制，使得农民失地成本高于小城镇户籍所带来的社会福利等，导致一些城镇人户合一的城镇化率并不高。同时，一些农业转移人口宛若游离于城市和农村之间的"两栖"群体①，亦工亦农，他们既没有完全脱离农村，亦未完全融入城市。其三，配套措施不到位。巨额的改革成本与户籍制度改革的矛盾。户籍制度改革涉及各类社保投入、公共服务投入、

①　该类群体既不同于长期生活在农村的农民，也区别于长期漂泊在大城市的农民工，他们或白天在农村务工，晚上回城里居住；或农忙时回村务农，其他时间长期在县城打工；或配偶在城里因子女教育陪读，另一方在村里种地、照顾老人等。

住房保障投入等,巨大的财政支出对地方财政造成较大压力。如在农民工①存量较大的同时,外出农民工参加"五险一金"的水平仍然较低,公共服务和福利均等化的改革成本较高。当前我国常住人口城镇化率虽然达到近60%,但户籍人口城镇化率与其相差16多个百分点(见图6.1),户籍人口城镇化则有待进一步提升。2018年,我国流动人口数量达到2.41亿人(如图6.2),拥有农村户口的农民工群体构成了流动人口的主体。虽然近年来流动人口的数量有所下降,但在户籍制度改革中,流动人口存量的消化吸收压力仍然较大。与此同时,要吸引各类人才返乡和入乡创业,

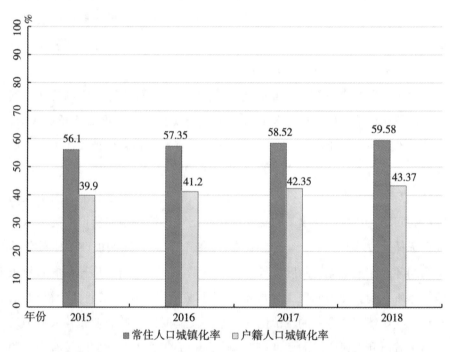

图 6.1　2015—2018 年常住人口与户籍人口城镇化率对比②

---

① 所谓农民工,主要指户籍仍在农村,在本地从事非农产业或外出从业6个月及以上的劳动者。

② 由于2014年国民经济和社会发展统计公报并未公布户籍人口城镇化率,故仅就2015—2018年户籍人口城镇化率加以对比分析。

同样需要财政、金融、社会保障等激励政策，而这些政策的落地离不开相应的财政支持。

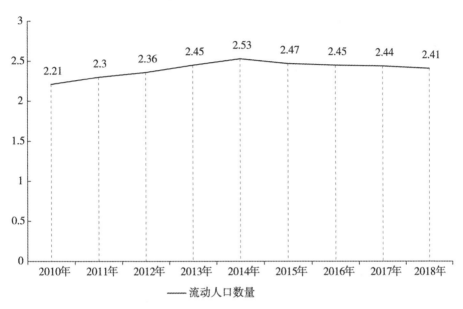

图 6.2 2010—2018 年我国流动人口数量（单位：亿人）

（二）城乡要素流通问题

城乡间流动的要素涵盖资本、劳动力、技术、土地、信息、产权。城乡二元结构下，"虹吸效应"将农村生产要素牢牢吸附，城镇所拥有的资本、劳动力、技术、信息等生产要素流入农村受阻；而乡村所拥有的劳动力、土地等生产要素却源源不断的注入城市。资本、土地、劳动力等核心生产要素向城市的"单向流动"，造成农村地区的"失血"和"贫血"，加剧了城乡发展差距。综合来看，城乡要素流动的关键问题是"钱、地、人"的问题。

1. 在"钱"即资本要素方面：受资本逐利驱动，一方面，农村投资的回报较低、风险较高等影响，农业农村对城市工商资本的吸引力并不强。

当前涌入农村的工商资本质量参差不齐，目的各异。如国家正在着力清理整治的"大棚房"问题，便涉及触碰耕地保护红线和农地非农化等问题。有些资本以"乡村旅游开发"为名侵占良田；有的开发农业项目，意在国家涉农补助和项目扶持资金等。有些资本下乡"与民争利"，替代农民而非带动农民。另一方面，农村的大量剩余资金通过储蓄等形式流入金融机构，农村地区金融体系以"资金抽水机"的机制，通过存多贷少、购买债券、拆借和上存资金等方式，使大量农村剩余资金流向非农产业和城市，导致民间借贷等借贷成本高、风险大、利率高的非正规民间金融产生，严重影响农村造血功能。

2. 在"地"即土地要素方面：土地是农村最基本的生产资料，亦是农民最基本的生活来源。然而，我国城乡土地要素长期存在着不平等交换，农业用地向城市土地或非农业用地的单向转移。由于农村基础薄弱，农村土地规模小且分散，规模化经营与现代农业发展受阻，农村土地价值远远低于城市土地价值。与此同时，在农村土地确权不明晰、农村土地流转制度不健全、农村产权交易平台缺失的背景下，乡村土地被城市征收的交易价格比较低，而城市通过征地将农村集体土地转为国有土地后，可观的征地收益却随之流入城市，而农村仅能获得有限的征地补偿，土地增值收益在城乡间分配失衡。而诸如城市电力、石油和其他重要的农资商品却以高价格机制的方式进入乡村。为打破这种不公平的局面，我国正在进行农地产权三权分置改革，加快探索宅基地三权分置，允许集体经营性建设用地入市，打通城乡要素通道，实现农业规模经营和现代化要素持续投入。

3. 在"人"即劳动力资源要素方面：大量农村剩余劳动力流入城市，为城市发展作出了积极贡献，但在就业机会、劳动报酬以及社会保障等方面，农民工市场与正式劳动者市场存在较大差距。城市人才入乡激励机制尚不健全，在许多青壮年、高素质劳动力单向流入城市的同时，农村老龄化、空心化现象严重，人才入乡激励机制不健全，导致农村人才面临"留不住、引不进、回不来"的困境，"缺年轻人、缺技能人、缺带头人"。

(三) 乡村发展衰退问题

乡村衰退,尤以"农村空心化、农业边缘化、农民老龄化"等"新三农"问题最为突出。诚如费孝通先生所言,"都市与乡村本质上是一个分工合作的相成体系,然而现在两者走向了相克的道路、甚至最后表现出了分裂的趋势,过去的历史表明都市的发达并没有促进乡村的繁荣,近百年以来都市的兴起与乡村的衰落像是一件事情的两面。"[1]

1. "农村空心化"问题。快速的城镇化进程往往也是乡村地域空间演化的过程,一部分村庄的消亡本是历史发展使然。然而,农村人口持续减少、耕地撂荒[2]、宅基地闲置、公共基础设施落后等农村空心化现象的日趋蔓延,大批农民工可能成为"候鸟",值得引起人们警醒。据相关数据不完全统计,我国每天大约有80到100个村落正在消失,部分村庄仅剩1人[3]。村落空心化导致农业生产、公共设施建设、公共文化活动等无法有效进行,传统建筑和传统文化亦得不到有效保护,村落共同体加速瓦解,农村治理难度加大。

2. "农业边缘化"问题。其一,如前所述,在产业结构中,第一产业即农业占GDP比例的降低作为一项衡量经济现代化的发展指标。产业结构调整中,农业在市场经济发展中越来越处于疲态。在一二三产业融合发展方面,一些地方把一二三产业融合的重点放在农家乐等浅层次领域,农产品精深加工、拓展产业链条、提高产品附加值等方面做得还不够。其二,由于资金、信息、技术、渠道等方面的劣势,"大农业、小市场"供需不对接生产格局依然存在,农业仍未形成高效完整的产业链条,龙头企业与

---

① 费孝通:《乡土中国与乡土重建》,台北风云时代出版社1993年版,第121~127页。

② 大多只选择生产条件好、离家近的田地耕种,离家远的坡地和旱地则撂荒。原来一年可以种两季作物,现在也只种一季。许多农民种粮就只是为了解决自己的口粮需求。

③ 相关媒体报道可见,http://news.youth.cn/gn/201210/t20121028_2556366_1.htm;http://book.sina.com.cn/news/a/2015-03-06/0831727915.shtml。

农户利益联结机制松散，"增长不增收"及"谷贱伤农，谷贵伤民""暴涨惊市，暴跌伤农"的怪圈不断重演，农产品滞销事件时而见诸报端。其三，农产品价格与工业品价格之间剪刀差仍然存在，尤其是粮棉油等大宗农产品同工业品（非农产品与劳务）之间的不等价交换依然存在。与此同时，进口农产品对国内农产品也形成较大冲击。国内农产品市场一直受到国外进口产品冲击，包括粮食、饲料原料、猪肉等肉制品在内，受国际农产品市场影响不断加深。由于农产品国内价格和国际市场价格差别较大，国内价格提高导致大量农产品进口。"国产粮食进仓库，进口粮占领市场"，成为我国农业所面临的严峻问题。其四，在农业补贴方面，一方面，一些农民成了只领补贴、不种粮的"空饷户"，影响了种粮大户积极性；另一方面，一些种粮大户承包大面积土地之后，种粮补贴却发放到原承包农民手中，种粮大户无法享受农业三项补贴，无法抵消农资价格上涨对种粮利润的影响。

3. "农民老龄化"问题。当代中国农村，"386199 留守部队"① 作为一个庞大群体而存在，正所谓"房堵窗、户封门、村里见不到年轻人"。随着传统农民逐渐趋于老龄化，除了统筹城乡养老保险制度、完善农村养老基础设施、强化医疗卫生保障等问题亟待加以解决外，"明天谁来种地"的难题亟须破解。"70 后不愿种地，80 后不提种地，90 后压根是不会种地"，越来越多农村青壮劳动力外出打工，新生代农民工群体随之产生。新生代农民工进城意愿强烈，而种地的意愿淡薄，与农业、土地和农村的关系疏离，种地劳作成为其眼中"瞧不上""吃不起"的苦。这就需要培育新型职业农民群体，如种植大户、农村合作社、家庭农场等新型农业经营主体，加强建设农业社会化服务体系，提高机械化程度，改变农业生产的组织经营方式，以现代科技手段和现代发展理念，通过专业化方式改善农村、助力农业。

---

① "38"指"三八"节，代指妇女；"61"指"六一"节，代指儿童；"99"指"重阳"节，代指"老人"。

三、城乡融合的随州实践

城镇和乡村是互促互进、共生共存的，要避免走"城市兴、乡村衰"的老路。"城镇化"着重解决农民进城也即农民市民化问题，"乡村振兴"着重解决农村的发展问题，而"城乡融合"则是打通城乡之间要素流动的制度性通道。三者的基本逻辑为：城镇化、乡村振兴、城乡融合共同构成推进城乡高质量发展的政策方向。而各地城镇化、乡村振兴、城乡融合发展的阶段性、差异性，决定了在不同的时期阶段对三者所采取的组合策略不尽一致。在发展初期，城乡融合更多是城镇化与乡村振兴发展的手段；而在发展成熟期，随着城乡融合的加深，城乡融合则成为城镇化与乡村振兴发展的目的。建设"汉襄肱骨、神韵随州"，推动高质量发展，乡村是重要的着力点和支撑点。面对当前城镇和乡村发展不平衡不充分的现状，要突破"单向度"的城镇化思维。要坚持走城乡融合发展之路，坚持以工补农、以城带乡，推动形成工农互促、城乡互补、全面融合、共同繁荣的新型工农城乡关系，开创城市繁荣、乡村振兴的生动局面。

（一）唤醒发展活力之"促进城乡要素顺畅流动"

如前所述，当前城乡要素合理流动机制尚不通畅，资源要素无论是进城还是下乡，渠道还没有完全打通，城乡要素之间还存在着不平等交换，严重制约着城乡尤其是农村的发展。对于城乡要素流通问题，随州应多措并举，消除城乡要素流通的阻碍性因素，发挥城乡融合优势，打通城乡要素流动通道，促进要素的双向良性循环。

1. 土地要素流通方面：要深入推进农村集体产权制度改革、农村土地"三权分置"改革，唤醒土地、山林、水面等沉睡资源，推动资源变资产、资金变股金、农民变股东，健全农村要素市场化配置机制，建立符合市场经济要求的集体经济运行新机制，提高农地利用效率和土地规模收入，盘活闲置土地资产，确保集体资产保值增值，确保农民受益，解决土地增值收益长期"取之于农、用之于城"的问题，破解"农村的地自己用不上、用不好"的困局。当前，随州土地确权已基本结束，确权涉及 47 个乡镇（办）、922 个村，共确权承包农户 419525 户，实测承包地块 2347786 块，实测承包地总面积 2454996.02 亩，做到了承包耕地应包尽包，合同应签尽签，权证应发尽发，为推进"三权分置"改革奠定坚实基础。

2. 资本要素流通方面：城市是乡村发展的要素来源和转型助力。在实施乡村振兴战略的过程中，要重视城乡资本要素的双向合理流动，确保农村农业发展对资金的需求。要以"三乡工程"为抓手，以农村集体产权制度改革为契机，在加大向农村财政倾斜力度的同时，积极引导城市工商资本进入农村农业领域，大力推动资本下乡。值得注意的是，考虑到农业投资大、周期长、风险大等特点，应该采取鼓励支持与规范引导相结合的原则，建立工商资本租赁农地监管和风险防范机制。

3. 人才要素流通方面：在推动农村劳动力合理有序向城镇流动的同时，既要健全农业转移人口市民化机制，又要建立城市人才入乡激励机制，落实农村创新创业各项政策措施，促进城乡人才互动，畅通各类人才返乡下乡之路。随州市委、市政府先后出台了《关于加快农民专业合作社发展工作的意见》《鼓励农村土地承包经营权流转实施方案》《关于大力培育新型农业经营主体的实施意见》等文件，开展"订单式"精准培育，支持引导新型农业经营主体成为推进农村一二三产业融合发展的主力军。与此同时，善于利用城市科技、信息、资金等资源优势，加强农村实用技术人才、经营人才、管理人才培育力度，打造一支懂农业、爱农村、爱农民的"三农"工作队伍。

（二）激发发展动力之"推动城乡产业融合发展"

无论是城镇发展还是乡村振兴，都离不开产业的支撑。长期以来，城乡产业发展极不均衡，城乡发展差距逐步扩大，在城乡融合发展中，必须要补齐农村经济发展的短板。乡村作为贴近自然、贴近人文、贴近情感的地方，是城市居民的精神原乡。乡村不再是单一从事农业的地方，还有重要的生态涵养功能、休闲观光功能、文化熏陶功能。当前，农村集体产权制度的改革，为城市资本下乡发展田园综合体创造了条件。随州农村资源资产闲置情况还比较普遍，可利用的空间也比较大，从而为"三乡工程"的开展提供了条件。

1. 促进三大产业融合发展。充分利用绿色发展、生态环境、宜居程度等领域的独特优势和强大吸引力，以城市现代科技改造传统农业、以城市工业发展延长农业产业链条、以移动互联丰富和发展农业业态。如围绕第一产业，延伸出农产品加工业以及各类专业流通服务组织、城乡电子商务等新模式，利用城市资本在第一产业基础上衍生出观光农业、休闲农业、创业农业、文化旅游业、现代服务业等新业态，推进农村一二三产业融合发展。如在乡村旅游方面，随州从"文旅农"三位一体出发，重点发展农庄经济、园区农业、农业贸易、农家娱乐、民俗节庆等 5 大农业旅游。昱辰现代生态农业示范园，年接待游客达到 2 万人次；裕国菇业的香菇"溯源之旅"工业游，年接待游客 10 万人次，旅游收入 3500 万元；长岗镇珍珠泉村种植五种彩色稻，2018 年吸引游客 3 万人。

2. 培育新型农业经营主体。想方设法创造条件，吸引市民下乡、能人回乡、企业兴乡，鼓励工商资本、各路人士"上山下乡"投资兴业，领办创办农民专业合作组织和社会化服务组织，打造一批设施完备、功能多样的休闲观光园区、森林人家、康养基地、乡村民宿、特色小镇，实现"一镇一品、一村一特"，夯实乡村振兴战略与美丽乡村共生发展的基础，把美丽乡村的盆景变成乡村振兴的风景。同时，通过农民合作社、家庭农场、订单农业、股份合作等多元利益联结机制，让农民合理分享全产业链增值收益。如随县尚市镇群金村以桃为媒，以"桃花节"为平台，创造了"果树种植+农事节日+乡村旅游"模式；昱辰生态农业将随县澴潭镇玉皇阁村整村流转，探索了"龙头企业+种植（养殖）+加工+休闲农业"模式；曾都北郊颐养生态城走"养老+旅游+农业"的路子。截至 2019 年 3月，全市农民专业合作社达到 4290 家，全市家庭农场已达 1208 家。田园变公园，农房变客房，劳作变体验，乡村优美环境、绿水青山、良好生态成为稀缺资源，乡村的经济价值、生态价值、社会价值、文化价值日益凸显，为创新创业开辟了新天地。

3. 加大传统文化传承保护。要鼓励"三乡"主体积极参与优秀传统乡土文化的深入挖掘、继承、创新，既推动以安居古镇"九街十八巷"、黎家大院建筑群为代表的古镇、古村落、古建筑、文物古迹等物质文化遗产的保护和开发，又推动民间艺术、手工技艺、民俗活动等非物质文化遗产的传承和发扬，进一步实现乡土文化振兴。譬如近年来，国家层面建立了传统村落保护名录，传统村落保护发展工作已经成为一项国家战略。随州历史文化悠久，拥有许多古老的村庄，石墙石院石板路、青砖青瓦茅草房等。然而，随州较多古村落居住群体多为留守老人、留守儿童，古村落保护缺钱、缺劳力，面临重重压力。在开展历史建筑核查，列为市政府历史建筑保护名录，纳入常态化日常保护管理的同时，也要积极申报湖北省乃至全国传统村落保护名录，对蕴含历史印记和文化底蕴的文化遗产加以原真性、活态性、整体性的保护。

（三）释放发展潜力之"推进城乡公共服务共享"

要以市域、县域城镇化为抓手，发挥城镇对乡村的辐射带动作用，把公共基础设施建设的重点放在农村，健全全民覆盖、普惠共享、城乡一体的基本公共服务体系。其一，下活城乡规划"一盘棋"。将农村和城市看成一个完整的有机整体，加快实现城乡基础设施的统一规划、统一建设、统一管护，推进城乡规划编制、市场体制、基础设施、公共管理和服务的有机衔接。其二，编织基础设施"一张网"。提升与现代产业相匹配的乡村硬件基础设施水平和软件治理制度环境，推进城乡路、水、电、气、信等基础设施共建共享、互联互通，推动城市优质资源延伸农村、社会事业覆盖农村，缩小城乡在公共资源配置上的差距。其三，端平社会民生"一碗水"。逐步推进城乡教育、卫生、文化、养老等公共生活服务一体化管理。建立城乡融合发展的义务教育体制机制，推动优质教育资源城乡共享；建立城乡统一的卫生投入经费保障机制；健全城乡公共文化服务体系，加大文化基础设施建设，推动文化资源重点向农村倾斜；不断建立健全统筹城乡的社会保障体系，加快实现各类社会保险标准统一、制度并轨，提高社会保险制度覆盖率和各项社会保险待遇，优化社会保险服务等。譬如随州自 2018 年开始，统一实行城乡居民医保新政，城乡居民参保缴费、就医报销等不再有城乡差别。2018 年，城乡医疗保险参保人数达209.58 万人。

尤其值得一提的是，当前随州正进入脱贫攻坚决胜阶段，① 这就需要把提高脱贫质量放在首位，始终坚持"两不愁三保障"的目标标准，聚焦"准、实"二字，围绕深度贫困地区和特殊贫困群体，把脱贫攻坚各项政策措施和工作要求落到实处。将脱贫攻坚与乡村振兴工作紧密融合，用乡村振兴措施巩固脱贫攻坚成果，接续推动群众生产生活改善。在深度贫困成因中，需要特别关注因病致贫返贫问题。要把因病致贫返贫现作为扶贫攻坚的硬骨头，加大资源整合和政策倾斜力度，打出健康扶贫"组合拳"，对因病致贫群众提供医疗救助、临时救助、慈善救助等精准帮扶，加强重点人群健康服务，做好慢性病综合防控工作，开展大病集中救治，全面建立重病兜底保障机制，力阻"病根"变"穷根"，坚决攻下坚中之坚、贫中之贫。

---

① 2021 年 2 月 25 日，全国脱贫攻坚总结表彰大会在北京隆重举行，习近平主席庄严宣告："我国脱贫攻坚战取得了全面胜利。"

第七章
绿色发展布局篇

"那些感受大地之美的人，能从中获得生命的力量，直至一生。"

——蕾切尔·卡逊

绿色发展作为新发展理念的重要组成部分，是构建高质量现代化经济体系的必然要求，亦构成更长时期我国经济社会发展的重要理念。

一、绿色发展的政策意涵

生态文明作为继工业文明之后人类文明发展新的更高阶段和文明形态，是以人与自然、人与人、人与社会和谐共生、良性循环、全面发展、持续繁荣为基本宗旨的社会形态。十八大以来，以习近平同志为核心的党中央把生态文明建设作为统筹推进"五位一体"总体布局和协调推进"四个全面"战略布局的重要内容，提出"创新、协调、绿色、开放、共享"的新发展理念。习近平总书记带领全党树立和践行绿水青山就是金山银山的理念，坚决摒弃"先污染、后治理"的老路，坚决摒弃损害甚至破坏生态环境的增长模式，大力推进生态文明建设、解决生态环境问题，开展一系列根本性、开创性、长远性工作，污染治理力度之大、制度出台频度之密、监管执法尺度之严、环境质量改善速度之快前所未有，推动生态环境保护发生历史性、转折性、全局性变化。

经济发展决定人们的生活水平，生态环境决定人们的生存条件。就生态文明与绿色发展的关系而言，生态文明凝结了绿色发展的深刻内涵，绿色发展是生态文明建设的必然要求。具言之，实现绿色发展、建设生态文明，关键是要处理好生态环境保护与经济发展的关系。绿色发展作为新发展理念的重要内容，是生态文明思想在经济发展领域所凝结的基本理念。绿色发展将生态环境资源作为社会经济发展的内在要素，以经济活动过程和结果的"绿色化""生态化"实现经济、社会和环境的可持续发展。

（一）绿色发展产生缘起

绿色发展的核心是处理好人与自然的关系。从敬畏、改造、征服，到顺应和保护，人类对自然关系认识历经漫长过程。对于人与自然的关系，长期存在着"人类中心主义"和"非人类中心主义"两种对立观点。在"人类中心主义"看来，主体和客体是对立的，作为人类的主体具有绝对性的主导地位。"传统的人类中心主义把人作为自然的天然主人和主宰者，将改造自然、征服自然、统治自然视为人类的本分和目的，导致了生态危机。"[1] 在原始社会、农业社会，受制于经济社会条件限制，"人类中心主义"普遍被人们所接受。然而，进入工业社会以来，随着人类认识自然和改造自然的能力不断增强，环境污染、能源消耗、生态危机等问题逐渐爆发，人与自然的矛盾日趋突出。人们开始反思人与自然的关系，"人类中心主义"开始动摇，"非人类中心主义"应势而生。恩格斯曾言，"我们不应过分陶醉于我们对自然界的胜利，对于每一次这样的胜利，自然界都报复了我们"。"非人类中心主义"把人类中心主义看作是环境保护的最低境

---

[1] 程静：《人与自然的和谐如何可能——对人类中心主义和非人类中心主义的再反思》，载《西南民族大学学报（人文社会科学版）》2014年第7期。

界，认为人类应全面超越人类中心主义，建立一个以自然生态为尺度的伦理价值体系和相应的发展观。如我国传统文化中儒家的"天人合一"、道家的"道法自然"、佛家的"众生平等"等，便体现出深厚的"非人类中心主义"生态哲学思想。

从原始文明到农业文明、工业文明，再到当今所出现的生态文明，"人"的阶梯也经历着由自然人、经济人、社会人向生态人的转变，人在处理与自然关系的过程中，自然界自身是否拥有内在价值是环境伦理学中的核心问题，也是环境伦理学赖以存在的基础，非人类中心主义和人类中心主义的重大分歧和争论也在于此。在人与自然的关系上，人类文明的发展经过了原始文明、农业文明、工业文明三个历史阶段，当今人们正在进入一个全新的生态文明时代。在生态文明形态下人与自然的关系产生了根本性的变革。人与自然的关系发展也经历了"自然中心主义"—"亚人类中心主义"—"人类中心主义"—"非人类中心主义"文明发展过程①。尤其是进入工业化社会以来，水土流失、土地沙漠化、生物多样性减少、自然灾害、环境污染等生态问题日趋严重，工业垃圾、城市垃圾与日俱增，碳排放量增多，大气、水污染严重，对人类生产生活造成严重威胁，迫使人们重新审视人与自然、人与人、人与社会的关系。

随着生态学由浅层生态学到深层生态学的发展及人与环境关系认识的深入，人类传统伦理观念发生了转变，人与人之间的道德关系扩展到自然界。此种语境下，把整个世界分为社会与和自然界只有相对的意义，自然界由此也获得了人类的道德关怀。在当今生态伦理观念的影响下，主体与客体之间的界限已经很模糊了，人类与其他生物的界限也在逐渐淡化。有学者认为，"自然是为人而存在这一狭隘观念导致了人类对自然的掠夺与破坏，生态危机的发生。不仅自然为人而存在，人也应该为自然而存在，只有在这种辩证统一中'自然为人而存在'才能获得价值合理性，人类只

———————

① 廖福霖：《生态文明建设理论与实践》，中国林业出版社 2003 年版，第 1~5 页。

有做到为自然而存在，他才能真正摆脱非人状态而彻底地生成为人"①。
"在本体论意义上，自然界是人性产生的起源；实践论意义上，自然界是
人性展现的对象化；价值论意义上，自然界是人性发展的外在尺度；主体
间性意义上，自然界是人性生成的中介。"②

随着生态环境的恶化，生态政治作为一种"新政治"现象，从《寂静
的春天》③到《增长的极限》④，从民间声势浩大的环保运动到生态社会
主义运动，生态政治作为一种大政治观已成为未来政治发展的一种新趋
势⑤。人与自然是生命共同体，人类必须尊重自然、顺应自然、保护自然。
当前，绿色发展已上升为国家战略，我国坚持人与自然和谐共生，坚持走
绿色发展道路，建设生态文明，推动美丽中国建设。

（二）绿色发展理念衍变

我党历来重视环境保护，如 1972 年我国派代表参加了人类环境会议，
1973 年召开了第一次全国环境保护会议⑥。毛泽东同志曾经指出："天上
的空气，地上的森林，地下的宝藏，都是建设社会主义所需要的重要因

①　曹孟勤：《"人为自然而存在"与人之为人》，载《烟台大学学报（哲学社会
科学版）》2004 年第 3 期。

②　余乃忠、董立清：《人性发展中自然向度的哲学展示》，载《晋阳学刊》2008
年第 2 期。

③　《寂静的春天》是美国女作家蕾切尔·卡森的代表作，环境保护主题的经典散
文，20 世纪极具影响力的书籍之一。本书以寓言开头向我们描绘了一个美丽村庄的突
变。并从陆地到海洋，从海洋到天空，全方位地揭示了化学农药的危害，是一本公认
的开启了世界环境运动的奠基之作，它既贯穿着严谨求实的科学理性精神，又充溢着
敬畏生命的人文情怀，是一本赏心悦目的著作。

④　《增长的极限》作者是美国的德内拉·梅多斯、乔根·兰德斯、丹尼斯·梅多
斯，该书挑战现有思维模式和行为模式，向读者展示低碳经济、生态足迹等话题，是
系统思考方面的典范之作。

⑤　周朗生：《生态危机的政治诉求》，载《楚雄师范学院学报》2008 年第 1 期。

⑥　王秀美：《新世纪中国共产党推进绿色发展的基本路径》，载《韶关学院学
报》2018 年第 7 期。

素。"① 1987 年可持续发展理念的提出以及联合国 1992 年《21 世纪议程》的出台拉开了人类迈向生态文明时代的帷幕。1996 年我国正式将可持续发展确定为国家战略②。2003 年，党的十六届三中全会明确提出科学发展观，2004 年党的十六届四中全会得以重申。2007 年党的十七大报告提出了建设生态文明的要求。2008 年，联合国环境规划署提出了"全球绿色新政"和"发展绿色经济"的倡议，各国绿色新政的政策主张陆续推出。2012 年党的十八大报告进一步提出，建设生态文明是关系人民福祉、关乎民族未来的长远大计，要树立尊重自然、顺应自然、保护自然的生态文明理念，并形成了经济建设、政治建设、文化建设、社会建设、生态文明建设五位一体总体布局思想。2015 年党的十八届五中全会又提出了创新、协调、绿色、开放、共享的新发展理念。《十三五规划建议》提出，坚持绿色惠民，为人民提供更多优质生态产品，推动形成绿色发展方式和生活方式。2017 年，党的十九大报告提出了"我们要建设的现代化是人与自然和谐共生的现代化""必须树立和践行绿水青山就是金山银山的理念""生态文明建设功在当代、利在千秋，建设生态文明是中华民族永续发展的千年大计"等重要论述，对生态文明建设和绿色发展高度重视，勾勒出生态文明建设和绿色发展的路线图。2018 年，将生态文明建设写入宪法，"绿水青山就是金山银山"已成为全民共识。

习近平总书记关于社会主义生态文明建设有诸多重要论述，"坚持人与自然和谐共生"展现了习近平生态文明思想的科学自然观，其中习近平生态文明思想的绿色发展观主要体现在对于保护环境与经济发展关系的两个论断上。一是"要正确处理好经济发展同生态环境保护的关系，牢固树立保护生态环境就是保护生产力、改善生态环境就是发展生产力的理念"。将劳动和创造力之外的生态环境纳入生产力要素，保护生态环境与发展生

---

① 毛泽东:《毛泽东文集第 7 卷》，人民出版社 1999 年版，第 34 页。

② 主要在当年通过的《国民经济和社会发展"九五"计划和 2010 年远景目标纲要》得以提出。

产力之间并非矛盾对立体而是统一体，经济增长与资源环境负荷脱钩，反映出马克思主义生产力学说在我国得以进一步发展。生态环境作为一种生产力，是绿色发展的基础资源，必须加大生态环境保护，使天更蓝、水更清、山更绿，满足人民群众日益增长的优美生态环境需要。生态环境属于重要的生产力，而基于生态环境的生产力形成了基于绿色发展的生产关系。二是"我们既要绿水青山，也要金山银山。宁要绿水青山，不要金山银山，而且绿水青山就是金山银山"。这是强调在经济社会发展中的生态底线思维，妥善处理好经济发展与生态环境保护之间的关系。习近平总书记多次对一些甘肃祁连山自然保护区生态破坏、秦岭山麓生态屏障违建别墅等严重破坏生态环境事件以及长江经济带"共抓大保护、不搞大开发"作出指示批示，要求不彻底解决绝不松手。

对于绿色发展理念，有学者认为，在理论逻辑层面，绿色发展理念继承了马克思主义生态思想；在历史逻辑方面，绿色发展理念根植于中国优秀传统文化；在现实逻辑方面，面向国内国际两个大局。① 绿色发展作为生态文明思想在经济领域的重要体现，树立绿色发展理念，抓好生态文明建设是中国经济未来高质量发展的重要内容。经济高质量发展，既需要经济规模合理增长和经济结构持续优化，还要求经济发展和生态环境的协调统一。所以，必须将绿色发展理念贯彻于未来中国经济增长与发展的全过程，贯穿到未来中国产业升级和结构优化的各个环节，努力实现人与自然的和谐共生。

(三) 绿色发展时代内涵

十八届五中全会《公报》中所提出的"绿色发展"理念相较于以往党和国家关于生态文明建设方面的论述，既有创新，也有提高，更有升华。②

---

① 周军、刘冲：《新时代中国共产党绿色发展理念的基本逻辑及实践价值》，载《理论探讨》2019 年第 5 期。

② 夏宇鹏、铁铮：《"绿色发展是全面推进生态文明建设的必然选择"》，http：//opinion. people. com. cn/n/2015/1114/c1003-27815424. html。

多年的经济高速增长铸就了我国成为世界第二大经济体，但资源环境承载力逼近极限，高投入、高消耗、高污染的粗放式发展方式难以为继，发达国家一两百年所出现的环境问题在我国近30年发展中集中显现，如生态环境质量差、污染物排放量大、生态受损严重、环境风险等问题日益突出。传统的"绿色发展"注重的是从节能减排、污染物治理的视角评判科技创新对生态环境的积极作用，其范畴仅仅局限于"低消耗、低排放、低污染"等层面。当前所提出的"绿色发展"理念则是在生态环境逐步恶化的背景下，围绕人与自然和谐、主体功能区建设、低碳循环发展、资源节约与利用、环境整治、生态屏障构筑等方面内容所构筑的绿色发展体系，也即建立绿色、低碳、循环发展产业体系和清洁、低碳、安全、高效的现代能源体系，蕴含着"高效率、高效益、高循环"的发展理念。由此可见：

1. 绿色发展既包含理念层面，又包括实践层面。如围绕绿色发展理念，我国相继提出"构建科学合理的城市化格局、农业发展格局、生态安全格局、自然岸线格局，推动建立绿色低碳循环发展产业体系；建立健全用能权、用水权、排污权、碳排放权初始分配制度；深入实施大气、水、土壤污染防治行动计划，实施山水林田湖生态保护和修复工程，开展大规模国土绿化行动，完善天然林保护制度，开展蓝色海湾整治行动"等举措。

2. 绿色发展既包含保护层面，又包括利用层面。绿色发展包含着"绿色"和"发展"两种含义，"绿色"要求合理使用资源、保护生态环境，"发展"则要求实现经济的高质量增长。"绿色"和"发展"是辩证统一的，这要求在发展中保护生态环境，用良好的生态环境保证可持续发展。综合来看，绿色发展是关于发展理念、发展方式的时代抉择。绿色发展伴随着生产关系、生产方式、生活方式的转型升级，要求加快转变发展方式，改变不合理的产业结构、资源利用方式，不断释放生态环境红利，将生态环境优势转化为经济高质量增长的持续动力。

3. 绿色发展既包含生态文明建设层面，又包括经济建设、政治建设、文化建设层面。生态文明建设既涉及人与自然的关系，又涉及人与人、人与社会关系。广义的生态文明建设包括生态环境建设、生态经济建设、生态社会建设、生态文化建设等方面。虽然绿色发展主要是生态文明思想关于经济发展的基本理念，但绿色发展理念的实现离不开"五位一体"建设。在生态文明建设被纳入"五位一体"总体布局的背景下，绿色发展既是人与自然、人与人、人与社会的绿色发展，也是"五位一体"的绿色发展，即在经济、政治、文化、社会、生态等方面都逐步走向绿色化。如在经济建设层面，加快转变经济发展方式，建立生态优先、绿色发展为导向的高质量发展新路子；在政治建设层面，将绿色发展上升为国家战略，绿色发展政策制度的建立和完善；在文化建设层面，绿色文化是绿色的生活方式、行为规范、思维方式以及价值观念等文化现象的总和，要不断加强生态意识、生态文化和生态文明观的培育；在社会建设层面，大力推进资源节约型、环境友好型社会建设，树立绿色生活方式，倡导绿色消费文化，推动形成节约适度、绿色低碳、文明健康的生活方式和消费模式；在生态文明建设层面，加强生态建设和环境保护①，将可持续发展提升到绿色发展高度。党的十八大以来，绿色发展理念贯彻于经济、政治、文化、社会、生态文明等建设各个方面，从转变发展方式到完善生态环境保护制度；从低碳生产到绿色消费；从落实"大气十条""水十条""土十条"到开展中央环保督察；大到在长江经济带建设、消除极端贫困等重大工程中严禁以牺牲环境为代价，小到推行"河长制""光盘行动"等。

4. 绿色发展既包含国内层面，又包括国际层面。十八届五中全会《公报》率先提出了"为全球生态安全作出新贡献"。党的十九大提出"坚持人与自然和谐共生"和"坚持推动构建人类命运共同体"。习近平总书记提出的新时代推进生态文明建设必须坚持的六项原则中，有一项是"共谋全球生态文明建设"。"山水林田湖草是生命共同体"的整体系统观与"共谋全球生态文明建设之路"的共赢全球观，都是习近平生态文明思想的重要组成部分。前者侧重于自然生态系统的整体治理；后者侧重于生态文明建设全球共同面对。在全球生态危机下，绿色发展是当今世界的时代潮流

---

①　如国土空间优化、整治与可持续安全，资源节约、保护与可持续利用，环境保护、污染治理与环境质量持续改善，生态保育、修复与可持续承载等。

和普遍共识。经济全球化是全球环境治理的现实背景，推动全球生态文明建设是构建人类命运共同体的应有之义。

二、绿色发展的实现困境

在加快生态文明体制改革、推进绿色发展、建设美丽中国的路线图已逐渐明晰的背景下，绿色发展在面临重大机遇的同时，也面临着诸如发展理念束缚、科技创新不足、发展方式依赖等挑战。

(一) 经济发展阶段限制

我国常住人口城镇化率已经达到 59.58%，位于城市化水平加速发展阶段。根据《关于 2018 年国民经济和社会发展计划执行情况与 2019 年国民经济和社会发展计划草案的报告》，2019 年经济社会发展主要预期目标：全国常住人口城镇化率达到 60.6%，户籍人口城镇化率达到 44.4%。应该看到，城镇化率的提升，往往会带来消费需求的大幅增加，基础设施、公共服务设施以及住房建设等需求急剧增加，资源有限性的约束也在增强，工业生产规模的扩大在所难免，人口、资源和环境的矛盾进一步加剧。比如基础设施建设会对诸如钢铁和水泥等会造成较严重污染的行业具有较大需求；工业生产规模扩大会导致一定程度的能源消耗和工业污染；汽车、住房等产品消费会催生高消耗、高污染为标志的石油、化工等重化工业发展。值得注意的是，城镇化与绿色发展并不一直处于对立面。有学者运用环境 RAM 模型测度了中国 112 个环保重点城市 2005—2010 年的绿色发展效率、无效率来源及减排方式，进而认为，随着就业城镇化的推进，绿色发展效率会经历一个先下降后上升的 U 形路径。居民城镇化对绿色发展效率有显著的促进作用，对土地城镇化有显著的负向影响，而就业城镇化、经济城镇化和综合城镇化对绿色发展效率则产生显著的先抑制后促进的影响。① 亦有学者认为，

---

① 王兵等：《城镇化提高中国绿色发展效率了吗?》，载《经济评论》2014 年第 4 期。

城镇化对绿色发展同时具有相辅相成的促进关系，从长远来说，城镇化是实现绿色发展的必由之路。[1] 所以，在城镇化进程中，必须考虑城市资源承载能力和生态环境容量，促进绿色发展与城镇化的深度融合，防止出现城镇化建设与生态治理"两张皮"现象。

（二）发展方式转换受阻

新发展理念是坚持以经济建设为中心、以人为本、以人民为中心的统一体。践行绿色发展理念，推进美丽中国建设，为我们勾勒出未来中国发展的新路径。然而，新起点伴随着新挑战，新目标更是提出新要求。破旧立新是一个艰难困苦、涅槃重生的过程，旧思维、旧模式、旧套路成为影响当前我国绿色发展的一个重要障碍性因素。

自近代工业革命以来，世界各国普遍采用的工业经济模式都属于不可持续的高碳型发展模式。就我国而言，发展方式转换不可能一蹴而就，目前尚面临诸多困境：其一，过去相当长的一段时间内，我国经济得以高速增长，大量生产、大量消费、大量排放的以牺牲环境为代价的经济发展模式误被认为是一种行之有效的发展经验。其二，过去，经济增长是我国的主要发展目标，对干部的考核评价也是以 GDP 增长为核心指标的经济增长速度为主要指标。唯 GDP 政绩观由此找到了现实存在的土壤。在区域竞争日趋激烈背景下，有的地方之间搞攀比、争位次，"增速快了就是形势好，增速慢了就是形势差；增速快一点就是工作有成绩，增速慢一点，就是工作有问题"等"唯 GDP 政绩观"仍有存在的市场，仍然认为"GDP 增速是硬道理"。尤其是生态治理具有投资大、周期长、见效慢等特点，在各地以 GDP 为标准的"政治锦标赛"上，还是有一些地方不愿优先选择做生态治理的先行者。[2] 其三，体制一旦固化，会在现存体制中形成某种既得利益的压力集团，利益集团会力求固化现有制度，阻碍进一步的改革，

---

[1]　赵俊超：《城镇化和绿色发展：对立还是统一？》，载《绿色》2015 年第 7 期。

[2]　张劲松：《论生态治理的政治学考量》，载《政治学研究》2010 年第 5 期。

哪怕新的体制较之现存的体制更有效率。譬如受"部门利益、集团利益、地方利益、个人利益"的影响，"生态文明"在一些地方仅仅被当成政治口号，非法占用土地、违规建设、非法排污、关闭严重违规企业不利等现象较为严重。"有的地方以优化经济发展环境为由，禁止环保部门开展执法检查监督；有的地方干预环保部门依法全面足额征收排污费；有的地方限制环保部门实施行政处罚；还有的地方在大搞招商引资的过程中，只追求企业和项目的数量，放任引进那些工艺设备落后、国家明令淘汰的污染项目和企业，公然违反环保政策和不执行环保法规制度"。①

由此可见，对粗放式发展的路径依赖、唯GDP至上的思维惯性、既得利益集团的压力构成了绿色发展理念实现的主要障碍。有学者总结，"特殊的资源禀赋结构使得粗放型增长方式得以产生和延续；经济发展阶段的制约强化了粗放型增长方式的惯性；重速度轻效益的思维定式拖慢了增长方式转变的步伐；人口压力和就业问题成为经济增长方式转变的绊脚石"。② 所以在践行绿色发展，推进美丽中国建设进程中，亟须转变思维定式，加快转变经济发展方式，打破传统工业化老路下的资源环境约束，适时将绿色GDP纳入地方政府官员的考核体系，改变单一发展偏好，扭转以拼资源换增速、先污染后治理的思维惯性和路径依赖，推动形成以绿色发展为导向的高质量发展体系。

(三) 科技创新能力不足

党的十九大报告提出"构建市场导向的绿色技术创新体系，发展绿色金融，壮大节能环保产业、清洁生产产业、清洁能源产业"（见图7.1），对能源供应源头、污染产生源头、能源使用过程、污染治理过程进行了全方位的概括，从而为促进科技创新与绿色发展之间更加良性的互动指明了

① 邓聿文：《环保领域的毒瘤：地方保护主义和特殊利益集团》，载《绿叶》2007年第4期。

② 曾亿武：《"论我国经济增长方式转变的困难——基于路径依赖的分析视角"》，载《人文社科论坛》2010年第5期。

方向。其中，清洁能源产业侧重能源供应源头的治理；清洁生产产业侧重于污染产生源头的治理；节能产业侧重于能源使用过程的治理；环保产业侧重于污染治理过程中。

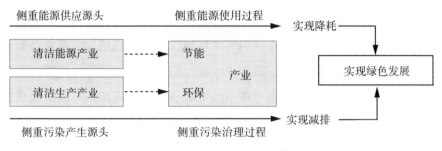

图 7.1　绿色发展示意图①

经济发展方式主要可分为资源依赖型、投资驱动型、创新驱动型。过去我国经济的发展主要集中于资源依赖型、投资驱动型。绿色发展作为一种科技含量高、资源消耗低、环境污染少的发展方式，无论是加快产业结构升级，还是发展绿色经济、循环经济，倡导低碳生活方式，推广绿色建筑、绿色交通、绿色消费等，均离不开科技创新驱动。如绿色制造体系的构建离不开对传统产业的升级改造，而升级改造所依赖的"原料替代、工艺改进、设备更新、过程控制、废物回用、产品调整"等皆离不开科技的支撑。历史发展经验表明，一旦进入人口红利、资源逐渐殆尽的更加成熟发展阶段，创新能力不强就会成为制约经济增长的短板和痛点。我国作为发展中国家，整体科技水平相对落后，低碳技术的开发与储备不足是经济由"黑色"向"绿色"、能源由"高碳"向"低碳"、产业由"中国制造"向"中国智造"的转变的最大制约因素。② 所以，在科技创新研发投入不足、基础及集成创新不够、人才缺失、相关领域对外技术依赖较强等因素

---

① 　图片来源于 https：//www.sohu.com/a/217577492_806274。
② 　罗志勇：《社会转型期我国绿色发展的困境与路径研究》，载《观察与思考》2018 年第 2 期。

制约下，对绿色发展形成了较大挑战。

（四）能源消费结构制约

近年来，我国重点发展水能、风能、生物质能、太阳能等可再生能源，但我国是"富煤，少油，缺气"的国家，已探明的煤炭储量占世界煤炭储量的33.8%，煤炭在整个能源体系的地位仍然无法撼动，新能源短期内大比例替代煤炭尚不现实。近年来，在经济发展方式转型、生态文明建设等因素的推动下，煤炭消费增速虽然明显放缓，但煤炭占一次能源消费比例也仅首次低于60%。根据《能源发展战略行动计划（2014—2020年）》，到2020年，煤炭消费比重仍控制在62%以内。目前，我国煤炭消费主要分布在燃煤发电、冶金炼焦、煤化工、锅炉用煤（含建材窑炉和供热供暖）、民用散煤等方面，其中发电用煤占比最大。譬如从影响全球空气质量的三大类污染源来看，二氧化硫主要来源于电力和工业领域的煤炭使用，氮氧化物主要来源于交通领域的石油使用，而颗粒物则主要来源于生物质、煤油和建筑领域的煤炭利用。煤炭是传统化石能源利用中污染物排放的最大来源。又如，2019年11月初，印度首都新德里遭雾霾封锁，宛如"毒气室"，迫使印度新德里市政府宣布进入公共健康紧急状态①。究其原因，在很大程度上归结于石化能源特别是煤炭的使用比例居高不下。当前，我国正处于工业化、城市化快速推进阶段，对能源的消费不断增加，诚如有学者所言，"先天性资源禀赋和单一能源结构的缺陷决定了

---

① 据报道，印度首都德里每年这个时候高污染程度的一个主要原因是首都附近的农民焚烧农作物，清理他们的田地。这造成了一种致命的颗粒物和气体，包括二氧化碳、二氧化氮和二氧化硫，这一切又因一周前印度教排灯节燃放的烟花爆竹而恶化。此外，建筑和工业排放也导致了严重的雾霾。虽然印度可再生能源的利用在不断增加，并且制订了未来减少碳排放、提高清洁能源的美好前景，但在迅速发展的经济中，石化能源特别是煤炭的使用比例居高不下。https://baijiahao.baidu.com/s? id = 1649417382149715804&wfr=spider&for=pc，2019年11月6日访问。

我国当前仍处于高碳消费结构阶段，从而不利于我国的绿色发展"①。

三、绿色发展的随州样本

在绿色发展中，随州"既登高望远、跳出一域观全局，又要把握落点、立足全局抓一域"。良好的生态环境是随州的最大优势和宝贵财富。当前，生态文明建设正处于压力叠加、负重前行的关键期，已进入提供更多优质生态产品以满足人民日益增长的优美生态环境需要的攻坚期，也到了有条件有能力解决生态环境突出问题的窗口期。当前，随州坚持生态优先、绿色发展，以"四个三重大生态工程"为抓手，实施生态修复工程，推进绿满随州建设，多措并举补齐生态建设的短板，绿色已成为高质量发展和"汉襄肱骨、神韵随州"的鲜明底色。但也应该看到，还存在着巩固"绿色革命"成效任务较重；黑臭水体治理还不彻底，断面出水不达标现象依然存在；水环境整治仍需加强；农业面源污染防治力度还不大，存在污染土壤和水源风险；城乡生活垃圾和固废无害化处理亟须突破推进；环境、绿化标准还不高，品质有待提升等，影响了随州生态功能定位目标的实现，制约了随州高质量发展和随州品质的提升。在"汉襄肱骨、神韵随州"建设中，随州要像保护眼睛一样保护生态环境，像对待生命一样对待生态环境，坚决守住生态保护红线，加快改善生态环境质量，推行绿色发展方式和生活方式，推动自然资本保值增值，让良好生态成为"汉襄肱骨、神韵随州"的支撑点，走出一条生态环境"高颜值"与经济发展"高质量"相融合的绿色发展之路。

（一）推进生态环境保护，打造"绿色屏障"

打造生态绿城是推进"汉襄肱骨、神韵随州"建设的重要内容，是实

---

① 罗志勇：《社会转型期我国绿色发展的困境与路径研究》，载《观察与思考》2018 年第 2 期。

现"构筑鄂北生态屏障"的应有之义，是随州迈向高质量发展的必由之路。省委省政府将随州定位为鄂北生态屏障，纳入鄂西绿色发展示范区。打造生态绿城，是随州落实绿色发展新定位的生动实践。如前文所述，在国家森林城市建设总体规划上，随州正在逐步形成"一核、一星、三屏、三网"的森林城市图景。在城市绿地规划上，形成了"一轴、一环、三片、多廊、多点"的城市绿地系统结构。近年来，随州持续实施"绿满随州""精准灭荒"等行动，取得显著成效。全市森林覆盖率达50.85%，大洪山、中华山国家森林公园、大贵寺、七尖峰、随州银杏谷省级森林公园建设全面加强；随县封江口、广水徐家河、随州淮河国家湿地公园试点建设全力推进，封江口国家湿地公园试点建设通过国家级考核验收；随城山国家生态公园建设顺利推进。

随州要建成鄂西绿色发展示范区的高地、构筑鄂北生态屏障，须抓好环境保护和生态修复工作。其一，要坚决打好污染防治攻坚战，聚焦蓝天、碧水、净土三大保卫战，严格落实"党政同责""一岗双责"，集中优势兵力，动员各方力量，继续推进重点区域大气环境综合整治，加快城镇、开发区、工业园区污水处理设施建设，深入实施长江保护修复、水源地保护、"散乱污"企业治理、城市黑臭水体治理、农业农村污染治理、石材矿山复绿整治、非法采砂治理等行动①，群策群力，群防群治，推动生态环境持续改善。其二，要着力构建政府为主导、企业为主体、社会组织和公众共同参与的环境治理保护体系，以属地为主加强日常监管，坚决制止和惩处破坏生态环境的生产行为，坚持谁破坏谁受罚谁修复。

（二）抓好生态环境治理，建设"绿色家园"

良好人居环境，是广大人民群众的殷切期盼，"脏乱差"的面貌与人

---

① 如针对屡整无果甚至屡查屡犯的石材产业乱象，随州以刮骨疗伤的勇气和壮士断腕的决心，对相关企业该整的整、该停的停、该关的关，坚决依纪依法追责问责到位，虽说诸如矿山复绿工作有关问题还未彻底整改到位，但真刀真枪抓整改的态度得到省委巡视组的充分认可。

们对品质生活的追求是格格不入的，必须加快改变。在城市环境方面，随州以深化文明城市创建和推进"汉襄肱骨、神韵随州"建设为契机，大力开展环境卫生、市政设施、交通秩序、经营秩序、户外广告、"门前三包"、不文明行为等"七大专项整治行动"，着力解决随州环境秩序脏乱差等突出问题，城市变美了，变干净了。在城乡环境方面，随州大力推进厕所革命、精准灭荒、乡镇生活污水治理全覆盖、城乡生活垃圾无害化处理全达标"四个三重大生态工程"，着力夯实生态环保基础。同时加强生态示范创建，打造城镇"生态品牌"，在成功创建国家森林城市、国家生态园林城市、全国绿化模范城市、湖北省首个环保模范城市的基础上，全面启动生态文明建设示范市创建工作，制定实施创建规划，出台配套考核办法，累计创建命名国家级生态镇 1 个、省级生态镇 12 个、市级生态镇 26 个；省级生态村 151 个、市级生态村 522 个。

在"汉襄肱骨、神韵随州"建设中，要着力抓好生态环境治理，建设生态宜居环境。其一，垃圾处理方面，要着力完善垃圾储存、清运、处理的设施设备，落实"户分类、村（社区）收集、镇转运、县（市区）处理"机制，做到及时清运和无害化处理，同时要完善城乡清洁环卫体制，形成覆盖全区域、全时段的长效管理机制。其二，污水治理方面，要落实"河长制"，完善污水处理终端建设，保证工程质量和进度，形成科学有效的生活污水治理体系，确保到 2020 年实现乡镇生活污水治理全覆盖处理全达标。其三，在农村村容村貌整治方面，加强对农房设计、村庄规划和环境整治的科学指导，梯次推动乡村山水林田路房整体改善，同时着眼保护乡村风貌、传承乡村文脉、凸显乡村风情、留住乡村记忆，大力推进美丽乡村建设，建成一批"荆楚"风貌的美丽村庄。要把农村"厕所革命"作为乡村居住环境改造的一项重点工作来推进，对标对表行动要求，不断抓出成效。其四，在绿色生活方式方面，要加强城乡居民环保意识教育，倡导推广绿色健康生活方式，提高市民参与环境保护的自觉性，使爱护公共环境、共建美丽家园的理念内化于心、外化于行。

（三）调整优化产业结构，发展"绿色经济"

近年来，全市大力发展生态农业、绿色工业和生态文化旅游产业，补齐绿色发展短板。农林业上，鼓励社会资本上山下田，在山上再造一个随州，形成 50 多万亩的木本油料产业，2018 年全市林业总产值达 149.5 亿元；工业上，推动应急产业、农产品加工等主导产业转型升级，走创新驱动之路，加快电子信息、新能源产业发展，淘汰了一批"三高一低"企业；生态旅游业上，依托乡村振兴战略，大力推进文旅康养产业发展、打造生态文化旅游特色产业增长极，2018 年全年接待游客 2500 万人次，旅游综合收入 155 亿元。与此同时，优质的自然资源为发展森林旅游和森林康养等产业打下了坚实的基础。2018 年随州林业旅游达 260 万人次，收入17.2 亿元，直接带动的其他产业产值 5.9 亿元，其中林业疗养与休闲人数达 81.6 万人次，收入 7.48 亿元，直接带动的其他产业产值达 2.6 亿元。在"汉襄肱骨、神韵随州"建设中，随州要探索把绿水青山转化为金山银山的实践路径，通过积极调整优化产业结构，推进产业绿色发展。

1. 以科技创新，促进绿色升级。要完善生态环保制度、标准体系，运用市场化、法治化手段淘汰化解落后产能，倒逼企业转型升级。要以供给侧结构性改革为主线，以"农业现代化、工业智能化、服务高端化、市域城镇化"为手段，加快新一代信息技术与制造业深度融合，一手抓新兴产业培育发展，一手抓传统产业改造提升，用绿色理念、绿色标准、绿色技术改造提升传统产业，加快推动企业智能化改造，突破性发展战略性新兴产业。

2. 以循环利用，培育绿色动能。要推进资源全面节约和循环利用，大力发展循环经济，加强工业园区循环化改造，推进随州环保产业园、食用菌循环产业园等工业园区建设提高园区，加强循环经济产业链关联度，形成一产、二产、三产以及各产业内部行业、环节关联衔接、相互促进的"微循环——小循环——中循环——大循环"高度集成的循环经济网络体系。比如，随县建设石材产业循环经济产业园、随州高新区各园区开展废气废水废渣综合利用等，都是有益的探索，走出了一条符合随州实际的产业绿色发展之路。又如，广水市着力打造循环经济产业园，建设集生活垃圾焚烧发电、炉渣处理、餐厨垃圾处理、建筑垃圾处理、固废处理于一体的"一园五厂"，实现资源的循环利用。在农业生产方面，积极推进秸秆肥料化、饲料化、燃料化等，秸秆综合利用，通过科学技术创新延长产业链，循环发展。

3. 以生态优势，壮大绿色产业。随州生态资源丰富，随地有美景，随处有美食，随时有美文，是湖北省全域旅游示范区。近年来，随州旅游业发展呈快速增长趋势。然而，随州旅游业无论是体量还是影响力，都与旅游资源大市的地位不相称，旅游资源开发不够，旅游市场发育不全，旅游产品营销不力，旅游品牌叫得不响，民间形容为"躺在财富上睡觉、捧着金饭碗乞讨"。要大力推进旅游康养产业提质升级，特别是开发具有创意的高端旅游产品，拓展旅游市场，构建文化历史、休闲度假、养生保健等多元旅游产品体系，让游客来了不仅吃住行游购娱舒心，更有深度的文化体验、康养体验。要着力提升核心景区建设品质，深入挖掘特色文化资源，推动文旅融合，培育以神农炎帝故里为核心的寻根游、以大洪山和千年银杏谷为重点的生态游、以曾随文化走廊为主线的研学游、以新四军五师纪念馆为代表的红色游等旅游新业态，打造一系列经典景区、丰富精品线路。要加快武汉与随州旅游营销联盟运营中心建设，加强两地旅游合作，一手抓旅游客源市场开拓，一手抓两地旅游资源整合，共同打造世界知名旅游品牌。要以旅游康养产业为带动，大力推动生产性服务业向专业化和价值链高端延伸，推动生活性服务业向精细化高品质转变，增加新服务、新供给，培育新增长点，形成新动能。

与此同时，随州能源资源富集，风电项目建设全省领先、新能源商用车已初具规模，为更好地实现区域可持续发展、绿色发展，使随州的新能源产业在全省乃至全国起到示范作用，随州应积极申报湖北省新能源示范区，如将随州市高新技术开发区、曾都经济开发区、随县经济开发区作为整体列为湖北省新能源示范园区，着重发展新能源、新能源汽车、新材料、节能环保、工业旅游等绿色产业。

第八章
干部队伍建设篇

"正确的政治路线确定以后，干部就是决定的因素。"

——毛泽东

干部队伍是党和国家事业建设的中坚力量，关乎着国家各项事业发展和改革的成败。新时代新要求新担当，大力推进"汉襄肱骨、神韵随州"建设，需要各级领导干部聚力改革创新，强化作风建设，在经受严格的思想淬炼、政治历练、实践锻炼中，奋力形成"拼搏赶超"的随州气场，奋力谱写"汉襄肱骨、神韵随州"建设新篇章。

一、思想保障：拧紧"总开关"，夯实"压舱石"

在大力推进"汉襄肱骨、神韵随州"建设中，要切实加强党的政治建设，牢牢坚持"两个坚决维护"，引导和促进广大干部强化"四个意识"、坚持"四个自信"，不断夯实理想信念"压舱石"、拧紧思想的"总开关"，常筑信仰之基、补足精神之钙、把稳思想之舵，为"汉襄肱骨、神韵随州"建设提供坚实的思想保障。

（一）加强党性修养，坚定理想信念

广大党员要加强党性修养，坚定理想信念，在理论学习中强基固本、在凝神聚气中改革奋进、在坚守初心中砥砺前行。

1. 在理论学习中强基固本。"非学无以广才，非志无以成学"，"求木之长者，必固其根本；欲流之远者，必浚其泉源"。学习是领导干部掌握知识、开展工作的重要方法，更是增强党性、坚定信仰的重要途径。领导干部要将学习当成一种政治责任、一种精神追求、一种工作要求，以在全党开展党史学习教育活动为契机，学习党章，学习党的政策，学习法律法规，坚持党性原则、坚定党性立场、牢记党的宗旨、践行党的路线，做到对党忠诚、爱党护党，坚持不懈用习近平新时代中国特色社会主义思想武装头脑，提升政治素养、强化政治意识、增强政治定力，打牢思想根基，补足精神之钙。要深入领会习近平新时代中国特色社会主义思想中蕴含的理论特质、核心要义、精神实质、政治品格和价值追求，努力掌握贯穿其中的马克思主义思想方法和工作方法、斗争精神和斗争艺术。要通过主题教育活动，把自己摆进去，把职责摆进去，把工作摆进去，找准在思想、工作、作风等方面的差距，坚持学做结合、查改贯通，不断剔除思想中的杂质，不断升华政治境界、思想境界、道德境界，为敢于斗争、善于斗争奠定坚实思想基础。

2. 在凝神聚气中改革奋进。历史证明，有了统一的思想，制定出正确的纲领和目标，方能干成大事业。当前，我国正进入改革的攻坚期和深水区，改革愈向前推进，越会触及深层次利益格局的调整和制度体系变革，面对的暗礁、潜流、漩涡亦越多。进入新时代，要推动思想再解放、改革再深入、工作再抓实，以增进人民福祉为出发点和落脚点，以供给侧结构性改革为主线，捏沙成团、握指成拳，坚决贯彻攻坚克难的决策部署，同心发力、同向发力，聚焦、聚神、聚力抓落实，确保各项改革措施落地见效，增强人民群众获得感。

3. 在坚守初心中砥砺前行。人民是历史的创造者。要学深悟透习近平新时代中国特色社会主义思想，深入学习习近平总书记关于群众路线的系列重要论述，时刻把人民放在心中最重要的位置，筑牢不忘初心的思想基础。要牢固树立以人民为中心的发展思想，顺应时代要求和人民愿望，真诚倾听群众呼声，真实反映群众愿望，真情关心群众疾苦，多谋民生之利、多解民生之忧，不断增强人民群众获得感、幸福感、安全感。

（二）提高政治站位，强化使命担当

"重任千钧惟担当。"当前随州已进入高质量发展时期，新时代要有新作为，要围绕市委市政府中心工作和发展大局，积极投身建设"汉襄肱骨、神韵随州"、推动随州经济社会高质量发展。

1. 要把握大局。目前随州正处于实现跨越式发展关键时刻以及跨进千亿俱乐部的关键节点，如何突破发展瓶颈，实现高质量的增长，是摆在我们面前的重大课题。推进"汉襄肱骨、神韵随州"建设，是在认识、尊重、顺应城市发展规律的基础上所作出的重大研判。在新的历史方位和历史节点上，要深刻认识"汉襄肱骨、神韵随州"建设时代背景及所面临的机遇与挑战，深刻把握"汉襄肱骨、神韵随州"建设是政策所向、现实所迫、大势所趋、发展所需。

2. 要立足大局。要充分发挥各自优势，围绕"汉襄肱骨、神韵随州"建设的大局，在大局下思考、在大局下行动。聚焦市委市政府决策部署，强化使命担当，找准工作着力点、结合点，将本职工作放到全市改革发展大局中去谋划，处理好局部和全局、当前和长远、重点和非重点的关系，做到一切服从大局，以更高的站位、更实的举措推动"汉襄肱骨、神韵随州"建设。

3. 要服务大局。当前，在我国传统发展思路和发展方式发生根本转变的背景下，必将伴随着思想的解放、观念的更新和工作方法的改变。"汉襄肱骨、神韵随州"建设涉及城市空间布局、城市治理布局、产业发展布局、城乡融合布局、绿色发展布局等经济、政治、文化、社会、生态文明方方面面，需要广大党员干部将新理念、新思想、新战略融入具体实践中去，着力推动区域协调发展、城乡协调发展、物质文明和精神文明协调发展。

（三）提升履职能力，增强履职实效

"绳短不能汲深井，浅水难以负大舟。"在"汉襄肱骨、神韵随州"建设中，全市广大党员干部要全面提升履职能力，攻克时坚、敢于作为；抢抓机遇，主动作为；真抓实干，大有作为。

1. 攻克时坚，敢于作为。在创造了中国崛起的世界奇迹后，不合时宜的思想观念和体制机制弊端正在成为阻碍改革开放步伐的"绊脚石"，利益固化藩篱更是频频触动社会稳定发展的"警报器"。当前，我国正处在克难攻坚、闯关夺隘的重要阶段，"深水区"的改革将带来经济社会的深刻变革、利益格局的深度调整，各种矛盾和问题更为集中、更为复杂，协调利益关系、凝聚社会共识的难度更大，剩下的可谓都是"难啃的硬骨头"。习近平总书记指出，"必须以更大的政治勇气和智慧，不失时机深化重要领域改革"①。在"汉襄肱骨、神韵随州"建设中，各级领导干部要勇立潮头、披荆斩棘、逢山开路、遇水架桥，敢想敢干、敢闯敢试、敢为

——————————

① 党的十八大以来，习近平总书记把改革这件大事牢牢抓在手中，重要改革亲自部署、重大改革方案亲自把关、改革落实情况亲自过问，先之劳之、率先垂范，亲自主持召开50次中央深改组、中央深改委会议，审议通过400多个重要改革文件，确定300多个重点改革任务，出台1900多项改革举措，引领全面深化改革开创崭新局面。比如，以农村承包地"三权分置"为龙头推动农村经营体制改革，释放农村活力；以"有恒产者有恒心"为中心推动产权保护制度改革，为创业投资吃下定心丸；以司法责任制改革为支点推动司法体制改革，夯实法治中国根基；以国家监察体制改革为重点推动政治体制改革，健全党和国家监督体系……以前不敢碰、不敢啃的"硬骨头"被一一砸开。比如，从"一带一路"建设、京津冀协同发展、长江经济带发展，到粤港澳大湾区建设，再到长江三角洲区域一体化发展、黄河流域生态保护和高质量发展，六大战略跨越行政区划，不断延展新时代改革开放的时空布局；从沿海到内陆，从上海"一枝独秀"到东西南北中雁阵分布，18个国家级"试验田"大胆试、大胆闯、自主改，打造自由贸易试验区中国特色的创新样本。比如，十九届三中全会以来，在习近平总书记坚强领导下，我们整体性推进中央和地方各级各类机构改革，只用了一年多时间，推动党和国家机构实现了系统性、整体性、重构性变革，理顺了不少多年想理顺而没有理顺的体制机制，为完善和发展中国特色社会主义制度、推进国家治理体系和治理能力现代化提供了有力组织保障，让世界看到了改革开放的中国加速度，看到了将改革开放进行到底的中国决心。十九届四中全会专题研究坚持和完善中国特色社会主义制度、推进国家治理体系和治理能力现代化问题，正是考虑这是把新时代改革开放推向前进的根本要求。新时代谋划全面深化改革，就是要深刻把握我国发展要求和时代潮流，把制度建设和治理能力建设摆到更加突出的位置，继续深化各领域各方面体制机制改革，推动各方面制度更加成熟更加定型，推进国家治理体系和治理能力现代化。

人先，以"上九天揽月"的豪情、"挟泰山以超北海"的勇气、"不破楼兰终不还"的决心、"直挂云帆济沧海"的魄力、"时不我待、只争朝夕"的精神，当先锋、打头阵、挑大梁，涉深水、渡险滩、闯难关，将改革进行到底，续写新时代改革的新篇章。值得注意的是，探索就有可能失误，做事就有可能出错，正所谓"洗碗越多摔碗的几率就会越大"。组织敢于担当，干部才会有底气。所以，要正确把握工作失误的性质和影响，制定出台容错免责清单，为敢于担当负责的干部担当负责，切实保护干部干事创业的积极性。

2. 抢抓机遇，主动作为。主动作为，是新常态下人们应有的一种精神状态和干劲。新时期，新常态，只有主动作为，才能有所作为。我国正处在产业结构调整和消费结构快速升级的新一轮经济增长周期，经济发展已然进入新常态，全面深化改革释放出巨大制度红利，创新驱动日益成为经济增长主动力。长江经济带、大别山革命老区振兴、汉江生态经济带、淮河生态经济带发展规划等四个国家级战略在随州叠加，与此同时，随州亦是西部大开发战略由东向西的重要接力站和中转站。良好的宏观经济环境和政策为随州经济平稳增长、转变经济发展方式、调整优化产业结构带来了前所未有的机遇。虽然全市经济社会发展总体健康平稳，但依然会面临不少困难和风险，依然会遇到各种各样的"拦路虎"和"绊脚石"，突出表现为发展"有没有"、质量"好不好"、环境"优不优"和作风"实不实"的问题。广大党员干部要将本职工作置身于随州高质量发展大背景中、置身于全面深化改革大格局下、置身于"汉襄肱骨、神韵随州"建设大环境下，抢抓机遇，主动作为，保持定力，应对挑战，稳中求进，以人民为中心，谱写高质量发展新篇章。建设"汉襄肱骨、神韵随州"，要坚持"问题导向"，善于破解难题、攻克难关、解决经济社会发展深层次矛盾和问题。"疾风识劲草，逆境出真知"。随州基础弱、底子薄，要克服习惯先伸手、后动手，总是盯着政府的"荷包""等靠要"思维，主动想办法、谋妙策、出实招，做起而行之的行动者、不做坐而论道的清谈客，当攻坚克难的奋斗者、不当怕见风雨的泥菩萨，在摸爬滚打中增长才干，在层层历练中积累经验，在困难中得到成长、在平凡中成就不凡。尤其要把防范化解重大风险工作做实做细做好，到重大斗争一线去真刀真枪磨砺，保持斗争精神、增强斗争本领，在实践锻炼中认识斗争规律、在实践锻炼中学习斗争艺术。

3. 真抓实干，大有作为。党和国家事业越发展，对领导干部的能力要求越高。随州目前正处于爬坡过坎的关键阶段，在出现利益冲突、社会矛盾等问题的同时，一些党员干部本领上的短板、能力上的不足、知识上的弱项、视野上的局限亦开始显现。事业要发展、难关要攻克、风险要防范，面临的挑战和难题躲不开、绕不过、推不掉。广大干部要以知识恐慌、本领恐慌的危机意识，坚持理论与实践相结合，加强理论知识学习，积极投身实践锻炼，善于在接一接"烫手的山芋"与当一当"热锅上的蚂蚁"中磨炼干部品质，提升应对各种困难、解决各种难题的能力；要以入山问樵、入水问渔的求知精神，善于摆正位子、放下架子、俯下身子、迈开步子，到群众中去，到基层中去，经风雨、见世面、磨意志、长才干，增强斗争本领；要以一抓到底、久久为功的韧劲拼劲，出实策、鼓实劲、办实事，把口上说的、纸上写的、会上定的，变为具体的行动、实际的效果、人民的利益，为随州的高质量发展蹚出一条路来。

二、组织保障：选出"好干部"，配强"好班子"

"功以才成，业由才广，聚天下英才而用之。""为政之要，莫先于用人。"在"汉襄肱骨、神韵随州"建设中，要立好选人用人"风向标"、配好领导班子"火车头"、用好干部考核"指挥棒"，为随州高质量发展形成重要的组织保障。

（一）立好选人用人"风向标"

新时代呼唤新担当，新担当需要新作为。"汉襄肱骨、神韵随州"建设涉及经济、政治、社会、文化、生态等多方面的建设，在全面深化改革、推动随州高质量发展中将不可避免面临诸多重大挑战、重大风险、重大阻力、重大矛盾。要建立健全干部教育、选拔任用、从严管理、正向激励的体制机制，立好选人用人的"风向标"，用精准科学的选人用人导向，导出好思想、好作风、好干部、好队伍，为"汉襄肱骨、神韵随州"建设提供重要的干部队伍保障。要加大干部教育培训力度，加强党性锻炼与修养，坚持用习近平新时代中国特色社会主义思想武装头脑，锤炼干部忠诚、干净、担当的政治品质。要科学选用人才，坚持好干部标准，在选人用人上体现讲担当、重担当的鲜明导向，大力选拔、重用敢于坚持原则、敢于担当责任、善于实干作为、甘于埋头苦干的干部，激励干部敢担当善作为，让那些甩开膀子埋头苦干、遇到矛盾"让我来"的党政干部脱颖而出，让溜须拍马、畏首畏尾、患得患失、偷奸耍滑的"骑墙派""官油子"没有市场，激励干部多做打基础、增后劲、作铺垫、利长远的好事实事，做起而行之的行动者和攻坚克难的奋斗者，引导干部到基层一线去、到攻坚克难的前线去、到"汉襄肱骨、神韵随州"建设最需要的地方去。要加大干部监督，严管厚爱党员干部，要全面落实习近平总书记关于"三个区分开来"的重要要求，树立为创新者容、为担当者容、为实干者容的鲜明导向，对其失误错误进行综合分析研判，旗帜鲜明为敢打敢拼、敢于担当的干部撑腰鼓劲。

（二）配好领导班子"火车头"

"火车跑得快，全靠车头带。"要建设高素质干部队伍，选好"领头雁"、配强"好班子"至关重要。

1. 配强党政正职。"一头狮子带领的一群羊，可以打败一头羊带领的一群狮子"，党政正职在班子中处于核心地位，起着关键作用。要结合机构改革，坚持好中选优、优中选强，选优配强各级领导班子特别是党政正职，真正把担当作为、苦干实干的闯将干将选出来，把懒政怠政、为官不为的庸官懒官换下去。

2. 优化班子结构。班子结构优不优、功能强不强关乎着领导班子的战斗力。在选配领导班子时，坚持在选任上把好关、配备上定好向、储备上靠前想，积极研究和探索领导班子的最佳组合，优化领导班子的年龄结构、专业结构、经验结构，增强领导班子整体功能，形成干事创业的整体合力。首先，在年龄结构上，不简单以年龄划线，不搞一刀切，充分考量老干部经验丰富、办事稳重，中年干部年富力强、能力过硬，年轻干部精力充沛、敢闯敢干等特点，充分考虑人选成熟度和岗位匹配度，坚持老中青梯次配备、新老有序交替的原则，统筹使用不同年龄段的干部，实现班子成员年龄结构的合理化。其次，在专业结构上，要弄清干部的个体差异，在坚持德才兼备原则的同时，遵循"群体互补"的原理，用其所长，让具有不同专业背景的干部各尽其能、各展其长、各得其所，实现领导班子成员特长的个体性、互补性、互融性。通过科学选配，造就一支具有专业思维、专业素养、专业能力的高素质干部队伍，实现领导班子成员由"一专"到"多能"、由"偏才"到"全才"的转变。最后，在经验结构上，坚持"知识学历"与"工作经历"相结合，注重从基层一线发现和选拔干部，选拔有多岗位经历和基层工作经验的干部。

3. 加强班子建设。要通过加强理论培训、严肃党内政治生活、贯彻民主集中制、作风建设等一系列举措，切实加强和改进领导班子思想政治建设，扎实建设坚强有力的领导班子。

（三）用好干部考核"指挥棒"

考核就是"指挥棒"，用人就是"风向标"。考核评价是干部"选、育、用、管"制度链中的基础环节。党的十八大以来，中央明确提出要完善干部考核评价机制，促进领导干部树立正确政绩观。

1. 突出"政治标准"。在干部考核中，要将是否树牢"四个意识"、坚定"四个自信"、坚决做到"两个维护"、遵守政治纪律和政治规矩等纳入干部考核的重要内容。按照"忠诚、干净、担当"新时代好干部标准，对干部的政治忠诚、政治定力、政治担当等方面要进行全方位、多维度考察，让政治素质成为检验干部是否合格的"试金石"。

2. 确立"鲜明导向"。坚持考用结合，鼓励先进、鞭策落后，推动能上能下，树立鲜明地讲担当、重担当的导向，聚焦实践、实干、实效、实绩，加大对从严治党、高质量发展、"三大攻坚战"、乡村振兴战略、深化改革、生态治理、城市建设、民生改善等重点工作的考核权重，发挥考核"指挥棒"作用，推动中央和省、市等各项决策部署落到实处。

3. 注重"结果运用"。"考"是基础，"用"是关键。干部考核要避免出现"考时雷声大、用时雨点小""考而不究""考用两张皮"等现象，而应强化考核结果的综合运用。要立足随州"十四五"规划、各行业各部门中长期发展规划、年度重点任务、历年来指标完成情况等精准设定考核指标和权重，杜绝避重就轻，高定难超、低定高超等现象发生。要综合运用平时考核、年度考核、专项考核、任期考核、专项巡视、阶段督查、干部考察、谈心谈话等方式方法，结合阶段性任务和长远性任务、"结果式"的总结性考评与"过程式"动态考评，将考核结果与干部选拔任用、教育培训、监督管理、选拔任用、激励约束、追责问责等相挂钩，增强考核结果的正向激励与刚性约束，将好干部选出来、考出来、用起来。要坚持严管和厚爱结合、激励和约束并重，建立健全完善"好干事"的体制机制，树立重实干重实绩的用人导向；建立健全容错纠错机制，为敢闯敢干的干部松绑，防止"干和不干一个样，干多干少一个样，干好干坏一个样"，形成"能者上、庸者下、劣者汰"的用人导向和从政环境。

三、纪律保障：绷紧"纪律弦"，系紧"规矩绳"

"矩不正，不可为方；规不正，不可为圆。"守纪律、讲规矩是全面从严治党的必然要求。面对新时代新任务新要求，要通过"立规明矩"，把纪律规矩挺起来、立起来、严起来，打造忠诚干净担当的高素质队伍。

（一）严肃纪律规矩，架好"高压线"

纪律和规矩既是"高压线"也是"护身符"。

1. 以纪律规矩铸"忠诚"，做政治上的"明白人"。通过制度建设促进广大党员干部牢固树立纪律和规矩意识，将严守政治纪律和政治规矩永远排在首要位置，在党言党、在党忧党、在党为党，切实做到为党分忧、为国尽责、为民奉献。在"汉襄肱骨、神韵随州"建设中，广大党员干部要坚定贯彻、全面落实中央和省委、市委等决策部署，统一意志、统一行动、统一步调，推动随州各项事业不断向前发展。

2. 以纪律规矩促"干净"，做作风上的"干净人"。要把纪律和规矩挺在前面，严格按照党的制度和规矩办事，心有所畏、言有所戒、行有所止，做到"心不动于微利之诱，目不眩于五色之惑"。要依法用权、秉公用权、廉洁用权，锻造防腐拒变的"金刚不坏之身"，不滥用权力、不以权谋私，清清白白为官，干干净净做事，堂堂正正做人。

3. 以纪律规矩强"担当"，做工作上的"有为人"。担当是成事之要，斗争精神是我党应对各种风险挑战的强大法宝。在当前面临复杂形势和艰巨任务的背景下，要严明纪律规矩，不断加强党的作风建设。通过纪律作风制度化建设，确保广大干部保持斗争精神，彰显担当作为。要克服"爱惜羽毛"不愿斗争的问题、"畏首畏尾"不敢斗争的问题、"能力恐慌"不会斗争的问题，不做"太平官"、不当"老好人"、不避"硬骨头"，不"打太极""踢皮球"，不让"为官不易"变成"为官不为"，引导干部消除"为了不出事，宁愿少干事、不干事"的错误认识，促使广大干部以"明知征途有艰险，越是艰险越向前"的勇气，"咬定青山不放松"的定力、"撸起袖子加油干"的干劲，"功成不必在我"的精神境界、"功成必定有我"的历史担当，敢于斗争、善于斗争，敢于担当、善于担当，在大是大非面前敢于亮剑，在矛盾冲突面前敢于迎难而上，在危机困难面前敢于挺身而出，在歪风邪气面前敢于坚决斗争，在提高斗争本领中主动担当作为。

（二）严明责任落实，管好"责任田"

要坚持党要管党、从严治党，全面落实党风廉政建设责任制，党委负主体责任，纪委负监督责任，牢固树立不抓党风廉政建设就是严重失职的意识，抓实责任分解、责任考核、责任追究等关键环节，确保责任人做好分内之事、履行好应尽之责。要落实党风廉政建设第一责任人制度，确保"第一责任人"既要廉洁自律、做好表率，又要敢抓敢管、认真负责，以守土有责的意识、守土负责的行动、守土尽责的担当，把好方向、带好队伍、防好风险，主动担当"组织领导之责、教育管理之责、检查考核之责、责任追究之责、支持执纪之责"，真正把"第一责任人"的责任扛在肩上、落到实处。要落实好"一岗双责"制度，确保班子成员承担好分管领导责任，对问题做到早发现、早提醒、早预防。要严把责任关口，压实主体责任，抓好查纠整改，强化责任担当，形成"一把手"不甩手、班子成员不缩手的责任，层层压实、压力传导通畅、齐抓共管的管党治党良好氛围，推动全面从严治党向纵深发展。

（三）严格执纪监督，念好"紧箍咒"

在加强对国家公职人员监督全覆盖方面，十九届四中全会提出了健全党统一领导、全面覆盖、权威高效的监督体系；完善权力配置和运行制约机制；构建一体推进不敢腐、不能腐、不想腐体制机制，确保党和人民赋予的权力始终用来为人民谋幸福等具体要求。习近平总书记指出："有纪律规矩而得不到执行，有时比没有纪律规矩产生的负面效应更大。"

1. 要突出执纪重点。在执纪监督中突出重点环节、重点对象，突出民生惠民、土地征收、工程建设、"三资"管理、脱贫攻坚等重点领域的查处力度。持之以恒纠治"四风"，严防享乐主义、奢靡之风反弹回潮，坚决破除形式主义、官僚主义。围绕营商环境①、项目落地、干部作风建设组织开展基层作风巡查活动，聚焦群众痛点难点焦点开展专项整治，大力

---

①　如面对影响营商环境的痛点堵点难点问题，要通过制度强化"为企业和市场主体服务"的服务理念，积极开动脑筋、多想办法，少说"不能办"、多说"怎么办"，想方设法为企业排忧解难。（比如，整治非法采砂力度加大，砂石一度供应紧缺、价格快速上涨，影响汉十高铁、黄鹤楼酒业等全市重点项目建设进度。通过调查发现，随州河砂资源丰富，之所以出现无砂可用的现象，主要是私营老板联合垄断市场，通过砂石外运，控制本地价格。针对这一问题，市委市政府果断出击，由平台公司整合组建水泥混凝土搅拌站，对砂石进行统一经营。当时还没建成时，私营老板就闻风而动，价格下调。目前市场上河砂供应充足，日产 1.6 万方，河砂价格从高峰期的每吨120 元左右降至 90 元左右。

惩治群众身边"雁过拔毛式"的"微腐败"，坚决向群众身边不正之风和腐败问题亮剑。

2. 要加大执纪力度。加大监督执纪力度，做到有纪必依、执纪必严、违纪必究。坚持无禁区、全覆盖、零容忍，严肃查处违纪案件，做到力度不减、节奏不变、尺度不松，着力保持惩治腐败高压态势；实行"分层式定责、压力式传导、倒逼式追责"于一体的"两个责任"落实制度，推动"一案双查"，倒逼"两个责任"刚性落实，坚决防止和克服"不想多管事、不愿担责任、不敢得罪人"的"好人主义"倾向，对责任不落实、工作不力导致不正之风长期滋长蔓延的单位及其责任领导，严格问责，决不姑息、决不手软，不断取得党风廉政建设和反腐败工作的新成效。

3. 要带头执纪守纪。树立"监督者更应被监督"意识，严防"灯下黑"，做到自身要正、管理要严，带头接受党和人民监督，争做廉洁表率，保持政治清醒、严守廉洁、保持作风清正、行为清白，永葆共产党人政治本色，着力构建风清气正的政治生态。

专题部分

热点聚焦

第九章
专题研讨聚焦篇

"哪儿的泥土曾经留下过中华文明第一组伟大的脚印？随州。哪儿的金属曾经铸就过战国时代第一组完整的乐音？随州。哪儿的明月曾经陪伴过唐代第一诗人的青春生命？随州……"

——余秋雨

随州拥有深厚的文化资源和坚实的产业基础，在"汉襄肱骨、神韵随州"建设过程中，应立足特色、围绕重点、抓住关键，谱写新时代高质量发展新篇章。

一、专汽产业之应急产业发展

随州作为"中国专用汽车之都"，是中国专用汽车主要发源地和主要生产基地，产业配套相对齐全，上下游产业链基本形成；拥有全国较为完备的应急产业生产体系，涵盖了应急产业的多种类型。① 然而，有学者通过调研，得出随州专汽存在着中等规模企业数占比较少、技术创新和新产品研发能力低、产品同质化现象严重②、企业管理水平不高、品牌管理缺失、营销手段弱、销售渠道窄、产业链有待进一步深化等问题③。具体来讲，从产业发展链条来看，大多属于劳动密集型行业，依靠机械化和手工化作业生产中低端产品，企业自主创新能力不够，技术研发水平不高，产品科技含量不高、同质化严重，恶性竞争等问题较为严重。从产业品牌培育来看，本土化产业品牌影响力还不够，企业品牌意识不强。从产业规模来看，普遍偏小，生产要素配置分散，缺乏规模经济。应急产业集群内经济结构不够合理、企业发展不平衡、行业龙头企业带动性不强的问题依然存在，产业协同创新不足。

　　综合来看，为实现应急产业高质量发展，随州市确立了应急产业的重点方向，其一，聚焦科技创新，以应急产业前沿技术突破、科技成果转化、产业集聚发展为重点；其二，聚焦平台打造，加快应急专用车质量检

---

　　① 在 20 世纪 60 年代至 90 年代的起步发展时期，随州相继建成湖北省改装总厂、市改装总厂、挂车总厂三大专用汽车厂，依托东风公司并与之差异化发展，创造了全省推广的"随州现象"。本世纪前五年的改革发展时期，通过深化企业改革，理顺产权关系，健全体制机制，催生市场主体，随州打造了全国知名的专用汽车生产基地。2005 年以来，是随州专用汽车产业的集约发展时期。专用汽车产业迅速扩张，生产企业个数突破百家，产值链条体系初步形成，优势更加明显，影响力加速提升，专用汽车产业成为全市第一大支柱产业，被列入湖北省重点成长型产业集群，综合实力位居全国前列。2007 年，随州市被中国机械工业联合会授予"中国专用汽车之都"称号；2010 年，中国机械工业联合会与湖北省政府签订共建"中国专用汽车之都"协议；2012 年 5 月，湖北省委省政府将支持随州建设世界华人谒祖圣地、打造中国专用汽车之都纳入全省"一元多层次"战略体系，"圣地车都"建设成为省级战略；2013 年 6 月，中国汽车技术研究中心与随州市政府签署共建"中国专用汽车之都"战略合作协议。

　　② 大部分产品集中在技术含量和附加值低的产品上，如罐装车、自卸车、半挂车、教练车和环卫、混凝土搅拌车等，缺乏适用于高速公路运输、城市建设、市政管理、机场、油田等领域的专用汽车，国家鼓励的节能和新能源车，在随州市尚属空白。

　　③ 费秀刚：《湖北省随州市专用汽车产业调研报告》，载《北京师范大学》2011 年硕士学位论文。

测中心建设，着手筹备专用车售后服务中心；其三，聚焦融合发展，以军民融合、两化融合、一二三产业融合为主攻方向，抢搭国家"强军兴军"快车，转化一批军用技术，争取一批军品订单，申报一批军品资质企业；其四，聚焦应急产品市场开拓，应急产业发展与地方政府采购、民生事业保障紧密结合，促进优质产品市内流通，支持重点企业参加全国各类大型展会；其五，聚焦行业龙头培植，以齐星车身、程力专汽、东风随州、恒天汽车为龙头，培育 2 家产值过 50 亿元应急产业骨干企业，支持优势企业兼并重组上下游关联企业。发展应急产业是随州推进质量变革、效率变革、动力变革，不断优化产业结构和实现供给侧改革，加快工业转型升级的重要举措。在推动专汽产业向应急产业的转型中，要突出裂变导向，进一步整合产业链条，提高"产品附加值"；提升研发水平，占据"市场制高点"；壮大龙头企业，增强"产业带动力"；培育优势品牌，提升"品牌含金量"，实现"裂变倍增"。

（一）整合产业链条，提高"产品附加值"

当前，随州应急产业"集而不群"较为严重，应急专用车本地配套率不足 30%。产业集群并非急于发展，盲目追求项目，不经过科学规划就把一些不相关的企业简单归大堆，"捡进篮子都是菜"，导致产业聚集杂乱无章，从而引起产业规模小、层次低、链条短，投入产出率不高，产品处在价值链的低端等问题。为改变这种局面，应"提着篮子去选菜"，根据特色产业准确定位，按照产业关联度进行规划，推进产业一体化，共抓产业链，贯通上下游，推动产业与产业之间、相同产业上下游之间、同一产业的价值链各环节之间分工合作。① 就随州而言，要围绕应急产业全产业链

---

① 举例来讲，过去，上海的技术、绍兴的印染、苏杭的织造，织起纺织业合作的经纬线；现如今，像工业机器人这样的产业，让长三角更智能地合作起来，从上游减速器制造、零部件控制系统生产，到中游本体制造，再到下游系统集成服务，长三角已经形成了较为完备的机器人产业链，机器人产能占全国 50%以上。反之，若城市之间如果产业政策不对接、产业布局雷同甚至大打价格战，就没有上卜游合作可言。《共抓产业链，贯通合作上下游》，https：//baijiahao.baidu.com/s？id＝1636080767510080977&wfr＝spider&for＝pc。

条，做好应急产业强链、延链、补链工作，加快推动专汽产业向应急救援领域进军、向智能制造转型，以全产业链形成成本优势和技术研发优势，以全系列产品建立市场竞争优势。

1. 以产业延链实现产业集聚。建设应急产业基地，需要整体谋划，整合关联产业，实现产业集聚。如整合应急产业、电子信息、生物医药、新材料四大产业，并在此基础上建立技术研发、检验检测、园区建设等配套体系。《随州市应急产业基地建设实施方案》提出以随县、广水市、曾都区、随州高新区四大区域为主阵地，全域推进应急产业基地建设：以应急产业、生物医药、电子信息、新材料等产业为主支撑，多产业参与共建；以两化融合、产城融合、制造业与服务业融合"四大融合"为主方向，实现应急产业提质增效。以创新驱动转型工程、结构布局调整工程、质量品牌培育工程、开放重组优化工程、服务体系构建工程、应急文化塑造工程等"六大工程"为主抓手，推动应急产业示范基地提档升级。当前，以曾都经济开发区、随州高新区为核心区，引进建设规模以上应急产业企业100家以上，企业总数200家以上，形成应急专用车为主导，带动生物医药、新材料、电子信息等多产业参与共建的应急产业体系，打造中部领先、全国一流的应急产业集聚区。

2. 以产业强链激发动能转换。加快推进智能化、网络化、自动化、数字化等技术在应急产业特别是专用车领域的开发应用。对接"中国制造2025"，积极探索实践新型工业化道路，实施智能制造工程，推进工业化与信息化深度融合。打破低端锁定，深入实施"百企百亿技改工程"，加快"机器换人"步伐，加快互联网、大数据、人工智能和制造业的深度融合，着力于装备产品智能化提升、生产过程智能化改造、智能制造试点示范等工作①；推动传统产业改造提升，有机结合高新技术与培育特色支柱产业；瞄准前沿领域，推动新兴产业发展壮大，推动互联网+协同制造，

---

① 如齐星车身基于工业机器人智能化电动车底盘生产线、恒天汽车智能网络监控系统、东风车轮智能机器人、重汽华威智能渣土车、华一专汽智能泵车等一批智能装备、智能产品、智能制造项目得到推广应用和投入生产。

完善无线传感网、行业云及大数据平台等新型应用，创新互联网销售、智能车载技术融合应用。

在"一主引领、两翼驱动、全域协同"的区域和产业布局下，加快推进应急产业及零部件、智能制造等特色产业转型升级，挺起汉孝随襄十制造业高质量发展带的脊梁。例如"汉孝随襄十制造业高质量发展带"，各地区均有汽车产业，十堰已发展成为我国最大的商用汽车生产基地和具有较大影响力的汽车零部件生产基地之一。襄阳不仅是东风商用车和乘用车的重要制造基地，同时还是我国汽车动力和汽车零部件的制造基地以及新能源汽车发展较快的示范城市。随州是湖北汽车长廊的节点城市之一，应急产业和汽车零部件产业集群优势明显，亟需把握汽车产业发展比较优势，坚持区域协调、城乡融合、产业协同、特色分工，加快转型升级和配套协作，推进传统产业转型升级，加速培育先进制造业，催动汽车产业链、价值链全面重塑，提升竞争力。如应急产业及零部件产业要以现有具备生产资质的改装车企业和零部件生产骨干企业为主体，坚决禁止新上不具备生产资质、产业雷同的改装车生产企业，避免低水平重复建设和生产；加大对非法改装企业、作坊式窝点的打击力度，切实加强生产合格证的管理，坚决遏止恶性竞争、打击假冒伪劣；同时要大力引进发展零部件生产企业和技术含量高、附加值高、产品填补随州空白的改装车生产企业，如着重发展新能源、轻量化、智能化专用车。

3. 以产业补链提升产品价值。加强供给侧结构性改革，淘汰落后、过剩产能。大力发展"高精尖"专用车，研发生产轻量化、绿色化、智能化专用车，做大整车和汽车零部件产业，推进高附加值应急产业产品产业化发展，实现应急产业由"随州制造"向"随州质造""随州智造"转变，向"随州创造"转型，打造以专汽为主导的应急产业基地。重点研发一批具有自主知识产权、科技含量高、附加值高的专用汽车，逐步改变目前集中于劳动密集型、低技术含量、低附加值的运输类专用车辆的现状。如提高应急医药医疗、应急通信、应急新材料等高科技、高附加值产品比重。与此同时，以军民融合、两化融合、一二三产业融合为主攻方向，抢搭国家"强军兴军"快车，支持专汽企业取得军用产品生产资质，转化一批军用技术，争取一批军品订单，申报一批军品资质企业，加大军用装备驾驶室、淋浴车、宿营车、炊事车等各类军用专汽研发生产力度，推动军民融合深度发展①。

（二）提升研发水平，占据"市场制高点"

随州应急专用车本地配套率不足30%，需大量外购底盘等零部件。企业研发投入不足，自主创新能力不强，专用汽车高机动底盘、汽车智能控制系统、新能源核心"三电"等核心技术均为空白，提供应急产业研发水平刻不容缓。

1. 搭建创新平台。深化"市校合作、企校合作"，引导校企联合开展科技攻关，增强协同创新能力。积极搭建高校与科研院所人才交流、科研合作、智力支撑平台，并不断完善创新平台运行机制。坚持平台建设和项目建设并举，加强湖北专汽研究院②、工业研究院、院士工作站等创新平台建设，积极引导、鼓励和支持企业建立工程技术研究中心、校企共建研发中心和重点实验室建设，积极推动更多高校科研院所来随建立分支机构、研发中心，做实做强创新平台载体，推动市校合作各个协议项目落地见效。如曾都区积极行动，与武汉理工大学科研团队共同成立新型科研机构——湖北应急产业技术研究院有限公司，实行多元化投资、市场化运行、现代化管理，有利于激发科研团队的积极性，有利于节省财政资金对科研平台的投入，符合中央和省有关精神，符合新时代科研发展趋势，前景可期。当前，随州正加快建设应急专用车质量检测中心，着手筹备专用

---

① 如中澳纳米耐高温铝合金被解放军某部应用于导弹、航空航天器件、喷气战斗机；润晶电子研发的某型号音叉晶体谐振器达到国际领先水平，并向某军工单位供货；红色江山军工产业园、江南特汽压缩空气泡沫消防车、金龙新材料多功能篷布、程力军工等重大军民融合项目相继投产达效。

② 当前，由于运行机制不活、内生动力不足，没有实现科技与经济的有效对接，与同一"娘家"的东莞的广东华中科大工研院有天壤之别。

车售后服务中心等。

2. 完善创新体系。健全完善以企业为主体、市场为导向、产学研深度融合的技术创新体系和产业发展模式，使更多创新成果在随州转化。具体来讲，建立产业技术战略联盟，集中资金和力量，突破瓶颈制约，使企业、大学、科研机构或其他组织机构形成联合开发、优势互补、利益共享、风险共担的技术创新合作组织，实现技术成果共享，加快新产品开发。要建立专汽技术信息中心，广泛及时地搜集国际国内应急行业的动态和技术发展趋势，加强市场调研与分析预测，开展产业政策研究，为企业发展提供方向性指导和政策性支持。要建立汽车产业研发基地，以政府主导、企业出资、科研机构提供技术的方式，以形成世界一流研发能力为目标，特别是要加快对节能及新能源汽车相关技术的研发，为企业创新提供技术支持和服务。

3. 培育创新人才。引进培养更多创新团队和领军人才，建立多层次的企业科技人才开发体系，筑构高层次的汽车企业技术人才高地。全方位引进高级管理人员，解决人才紧缺问题，形成引才、留才、育才、用才的"小气候"，营造了重才、爱才、惜才的好氛围。

（三）壮大龙头企业，增强"产业带动力"

龙头企业指的是在某个行业中，对同行业的其他企业具有深远影响和一定的号召力、示范、引导作用，并对该地区、该行业或者国家作出突出贡献的企业。行业龙头企业地位重要、贡献重大，必须下大力气培育发展一批大企业大集团，发挥龙头企业、上市公司的引领带动作用，把"龙身"和"龙尾"带动起来，更好更快地提升全市企业和行业整体发展水平。随州应急产业企业产业链关键环节缺乏一批创新能力较强、具备国际竞争力的自主品牌领军企业，阻碍制造业高质量发展。如随州应急产业企业大多数属于中小型民营企业，缺乏具有明显龙头带动和辐射作用的大企业。

目前，应急产业领域拥有 8 块国家级金字招牌、9 个中国驰名商标、

9 家央企及地方国资背景企业。但也应该看到，纵然随州应急产业规模以上企业有 130 多家，应急专用车产量 13 万台，但多数为中小型民营企业，产值过 50 亿元仅 1 家（程力专汽）、过 10 亿元仅 8 家。相比之下，全国年产 10 万台以上专用车的大企业达到 3 家，其中三一重工年产值 500 多亿元。随州应急产业仍然存在着有"高原"无"高峰"，大而不强，缺乏全国乃至全球性影响力的企业等问题。在"汉襄肱骨、神韵随州"建设中，要发挥应急产业（专用汽车）、食品工业（香菇）引领作用，促进应急产业及零部件、电子信息、风机、香菇、铸造等五大省级重点成长型产业集群持续健康发展，重点发展应急产业（专用汽车）、食品工业（香菇）为主导的两大千亿级产业，发展壮大战略性新兴产业，改造提升传统产业，推进产业集聚化发展，夯实工业强市之基。通过政策倾斜、资源整合、资产重组等多种方式培育龙头企业，推动应急产业企业做大做强，重点扶持齐星集团、程力集团、恒天汽车、东风随专、厦工楚胜、三环铸造等一批龙头企业，形成若干家应急产业企业集团以及国内专用车企业具有较大影响力的企业等。如推进企业联合重组，大力发展混合所有制经济。充分发挥产业资源优势，承接产业转移，推动本土企业参与央（省）企在资源、资本、项目、生产要素、市场、专业园区、国际贸易等方面开展多种形式的合作；支持优势产业、优质企业与央（省）企实现资产重组，采取控股、参股等方式发展混合所有制经济，壮大增量、盘活存量，充分利用大企业集团的资本、技术、管理优势发展壮大随州产业规模。比如，我们引进了中国中车、新兴际华等大企业，对随州一些无资质企业和创新能力差、经营困难和停破产企业进行兼并重组，有效盘活了存量资源。当前，随州聚焦行业龙头培植，以齐星车身、程力专汽、东风随州、恒天汽车为龙头，培育 2 家产值过 50 亿元应急产业骨干企业，支持优势企业兼并重组上下游关联企业。

值得注意的是，既要重视重点优势龙头企业发展，更要对随州大量的中小企业给予更多关注、支持和帮扶，引领企业走"专精特新"发展道路，培育一批引领行业发展的"小巨人"、细分领域"隐形冠军"。

（四）培育优势品牌，提升"品牌含金量"

其一，擦亮金字招牌。随州虽然拥有"中国专用汽车之都"这块金字招牌，但也应该看到，天津、吉林长春、辽宁铁岭、河北邢台、山东梁山、安徽马鞍山、湖北十堰等地专用汽车产业均是当地支柱产业之一。随州必须增强忧患意识，切实把专汽之都做成名副其实的城市名片。通过持续的品牌培育，增强企业的市场竞争力。其二，借助知名品牌。把引进知名品牌作为招商引资的重中之重，力争引进一大批国内外知名汽车集团和驰名品牌落户随州，借助外力提高随州应急产业品牌竞争力。其三，叫响本地品牌。开展"有牌—创牌—名牌"梯次品牌争创行动，分门别类建立产业品牌培育库，引导、支持企业通过自主开发、联合开发和并购等多种方式发展自主品牌，通过加强产品质量管理，建立和完善质量保证体系，加大知识产权保护力度，提高企业品牌的"含金量"。鼓励、支持和组织企业参加各种博览会、汽车展销会、商务洽谈会等活动，扩大品牌影响力。如以"中国（随州）专用汽车博览中心"为载体，以中国机械工业联合会和湖北省人民政府为主办单位，定期举办"中国（随州）国际专用车博览会"和"中国（随州）专用汽车发展论坛"，广泛组织开展招商引资、学术交流、项目洽谈、产品展销等活动，提高随州应急产业的知名度。加大媒体宣传力度，做好电视广告，专题片拍摄，建好"中国专用汽车之都"网站和微信公众号等，提升品牌知晓度。建立"中国专用汽车之都"网站，借助互联网，发展电子商务，发布权威行业信息和商务信息，以信息化提升品牌竞争力。

二、风机产业之地铁装备产业发展

《中国制造 2025》明确将先进轨道交通装备作为十大重点发展领域之一。《"十三五"国家战略性新兴产业发展规划》明确提出要打造具有国际竞争力的轨道交通装备产业链。近年来，国内城市轨道交通发展迅猛，为随州依托风机产业优势，发展地铁装备产业提供了良好契机。2019 年以来，随州地铁装备产品打入武汉、北京等全国 20 多个城市地铁市场。广水市作为随州地铁装备产业基地的核心区，有"中国风机名城"之称，现有风机制造及配套企业 60 多家，风机产品型号 1000 多种，风机产业年产值超过 100 亿元，连续 11 年被纳入全省重点成长型产业集群。

（一）做好地铁装备产业规划

城市轨道交通以轨道运输方式为主要技术特征，是城市公共客运交通系统中具有中等以上运量的轨道交通系统，主要包括地铁、轻轨、单轨、市域快轨、现代有轨电车、磁悬浮交通、APM 等形式。按国际流行的一般分类方法，城市轨道交通可划分为地铁、轻轨和有轨电车 3 大类。其中，地铁是最主要的城轨交通制式。

地铁具有运量大、速度快、安全便捷、准点舒适等突出优势，深受世界各地城市居民的欢迎，并逐渐成为全球公共交通发展的趋势。据不完全统计，截至 2018 年底，全国共有 35 个城市开通城轨交通运营线路 185 条，最近 10 年开通地铁的城市就增加了 21 个，运营线路总长度 5761.4 公里，同比增长 14%，客运量达 211 亿人次，同比增长 14%，未来有望保持快速增长态势。所以，地铁装备行业面临着良好的市场前景①，国内可拥有万亿级地铁项目市场。地铁装备主要包括车辆、通信与信号系统、车载 PIS 系统、自动售检票系统以及其他机电装备等。

地铁风机作为地铁装备的重要组成部分，随州风机产业发展的优势，为大力发展地铁装备产业提供了良好的产业基础。当前，广水市正在加紧制定随州地铁装备产业基地规划，在地铁装备产业规划上，可关注以下几

①　总体来说，目前全球拥有地铁线路最多的地区分别为欧洲、亚洲和美洲，运营线路最长的前三国家分别为中国、美国、日本，发达国家的主要大城市如纽约、华盛顿、芝加哥、伦敦、巴黎、柏林、东京等已基本建成发达的地铁设施，我国的主要大中城市上海、北京、广州、南京、深圳、成都、武汉等地铁建设仍方兴未艾，印度、伊朗、越南、印度尼西亚等其他新兴国家也有多个城市在建或规划建设地铁。

个方面的问题。

1. 要做好外引，扩大风机产业的辐射力。风机产业是广水最具活力的优势产业之一，要发展包括地铁装备产业在内的关联产业。目前已发展关联企业 60 多家，风机产品型号 1000 多种，产品广泛用于地铁交通、污水处理、航天军工等领域。当前，广水风机产业获得了全国化工、磷肥、硫酸、电力、煤炭等行业设备供应及服务入网资格。矿用风机获国家安全标志认证。所以，要做好风机产业的辐射能力。

2. 要做好内联，放大风机产业的带动力。纵观国内主要地铁产业基地发展，均有大型地铁业主或集团支撑，如成都地铁产业基地依托中铁二院和成都地铁集团；株洲地铁产业基地依托株洲所和株洲机车厂。面对地铁装备行业的市场蓝海，不能仅仅拘泥于地铁风机产业，而应以地铁风机为基点，整合智能制造、防水材料等产业，大力发展地铁装备配套产业，建设集车站设备、工程材料、运营维护、科研孵化等园区于一体的综合性地铁装备产业基地。如广水市计划力争到 2021 年，地铁装备产业产值规模达到 300 亿元，培育地铁装备产业龙头企业 10 家，产值过 10 亿元的企业 3 家以上，致力打造全国最大的地铁装备产业基地。

3. 要做好整合，增强风机产业的影响力。构建集研发设计、生产制造、销售经营于一体的高端地铁装备产业集群。在地铁装备产业基地区域规划上，以广水市为核心区，随州高新区为发展区，打造中部地区地铁装备生产基地。

（二）做深地铁装备产业链条

根据"链条定律"，一根链条与它最弱的环节有着相同强度。优化产业链条整合力，必须提升产业链上中小企业的协作配套能力。因此，广水要以地铁风机产业、智能制造①、防水材料等产业发展优势为支点，加快发展地铁产品的工程设备、车站设备、机电设备、加工设备，做深加粗地

---

①　随着国内城市地铁建设规模的不断增大，城市地铁智能化系统市场容量正越来越大，2018 年预计在 116 亿元，未来有望延续增长势头。

铁装备产业发展链条。如广水市制定规划：以三峰透平、毅兴智能、永阳防水、广瓷科技、齐星车身、中车楚胜、金龙集团等骨干企业为依托，打造涵盖机车零配件、土木工程设备、车站设备、牵引供电、通信信号系统的产业链平台，2019 年 7 月，随州市政府与武汉地铁集团签订战略合作协议：武汉地铁集团以现有轨道交通装备核心设备为基础，拓展车站设备、工程设备材料等配套项目，支持随州市建立地铁装备产业基地。由于地铁装备行业种类多、技术要求高，在地铁装备产业上中游各个阶段，随州需明晰地铁装备产业发展的特色优势，有的放矢，明确重点产业发展方向。如国内城市轨道交通信号技术与国际先进信号公司尚存较大差距，国内尚不具备提供整套 ATC 系统尤其是基于通信的 ATC 系统的能力。又如我国绝大多数轨道交通线路的信号系统尤其是采用基于无线通信的移动闭塞信号系统的核心子系统均采用进口设备，其核心技术由外国公司掌控，仅在其他子系统和辅助设备方面采用国产设备。所以，随州应该结合自身发展实际的基础上，围绕现有地铁装备制造企业上下游产业链条，突出地铁风机、智能装备、列车车身的零部件、新材料等重点领域进行重点培养。同时，围绕现有地铁装备核心和配套工程，有针对性地重点招引电机、风阀、消声器、模具、智能控制系统等配套项目。

（三）做强地铁装备产业技术

地铁装备制造具有很强的技术壁垒和一定的资金壁垒，且对相关资质、相关经验具有严格要求。地铁轨道交通行业涉及的专业技术较为复杂，从建设流程来看，主要包括建设施工领域、车辆装备领域、通信信号系统、电力监控系统四个方面①。目前我国地铁装备市场国产化率低，影

---

① 在建设施工技术方面，我国地铁的施工先后采用了明挖法、暗挖法、盖挖法、盾构法、沉管法等方法，部分已达到了国际先进水平；车辆装备技术方面，我国城市轨道交通已由单一的地铁铁道系统发展到地下、地面和高架相结合的立体交通体系、轻轨交通体系、单轨交通体系。在通信信号系统方面，国内轨道交通的信号和通信系统分别独立地采用各自的物理承载平台，甚至包括光缆等基础缆线。在电力监控系统方面，借助于城市轨道交通内部独立的通信系统，通过变电所综合自动化系统对城市轨道交通牵引供电系统的各种电压、电流、交流、直流等设备的运行进行监控和管理。

响了地铁行业的进一步发展带来，很大程度上增加了国内城市轨道交通建设的投入成本，因此，加快关键装备国产化是城轨交通装备市场主要发展趋势。另外，除提高国产化率外，提升智能化水平也将成为地铁装备市场的发展趋势。

为加快铁路装备产业新旧动能转换，应鼓励企业与高校、研究机构共建技术工程中心，聘请专家和高新技术人员，开展科技攻关和技术创新，不断提高产品档次，改良旧产品，开发新产品。当前，随州高度重视地铁装备产业的技术研发。广水市积极引导企业对接国家"先进轨道交通装备及关键部件"创新发展工程，加快研发地铁风机、地铁智能装备等高附加值产品，抢占市场制高点。又如三峰透平公司建立了博士后科研工作站、院士专家工作站，在武汉成立研发中心进行技术创新，先后从日本、捷克、丹麦等国家引进先进设备。湖北双剑鼓风机公司、湖北微特风机公司发展新型地铁风机，开发新式潜艇风机等。当前，在广水市风机龙头企业中，中高端产品约占60%。又如武昌工学院绿色风机制造湖北省协同创新中心联合随州地铁企业及第三方研发机构共建产学研合作中心，助力建设广水地铁装备前沿技术中心。

三、现代农港建设之香菇产业发展对策

香菇产业是随州一项具有优势和潜力的特色产业。"要立足打造国家级香菇产业基地，引导香菇产业向高端化发展，形成菌种培育、香菇机械、香菇种植、香菇深加工的全产业链条，进一步壮大香菇优势产业。"据不完全统计，随州有菌种生产企业200多家，食用菌加工企业100多家，产业链总产值达230亿元，已建起品种选育、菌种生产、袋料栽培、技术服务、市场交易、精选加工等配套完整的香菇产业体系。然而，受经济下

行、融资困难、研发能力不强、农民种植意愿下降①、周边及邻省香菇主产区政策吸引和主要龙头企业重资产影响，香菇产业面临着发展瓶颈。譬如随州香菇出口量连续 12 年居国内首位的纪录，在 2016 被河南省三门峡市西峡县打破，香菇出口"老大"实现易主。逆水行舟，不进则退，如何实现随州香菇产业的转型升级是摆在随州面前的重大课题。当前，随州香菇产业发展正处于转型升级的关键时期，受中美贸易摩擦、各种不确定外部因素叠加的影响，香菇出口总量萎缩，产业发展遭遇瓶颈，"随州香菇"的品牌影响力面临着冲击和考验。

（一）产品上档次

全产业链模式主要指以"研、产、销"高度一体化为主导的产业发展模式，涵盖了上游原材料供应、中游生产加工、下游的市场营销等内容。随州香菇产业集群经过多年发展相对成熟，但全产业链发展还有较大空间。要围绕前端香菇棒制作、中端规模化种植、后端产品深加工，加快打造具有核心技术的全产业链条。

---

① 随州市食用菌协会会长许景闻从四个方面分析了随州香菇种植量减少的原因：其一，种植环境遭到破坏，是随州香菇种植量出现下降的一大原因。从上世纪八九十年代开始，随州各乡镇普遍形成了菇农长期在自家房前屋后进行庭院式袋料香菇种植的现状，其中相当一部分菇农缺乏对菇棚进行标准化管理，没有按照技术要求处理废弃的菌棒，有的随意堆放在露天场所，或干脆存放在出菇架上，任凭菌棒遭受雨淋后发霉，且不采取风干和消毒措施，导致出菇场地及周围废料垃圾遍地，有害菌不断滋生传染，逐渐侵蚀损害了健康的出菇环境。尤其是遇上秋栽高温天气，又逢杂菌和害虫繁殖的高峰期，导致原有的种菇场所出现产菇量下降甚或无法再长出香菇的现象。由于不能产生经济效益，很多菇农便在来年放弃了香菇种植，致使随州香菇种植面积萎缩和减产；其二，少数菌种生产厂家扰乱了菌种市场，导致有的菇农选择了种性退化、抗性差、难以抵制病虫侵害的菌种，最后发生香菇烂袋的严重情形。菌种品种的质量问题，是随州香菇减产的原因之一。其三，随州香菇种植队伍老龄化严重，后继乏人。从业者的减少，也导致了随州香菇种植量的减少。其四，一些菇农由于种植香菇时间较长，有小富即安的心理。原来一袋香菇棒还能产出四茬菇，当前由于菇农就缺乏继续出菇管理的耐心和信心，加之易出现烂袋现象，有的菇农连年受灾，更加挫伤了他们种植积极性。参见许景闻：《发挥品牌优势 做大做强随州香菇产业——目前随州香菇种植面临问题的分析与对策》，载《随州日报》2019 年 8 月 31 日。

1. 优化产业结构。当前，随州香菇产业仍然存在着粗加工产品多、精深加工产品少；传统产品多、特色产品少；单一产品多、系列产品少；导致产品附加值低，竞争力较差等问题。所以，应聚焦比较优势突出的香菇种植链条，按照全链统筹、融合发展的要求，主攻产业链薄弱环节和关键环节，推进一二三产业融合发展，补齐产业发展短板，着力培育具有持久竞争力的产业优势、产品优势和竞争优势。如主攻香菇产业末端的加工、贸易，策划香菇大市场、智能化香菇分拣生产线和配套冷链仓储设施等项目建设，开发香菇酱、香菇即食品、香菇保健品等深加工产品，不断提高产业附加值，形成菌种培育、香菇机械、香菇种植、香菇深加工等全产业链条，进一步壮大香菇优势产业。如西峡县香菇产业从单一的种植到集种植、加工、出口贸易等于一体的产业链条不断完善的过程。加快农村一二三产融合发展。

2. 加快产业融合。将农业与农产品加工、流通和服务业等渗透交叉，全产业链模式。按照"粮头食尾""农头工尾"要求，推动一产往后延、二产两头连、三产连前端，激发产业链、价值链的重构和功能升级，建设一批产业规模大、创新能力强、示范带动好的精深加工基地，延长农业产业链，促进农业增效、农民增收。如品源（随州）现代公司研发生产的"菇的辣克"获全省首个香菇酱出口资质，裕国菇业公司致力把"裕国好菇粮"打造成香菇休闲食品全国第一品牌，该公司香菇科技园评为5星级工业旅游景区、国家4A级旅游景区、独具特色的"香菇城堡"。

3. 产品差异发展。总体来看，随州香菇相关企业出口市场各有重点。如裕国菇业主攻香港市场，三友（随州）食品主攻马来西亚市场。同时，在产品竞争优势上，裕国菇业的香菇罐头走在前列，三友（随州）食品的菇粒、菇粉、菇丝加工特色明显。随州香菇产业要走特色差异化和错位化发展之路，统筹产品细分，坚决克服同质、低价恶性竞争的问题，满足消费者多样化、多层次需求。

（二）技术上台阶

1978 年，华中农业大学杨新美教授，将杨家棚村木瓜园作为全国第一个香菇良种选育及人工栽培椴木香菇生产基地，选育出适合随州生长的优良菌种，揭开了椴木栽培香菇的"神秘面纱"。1996 年，随州又从浙江庆元、河南泌阳引进袋料栽培技术，迅速扩大了香菇生产规模。从随州香菇产业的发展历程中，可以看出，香菇产业的发展离不开相应的技术保障。

1. 聚焦菌种研发。聚焦最前端的菌种、设备，强化菌种选育繁育、种植基地建设、技术培训等，形成优质菌种、新品种，完善菌种

2. 聚力人才建设。重视人才队伍建设，要定期或不定期地对土专家、种菇能手进行鼓励，充分发挥他们的示范带动作用。对新品种替代、新技术研发进行鼓励，进行成果展示活动，激发鼓励创新，形成良好的氛围。

3. 聚势赋能共赢。引导和鼓励企业与高校、科研机构合作，发挥专家院士工作站的作用，强强联合，建立产学基地，共同研发新产品，实现产品的更新换代，提高产品高科技含量，提高产品附加值，进一步增强产品国际市场竞争力。如西峡县积极挂靠高端科研院所，聘请 30 多位国内外知名专家作为科技顾问，大力推广香菇生产先进实用技术。该县香菇栽培技术普及率达到 98%，生产成功率、花菇率分别达到 99%、80% 以上，投入产出比达到 1∶6 以上。就随州而言，"应加大对科研机构的扶持力度，确保随州香菇新品种的不断研发与稳定更新。建议以事业单位性质成立科研机构，负责全市随州香菇新品种选育、新技术研发"[①]，如裕国菇业与华中农业大学合作建立香菇产业研究院。

（三）生产上规模

实现香菇产业的规模化发展，亦是随州力争建成专用汽车、食品工业

---

① 许景闻：《发挥品牌优势 做大做强随州香菇产业——目前随州香菇种植面临问题的分析与对策》，载《随州日报》2019 年 8 月 31 日。

两大"千亿元产业"的重要选择。2018 年，全市香菇生产规模 2 亿袋，总产量 6.8 万吨（干鲜混合），香菇总产值占农业总产值的 30% 以上，连续多年位居同行业全省第一，全国前列。

1. 畅通融资方式。食用菌产业需要大量的研发资金和收购资金，且资金回收周期长，对贷款依赖程度高。建立政府成立香菇产业融资领导小组，拓展融资渠道，扩大融资额度，在房产产权办证、贴息资金、中长期贷款融资、质押贷款等方面提供便利，增强产业发展信心。如西峡县围绕香菇产业链上下游的农户种植、香菇收购、仓储保险、生产加工、成品销售"五个链条"，不断优化信贷产品，为整个香菇产业链提供强有力的信贷支撑。

2. 壮大龙头企业。培育强势龙头企业，实施战略重组，招引国内食品加工巨头加盟，强强联合，优势互补。如西峡县投资 3.2 亿元建设了占地 350 亩的"西峡香菇城"，现已建成了张仲景大厨房公司、南阳明泰食品公司、西峡家家宝食品有限公司、西峡华邦食品有限公司等 45 家加工出口企业。随州在香菇产业发展中，应突出龙头带动，健全产业链条，对重点龙头企业予以重点扶持；引导一批龙头企业聚集发展，推进园区转型升级和产业提质增效；扶持一批以龙头企业带动、合作社和家庭农场跟进、广大小农户参与的农村产业融合体，建立紧密型利益联结机制。如针对香菇产业发展原料稀缺问题①，应完善菌类产业链条，大力推行"农户+基地+公司"的经营方式，鼓励、支持农副产品出口龙头企业建立原料生产基地。打造年销售收入过百亿元若干企业，巩固和扩大随州在全国香菇加工领域的龙头地位和优势。

3. 发展产业集群。在"汉襄肱骨、神韵随州"建设中，要加大发展以随南地区、随北地区以及广水吴店为中心所形成的香菇产业集群。依托项

---

① 随着环保压力逐渐加大，食用菌生产所需的木本原材料缺口很大，限制了本地产量。当前，随州食用菌加工出口三分之二的原材料需要外地收购，增加了企业成本，影响了企业利润。

目建设，打造随县洪山——长岗——三里岗、随县高城——殷店——草店、广水市吴店——郝店——蔡河 3 条标准化、规模化香菇种植走廊。建设裕国菇业、品源现代 2 个香菇现代产业示范园和随县三里岗、洪山、殷店、草店、万和、曾都区洛阳、广水市吴店等 10 个特色鲜明的香菇小镇。以"2019 湖北·随州国际香菇产业博览会"的举办为契机，建设融香菇交易、加工仓储、冷链物流、科研培训、文旅服务等为一体"中国香菇产业博览园"，引导和促进随州香菇产业从规模扩张向转型升级、要素驱动向创新驱动、分散布局向产业集群转变。

（四）产销上效益

随州香菇是典型的外向型产业，随州香菇产业已形成"买全国，卖世界"的格局。随州香菇年出口最高峰达到 6.5 亿美元，连续多年稳坐全省头把交椅。全市 30 多家香菇生产企业具备自营出口资质。在香菇产业的销售方面，可从以下几个方面完善产销体系：

1. 搭建合作交流平台。探索以香菇博览会等形式，搭建业内知名企业研发、生产、交易全面对接的交流合作平台，引领全国香菇产业的发展。

2. 建立产销衔接机制。如西峡县借助"一带一路"良好契机，利用中欧班列（郑州）为企业带来了更大的市场空间。在出口韩国、日本等国的基础上，如今西峡香菇还出口到俄罗斯、德国、乌克兰、哈萨克斯坦等国，并尝试与非洲国家开展贸易合作。随州应大力发挥骨干企业的带动作用，引导香菇生产企业或新型香菇经营主体向生产或销售环节延伸产业链条，引导香菇产销衔接机制从松散、短期、易变向紧密、长期、稳定转变。

3. 健全农村电商体系。大力支持农村电商，建立市、县、镇、村四级农村电商服务体系。发展订单农业、产销一体、股权合作等模式，实现联产品、联设施、联标准、联数据、联市场，打造上联生产、下联消费，利益紧密联结、产销密切衔接、长期稳定的新型农商关系。

（五）品牌上水平

今后，随州应做好香菇品牌的培育、认证、推广等工作，将产业优势转化为品牌优势。

1. 做好品牌培育认证。2007 年、2009 年，随州先后被授予"中国香菇之乡""中国花菇之乡"。2018 年，"随州香菇"获得国家农产品地理标志登记认证，被评为湖北省农产品区域公共品牌二十强，随州被授予中国特色农产品（香菇）优势区。近年来，随州建成首批国家级外贸转型升级出口食用菌专业型基地、出口食用菌质量安全示范区、生态原产地产品保护示范区，全力打造"随州香菇"区域公用品牌，香菇品牌价值愈加彰显。全市现有 5 个香菇品牌获得生态原产地产品保护，3 个香菇品牌被评为湖北省著名商标。已形成"大洪山""神农缘""楚品源"等 20 多个香菇知名品牌。① 2019 年湖北省政府工作报告中明确提出实施"推进荆楚优品"工程，将培育随州香菇在内的特色农产品品牌纳入湖北省国家级品牌建设体系。今后，随州应持续加大香菇品牌的培育和认证工作力度，培养一批市场信誉度高、影响力大的区域公用品牌、企业品牌和产品品牌等。

2. 完善品牌标准体系。"一流企业定标准、二流企业做品牌、三流企业卖技术、四流企业做产品。"标准之争其实是市场之争，谁掌握了标准，意味着占据市场的制高点，乃至成为行业的定义者。譬如寿光市蔬菜种植面积达 60 万亩，年产蔬菜 450 万吨，产值 110 亿元，是全国重要的蔬菜生产基地和技术传播中心。但是，随着全国各地蔬菜种植面积的不断扩大，

---

① 与之对比的是，西峡香菇先后被国家农业部等部委联合认定为"全国园艺产品出口示范区"；被国家质监总局评定为"国家地理标志产品、生态原产地产品保护"；西峡香菇在亚洲品牌年会上评为"中国生态原产地知名品牌"；被国家标准委设立为"全国农业标准化示范区"；被中国食用菌协会评为"十佳商品基地县""全国食用菌标准化示范县""全国小蘑菇新农村示范县""全国食用菌行业十大主产基地县""中国香菇之乡"；被省政府评为"省级食用菌产业集群"等。

如何保持持续的竞争力，寿光走出了一条蔬菜产业标准建设和输出的发展道路。① 2018 年，全国蔬菜质量标准中心在寿光成立，依托该平台搭建蔬菜标准体系研发平台、专业人才培育平台、标准推广应用示范平台、国际合作交流平台，总结提炼出一套成熟的标准化模式，在全国推广应用。寿光依托雄厚的蔬菜产业基础优势，承担起全国蔬菜质量标准的制定修订任务，目前已经在标准研制、示范推广、信息交流、技术服务、品质认证和品牌培育方面实现了突破。未来，"寿光标准"将成为全国蔬菜产业的国家标准。"寿光标准"的推行对提高蔬菜产品质量，提高寿光市、山东省乃至中国的蔬菜产品在国际市场竞争力，促进农业和农村经济的又快又好发展具有重要的现实意义。如寿光拥有自主知识产权蔬菜新品种 50 余个，向全国 20 多个省市自治区提供了蔬菜集成解决方案，全国新建大棚一半以上具有"寿光元素"，实现了由产品输出到技术输出再到标准输出的蝶变过程。对于随州而言，在抓好自身香菇产业发展的同时，不断把随州香菇种植、加工技术推向全国，努力让全国各地的香菇都有"随州元素"。要将香菇产业的产前、产中和产后各环节纳入标准化管理，逐步形成与国际、国家、行业相衔接的标准体系；按市场准入标准、名优农产品标准、出口标准形成细分市场的质量标准体系，强化对相关主体的行为监督。树立以过硬的产品质量赢得产业优势的理念，把"随州香菇"打造成"荆楚优品"中的精品、打造成更具优势的国家级品牌，突破依赖出口退税的发展模式，增强对国家出口退税政策变动风险的抵御能力。

3. 夯实品牌发展基础。夯实农产品品牌发展的基础，完善行业标准。强化香菇标准化生产技术研究和推广，建立从香菇备料、装袋、灭菌、点种，到管理、采菇、保鲜、烘干、加工、分级、包装、运输、外销等环节

---

① 坚持以标准引领产业发展，统筹从田间到地头各个环节，统筹产品质量各个层级，统筹国家、省、市、县各个层次，突出抓好标准制订修订、产品质量认定、产品质量示范、质量标准推广等工作，打造蔬菜质量管控和评估中心、蔬菜标准体系建设和集成中心、蔬菜品牌培育中心、蔬菜信息技术交流中心，加快推动由技术、人才输出向标准输出、品牌塑造转变。"

的全程质量管理体系。强化质量管控。如推广"龙头企业+标准化+农户"生产经营模式，实现优质农产品规模化生产。如随州一些农户曾经在袋料培育时，用工业蜡密封代替塑料袋密封，导致香菇中含有重金属和化工原料，对品牌发展造成一定影响。以产品标识为主线，加快建立和完善香菇质量检验检测、监控追溯公共服务平台，实现香菇源头可追溯、流向可跟踪、信息可查询，建立质量安全追溯机制。加强源头控管，监管工业蜡销售、控制工业蜡规范使用。定期检查、抽查香菇种植农户，保证原材料质量。

4. 创新品牌推广模式。除了在央视 1 套、13 套、报纸、互联网等宣传随州香菇品牌外，还应通过在国内部分大中城市设立专卖门店和商超专区，建立香菇美食一条街，开设抖音和公众号等方式提高随州香菇品牌的知名度和竞争力。

综合来看，在"汉襄肱骨、神韵随州"建设中，要以香菇产业基地为抓手，努力把随州建成全国重要的香菇科技研发中心、香菇精深加工中心、香菇产业交易中心、香菇文化博览中心、中国香菇之都和国家级香菇品牌示范基地，为随州高质量发展提供坚实的产业基础。

四、编钟文化产业发展对策

在编钟文化的发展上，我们时而抱怨于"墙内开花墙外香"，时而沉醉于"酒香不怕巷子深"，时而又寄希望于"近水楼台先得月"，但"中国编钟音乐之乡"建设并不尽如人意。从"中国编钟音乐之乡"到"中国编钟音乐之都"，反映了近年来随州在编钟文化建设上的大谋略、大手笔、大智慧以及在编钟文化产业发展上的高起点、高要求、高标准。东风催枝，繁花竞妍。在"汉襄肱骨、神韵随州"建设中，要以"编钟文化产业基地"建设为契机，深入挖掘编钟文化、大力弘扬编钟文化、努力发展编钟文化，让曾侯乙编钟的"金石之声"响彻荆楚、响彻神州大地，以编钟文化的发展促进"汉襄肱骨、神韵随州"建设。

（一）加大编钟文化推广

培育专业编钟演奏团队，并主动参加国内一些影响大、有代表性的节庆活动。除了在随州举办的寻根节外，还可以参加其他地方的节庆活动，如陕西宝鸡黄帝陵祭祀典礼、河南新郑黄帝拜祖大典、湖南炎陵炎帝陵祭祖大典、山东青岛啤酒节、山东潍坊风筝节等，通过参加地方节庆活动，可以较好地向当地民众推介编钟。与此同时，在一些重大的国家节庆活动上，编钟都是重要的"参与者""见证者"。1984 年，为庆祝新中国成立35 周年，湖北省博物馆编钟演奏人员被特批随曾侯乙编钟进京，在北京中南海怀仁堂上，为各国驻华大使演奏了中国古典名曲《春江花月夜》和创作曲目《楚殇》以及《欢乐颂》等中外名曲。1997 年，著名音乐人谭盾为庆祝香港回归创作大型交响乐《交响曲 1997：天、地、人》时，由国家领导人特批再次敲响了曾侯乙编钟。2008 年，北京奥运会颁奖台上，中外观众在"金声玉振"的颁奖音乐声中，见证了一枚枚奥运金牌的诞生。这也是曾侯乙编钟音乐首次亮相世界性的体育盛会。基于此，曾侯乙编钟可以一如既往地参与这些重大的国家层面的节庆活动。此外，还可以央视春晚为舞台①，向世界华人推介编钟，吸引全球华人来随州参观曾侯乙编钟和观赏曾侯乙编钟演出。如果曾侯乙编钟演奏能上春晚，并让大家在电视上看见编钟而不只是听到它的声音，既可能帮助春晚走出饱受非议的困境，开启春晚从人的展示到物的展示的新转折，也可能使曾侯乙编钟一夜走红。如果编钟能上春晚，可以肯定，那一定是目前宣传成本相对较低、

---

① 央视春晚在演出规模、演员阵容、播出时长和海内外观众收视率上，一共创下中国世界纪录协会世界综艺晚会 3 项世界之最：入选中国世界纪录协会世界收视率最高的综艺晚会；世界上播出时间最长的综艺晚会；世界上演员最多的综艺晚会。2012 年 4 月，中国春节联欢晚会荣获吉尼斯世界纪录证书。2014 年 1 月，中国中央电视台春节联欢晚会首次升格为"国家项目"，与奥运会开幕式等同。由此可见央视春晚这个平台影响之大、受众面之广、收视率之高。自 1983 年央视举办第一届春晚以来，央视春晚已经捧红了很多人，从早期的毛阿敏、张明敏，到近两年的小沈阳、刘谦等。近年来，春晚饱受非议，原因之一在于它只局限于人的表演，历史文物的展示很少。

宣传效果相对较好的平台。

随着编钟文化的推广，近来在海外的社会调查中，编钟已经逐渐成为外国人认同中国文化的一个文化符号。东方和西方艺术门类中都有文学、美术、音乐、舞蹈、电影、建筑，但编钟却是东方艺术所独有的，从这个意义上可以说，编钟是向西方证明和体现中国东方形象的代表性艺术形式，我们应该把编钟文化输出而使之逐渐具有世界化欣赏特性。可以说，编钟具有作为西方和世界认识中国东方形象的最佳符号的发展潜力。自曾侯乙编钟出土以来，接待过数百万观众和 130 多个国家及地区外宾参观，还远赴我国香港特区、我国台湾地区、日本、美国等 30 多个国家和地区展演，并 4 次参加国庆汇演，赢得了一定的海外声誉。1992 年，"曾侯乙墓出土文物特别展"在日本东京举行，以纪念中日邦交正常化二十周年。期间，曾侯乙编钟等古乐器随展演奏了《楚殇》《樱花》《四季》等中日两国人民熟悉的中外名曲。1995 年春，一年一度的"欧洲文化节"在卢森堡举行。期间，湖北省博物馆举办了"中国周代艺术品展"，编钟、编磬同时进行现场演奏，引得卢森堡、德国、英国等刮起"中国编钟风潮"。1999 年 9 月 1 日，"九九巴黎中国文化周"中，在联合国科教文组织一号厅演出的中国编钟音乐会，可以说是座无虚席、场场爆满。法国文化部、法国前驻华大使白乐尚先生说："演出令人惊叹！编钟音乐不仅与西乐迥然不同，也有别于一般的中国声乐"。2000 年 3 月，随州编钟再次远渡重洋，赴美国首都华盛顿史密森博物院沙可乐美术馆参加"孔子时代的音乐"文物展览，吸引了大批美国观众。同年 11 月 20 日，二号墓编钟再次转赴法国巴黎音乐城，参加了中国文化季"龙之声——中国古代钟铃艺术展"，为历史文化名城随州赢得了荣誉。2001 年 2 月，编钟再赴巴黎，时任法国总统希拉克赞不绝口："这是绝对的杰作，这是人类的奇迹。"今后，在编钟文化输出方面重点是要有针对性地参与各类世界性音乐年会，如柏林森林音乐会、布拉格之春音乐节、维也纳新年音乐会，在宣传推介编钟的同时，可吸引更多的海外音乐人士来随州进一步了解编钟。通过编钟"走出去"的战略，也可吸引更多的海外游客"走进来"，即走进随州、走进曾随古国的历史与文化。

此外，还可打造编钟舞台剧走出国门、走向世界巡演。随着现代科技的进步，舞台的配套设施不仅日臻完美，而且其自身的功能也愈发齐全。目前，舞台剧已逐渐成为中国文化走出去的一个重要渠道。比如，功夫是中国的代名词之一，英语单词 kung fu 是汉语"功夫"的音译，由此可见功夫在世界范围内的知名度和影响力。中国功夫通过舞台剧《寺院内外》向海外推广，在海外引起了一定的反响。① 张艺谋导演的芭蕾舞剧《大红灯笼高高挂》，更是找到了国际审美共识，输出了强调东西方文化差异的中国式芭蕾，在海外也获得了巨大成功。虽然东西方文化具有差异性，但西方人并没有因为这种"芭蕾"有东方色彩，而拒之门外。编钟是中国独有的声音，在某种意义上，编钟也可以成为中国文化的代名词之一。编钟可以借鉴《寺院内外》等国内外舞台剧的经验，通过打造一台展示以曾随文化为焦点的、反映中国文化的舞台剧，着力于编钟文化的输出、传播和介绍，使其走出国门、走向世界。

（二）推动编钟文物回归

由于历史原因，编钟原件存放在省博物馆，并且是省博物馆的"镇馆之宝"②，随州作为出土地却只有复制件，通俗地说即是赝品。国内外重要贵宾大部分只到湖北省博物馆观看原件。美国前总统卡特及夫人、美国前国务卿基辛格、新加坡前总理李光耀、中国前国家领导人李先念、江泽民等都先后到湖北省博物馆而不是出土地随州参观编钟，根本原因是随州存

---

① 演出是以少林寺武僧的日常生活为主线的，用武术的形式向观众们演绎了寺院生活的种种。来自于少林的演员，所展示的少林绝技是最大的看点，既包含武僧生活系列的打坐念经、木鱼功、僧衣舞、寺院游戏、扫把功、晨练、膳食功、扇子功，又有武僧十八般武艺系列的八段锦、童子功、集体拳、旗阵、醉功、笛箫生辉、盾牌刀、象形功、气功表演等。

② 湖北省博物馆拥有四大镇馆之宝：曾侯乙编钟、越王勾践剑、郧县人头骨化石、元青花四爱图梅瓶；湖北省博物馆中的 16 件（套）国宝级文物中，有 9 件（套）国宝出土自随州曾侯乙墓：七件青铜器、一件金器和一件玉器。

放的是复制件，省博物馆展览的则是原件。这些具有世界影响的政治人物原本可以成为随州对外宣传编钟的"代言人"，却最终与历史机会擦肩而过。在走访中我们发现，虽然近年来随州耸立起一座编钟造型的博物馆，但里面却看不到曾侯乙墓出土的真文物，每年来参观的人也不多。特别是一些游客了解到随州博物馆存放的是复制件而非原件，难免失落甚至失望，不愿再来。其结果是，既影响到"回头客"的数量，又落下了差口碑，最终影响了编钟在随州旅游业中的火车头作用。打造"中国编钟之乡"，发展编钟文化产业，随州要做好两手准备：一是曾侯乙编钟原件永远存放在省博物馆；二是曾侯乙编钟原件回到老家随州。迄今为止，随州所有编钟产业发展方案都是以原件缺失为基础的。"有一种力量是艺术的力量，有一种感觉是回家的感觉。"争取曾侯乙编钟原件回随州，既是随州广大人民群众的共同心声，① 也是许多随州领导干部的共识。2013年随州两名驻随省人大代表就曾建议"让曾侯乙编钟回家"。②

曾侯乙编钟回随州的主要理由有四：第一，按照国家文物管理规定，出土文物要就地管理保管。第二，曾侯乙编钟是青铜器，管理保管难度不高，随州博物馆目前已经具有相应的科技管理能力和保管水平。第三，曾侯乙编钟对随州旅游的拉动作用比对武汉旅游的拉动作用更大更显著，曾侯乙编钟在随州更容易形成产业链，同时还有利于开展相关文物的研究。第四，曾侯乙编钟如果能回归随州，更有利于随州曾侯乙墓和曾侯乙编钟申报世界文化遗产③。

---

① 《随州人三十多年的期盼：编钟，回家吧！》，http://blog.sina.com.cn/s/blog_6043d2f20100xg7n.html；《成立中国编钟博物馆，让编钟早日回随州！》，http://bbs.cnhubei.com/thread-2208069-1-1.html；《随州的编钟应该回随州》，ttp://www.szbbs.org/forum.php? mod=viewthread&tid=492927。

② 随州两名驻随省人大代表建议"让曾侯乙编钟回家"，http://www.hb.chinanews.com/news/2013/0129/129326.html。

③ 世界文化遗产是指联合国教科文组织依据《保护世界文化和自然遗产公约》而认定的、具有世界级价值的、独特的自然遗存或人类的天才杰作。一旦列入世界遗产名录，将得到联合国教科文成员国的共同保护，集体援助。世界遗产的申报成功将使遗产地得到全球范围内的关注。

曾侯乙编钟回归随州的方案主要有三个①：物归原主、省管共用、定期省亲。方案一：物归原主。通过建设"中国音乐博物馆"，希望曾侯乙编钟回归随州并作为该馆镇馆之宝。方案二：省管共用。所谓省管就是将建在随州的中国音乐博物馆作为省博物馆的分馆，将曾侯乙编钟放在中国音乐博物馆作为镇馆之宝，由省博物馆管理；所谓共用，就是共同利用曾侯乙编钟的影响力和品牌价值，开发编钟文化旅游产业。方案三：定期省亲。所谓曾侯乙编钟"定期省亲"，就是在随州举办重大节庆活动（如寻根节、编钟文化节等）时，将曾侯乙编钟请回随州集中展示，以提升重大节庆活动的影响力，满足海内外游客的观赏需要。

实事求是地分析，在这三个方案中，方案三由于来回搬运对编钟原件损伤过大，可行性最低。方案一对湖北省博物馆而言，损失过于明显，可行性相对次之。而方案二最具可行性，对于随州和湖北省博物馆而言皆有利，是一种双赢博弈。此外，还可以考虑在随州建设一个"曾侯乙编钟研究院"，建成后省市共管，为曾侯乙编钟回归随州作准备和铺垫。

（三）促进核心景点建设

随州依托曾随文化资源，以创建擂鼓墩国家考古遗址公园为抓手，以打造曾（随）文化走廊为中心，以申报世界文化遗产为最终目标，全力打造华中知名的历史文化高地和全国知名的特色文化旅游目的地，促进随州

---

①　其具体思路为，其一，随州市地方先成立一个民间性的随州市保护编钟协会（可以由企业家出面）。其二，由随州市保护编钟协会具体承办要回包括编钟在内的文物的事宜。其三，由随州市保护编钟协会邀请海内外文物专家撰写文章论证随州要回包括编钟在内的文物的合理性，并在中央电视台或凤凰卫视进行现场访谈。其四，由随州市保护编钟协会委托律师事务所与省博物馆打官司。其五，随州市保护编钟协会委托会计师事务所核算省博物馆自1978年来源于曾侯乙墓出土的包括编钟在内的文物的收益。其六，由随州市保护编钟协会组织随州百万人民签字活动，声援要回编钟。其七，随州市的全国和省人大代表、政协委员积极提议案要回编钟。2013年随州两名驻随省人大代表就曾建议"让曾侯乙编钟回家"。通过多方的努力，力争实现如下目标：第一，要回编钟或其他部分文物。第二，争取返回部分省博物馆的门票收益。第三，扩大随州的知名度和影响力。

文化旅游产业全面发展,打造文旅名城。2019年以来,随州着力打造编钟文化产业基地,重点推进青铜小镇、编钟音乐之都等重点项目建设,涉及基础设施建设、文化文艺创作展出、教育培训、生产制造、对外交流、养生休闲、体育娱乐及配套建设等方面。具体来讲,编钟文化基地主要以随悦青铜古镇建设为"引爆点",着力打造"四园多点一走廊"格局的主题展示区,其中"四园"就是建设擂鼓墩、叶家山、义地岗、羊子山遗址公园,"多点"就是依托市博物馆基本陈列建设一批专题性的博物馆和展示馆,"一走廊"就是串珠成线、连线成片,建设曾随文化遗址走廊①。在编钟文化产业基地建设过程中,在细节上可重点做好以下几个方面的工作:

1. 呈现曾随文化,建立"曾随文化馆"。建设以曾侯乙编钟为核心的中国编钟音乐之都,必须把它放在曾随文化的大文化背景中,才能更完整地呈现出曾侯乙编钟的历史脉络。曾随文化的发展可以概括为"三次浪潮":第一次浪潮发生在史前时期,是由炎帝神农氏创造和推广的农耕文化;第二次浪潮发生在春秋早期,是由大贤季梁提出并倡导的"民为神主"思想;第三次浪潮则发生在春秋末期战国初期,是以曾侯乙编钟为代表的青铜器文化和音乐文化。建立曾随文化馆,可以营造编钟的"立体感"。曾随文化馆可围绕这三个时期的核心文化内容,以出土文物、图片或影像的方式进行展示,使游客在更加宏观的文化背景中认识和体验曾侯乙编钟的历史意义与精妙绝伦。

2. 体现遗产文化,建设以大遗址走廊为核心的文化旅游全产业链项目。推动地上与地下发掘、开发相结合,大力推动曾(随)文化大遗址走

---

① 基本思路为,随悦青铜古镇要紧紧围绕历史文化体验与文化创意产业发展,打造全国第一个以曾随编钟文化为主题的文旅名镇,发挥示范引领辐射的综合效应。围绕擂鼓墩等四个遗址公园建设,以文化事业项目的建设带动周边区域文化产业的聚集,形成文化产业覆盖区。要深入挖掘曾随文化和文物资源的内涵,把700多年曾国史中的重大事件、重大人物、重头故事梳理清楚,以市场化手段打造一台以编钟文化展示为核心的编钟乐舞剧,充分展示曾随文化,推动特色传统文化创造性转化、创新性发展。

廊建设，将反映古曾（随）国存续 700 年历史文脉的擂鼓墩古墓群、义地岗古墓群、叶家山墓地、安居遗址，分别独立建设遗址和文物展示、活化、体验等系列项目，并规划建设以大遗址走廊为核心的文化旅游全产业链项目。

3. 再现历史文化，建立"文化体验馆"。曾侯乙墓出土的文物，按照春秋时期的制度来划分基本可分为两类。一类是礼器。曾侯乙墓出土的礼器以青铜为主，主要有镬鼎 2 件、升鼎 9 件、饲鼎 9 件、簋 8 件、簠 4 件、大尊缶 1 对、联座壶 1 对、冰鉴 1 对、尊盘 1 套 2 件及盥缶 4 件等。另一类则是乐器。曾侯乙墓共出土乐器 124 件，包括编钟 65 个、编磬 32 个、十弦琴 1 件、五弦琴 1 件、弦瑟 12 件、鼓 4 架、笙 5 件、排箫 2 件、篪 2 件。曾侯乙墓出土的众多文物为还原曾侯乙时代的生活场景，建立曾侯乙文化体验馆提供了坚实的文物保障。建立曾侯乙时代文化体验馆，可以还原编钟的"真实感"。同时，运用声、光、电等技术手段再现春秋战国时期王侯将相的生活场景，可以使游客在观光的同时切身感受与学习我国古代历史文化知识。

4. 展现墓葬文化，建立"墓葬文化馆"。墓葬文化伴随华夏文明的诞生而同步发展，并在中国传统文化中占有十分重要的地位。墓葬是考古学对坟墓的称呼，在民间又称为坟或墓。它既是地面文化的补充，又是中国几千年历史的缩影。儒家的生死观进一步影响了中国的墓葬文化。孔子认为要"事死如事生"，就是对待死去的人要像对待其生前一样，这种观念反映到墓葬文化中就是竭力营建豪华的墓葬，装饰墓室，葬入代表主人身份地位的礼器及其他生活用品。中国有非常丰富的墓葬资源，其中有代表性的陵墓已经开发成重要的旅游景点，如举世闻名的秦始皇陵、秦始皇兵马俑、明十三陵等就深受海内外游客喜爱。随州拥有极为丰富的墓葬资源，如擂鼓墩古墓群、义地岗古墓群、羊子山古墓群、叶家山古墓群等。其中，现已初步探明擂鼓墩就有七十六座古墓，是战国时期贵族与平民的墓地。以曾侯乙为首，按时间先后、等级高低，整齐地排列着。虽然中国编钟音乐之都的主题是音乐，但曾侯乙编钟出土于曾侯乙墓，因此在中国编钟音乐之都内规划建立一座墓葬文化馆合情合理。我们可借鉴洛阳古墓博物馆的成功经验。洛阳文物资源丰富、历代墓葬众多，当地政府在发挥自身优势的基础上打破常规、独辟蹊径，将历代典型墓葬有系统地搬迁、集中、复原、陈列，打造了世界上第一座古墓博物馆——洛阳古墓博物馆，具有较高的科学性和艺术性。墓葬文化馆的主要内容是利用现代建筑材料和技术，以实物的形式将历代典型古墓精华集于一处，展现中国几千年墓葬文化的发展历程，使游客在直观上对中国的墓葬和随州文化有更深的感性认识。

（四）发展编钟衍生产业

要建设令人折服的、真正意义上的中国编钟"音乐之都"，除了要建设中国编钟音乐厅、中国编钟博物馆、中国音乐产权交易中心、中国原创音乐孵化器、白云湖音乐栈道、仿真数字编钟广场、编钟国际大酒店等这些有形的、具体的实物之外，还要增强编钟文化的软实力。

1. 在教育培训产业方面：要培养大量的编钟艺术表演者，以形成编钟音乐之都的氛围和环境这种无形但同样重要的东西。目前，钢琴、小提琴、吉他、萨克斯等音乐培训班在随州随处可见，但编钟演奏培训班却非常罕见。随州可借鉴其他培训班的模式，在随州甚至全省、全国举办曾侯乙编钟演奏或乐舞培训班（或曾侯乙墓出土的乐器培训班）。当随州形成了足够大的政府或民间、专业或业余的编钟艺术表演者队伍，有组织或自发到全国各地去演出，让足够多的人听到、看到、欣赏到编钟的演出，才有更多的人知道和了解曾侯乙编钟。此外，还可以让曾侯乙编钟走进市内、省内甚至全国各地的幼儿园、小学、中学、大学，展示编钟艺术，宣传编钟文化，营造良好的编钟文化氛围。

2. 在文化创意产业方面：要增加编钟文化产业的附加值，可分为两类，一是实物类纪念品。如编钟及曾侯乙墓中其他文物的复制品。在著名导演高希希拍摄的电视剧《楚汉传奇》中，陈道明使用的编钟拍出了 55 万元的高价，这套编钟正是按照曾侯乙编钟 1∶1 复制铸造的。然而不为人知的是，这组仿制编钟，正是出自编钟之乡——湖北随州。目前，随州有随州市古编钟文化发展有限公司、随州市神韵乐器制造有限公司、随州市曾侯乙编钟编磬文化有限公司等数家公司从事曾侯乙墓出土文物的复制、生产和销售。从小到 60 元的工艺品，大到音色接近出土文物的百万元级高仿品都有生产。就这些纪念品的销售地点来看，主营的大型文物定制业务，进入音乐院校的教学、会展、著名旅游景点、高级宾馆、高档旅游品商店。而小的旅游工艺品基本上都是在赔钱赚吆喝，主要集中于博物馆和曾侯乙墓遗址，其他景区甚少有出售。二是影音类纪念品。优秀的影音类纪念品是独特的城市名片，使城市借妙曼的音乐深深映入人们的心田。但就目前来看，随州较少有编钟演奏视频或音乐光碟出售。我们建议，可以考虑制作编钟演奏的光碟或 MP3，供游客购买、下载，在这方面有很多成功的经验值得借鉴。如果随州能够尽快敲响"编钟经济"，一定会进一步提升编钟的影响力和感召力。

3. 在知识产权运用方面：在市场经济时代和网络时代，商标对于产业的发展和壮大极为重要。随州是曾侯乙编钟的出土地，但商标被湖北省博物馆抢先一步注册。2002 年 11 月，湖北省博物馆为进一步发挥"曾侯乙编钟"的商业价值，通过省商标事务所申请"曾侯乙编钟"商标，服务范围包括娱乐、演出、音乐厅、文娱活动、组织表演、录像带发行等 10 项内容。2004 年 3 月底，湖北省博物馆领到了"曾侯乙编钟"的商标注册证。① 此举意味着曾侯乙编钟这一珍贵的、具有世界影响力的历史文物的品名的商标权不归出土地随州所有，而归陈列馆湖北省博物馆所有。在编钟文化基地建设中，建议市委市政府考虑尽快从省博物馆购买曾侯乙编钟的商标权。如果等到曾侯乙编钟文化产业的市场影响力显现后再去购买，

---

① 《"曾侯乙编钟"成功注册商标》，http：//www. cnhubei. com/200403/ca417539. htm。

届时成本将难以预料。① 在移动互联网的时代，域名早已不是一行字符那么简单，而是作为品牌的一部分和组织、企业的名字一同出现在广告、Logo 中，域名就是商标，就是品牌，某种意义上域名比商标更重要。据此，应尽快注册或购买有关曾侯乙编钟的域名。编钟音乐不仅与西方音乐迥然不同，也有别于一般的中国声乐。无论是"伯牙鼓琴遇知音"中的《高山流水》、民间古曲《竹枝词》②，还是屈原"行吟泽畔"下的《屈原问渡》③、"商商羽羽"下的《楚商》④，都可以用曾侯乙编钟得以充分演绎，并透过曾侯乙编钟精致空灵的先秦遗音，去探寻古老悠远的历史文化。在注重版权利用方面，可尝试用曾侯乙编钟演奏中外名曲，并通过抖音、公众号、门户网站等方式上传至网络。目前，网络上有大量用不同乐器演奏的 MP3 格式的中外名曲，有笛子、古筝、二胡等不同版本。我们建议，可以尝试用曾侯乙编钟演奏中外名曲，并上传链接到有影响力的媒体之中。与此同时，还应积极向国内外音乐名人（主要是国内）推介曾侯乙

---

① 以腾讯公司购买域名 QQ.COM 为例。原 QQ.COM 域名于 1995 年 5 月份首次注册，1998 年起曾被罗伯特·亨茨曼作为个人电影艺术网站使用。该名人士是一名经验丰富的软件工程师、律师，毕业于美国蒙大拿州立大学，定居于美国爱达荷州博伊西市，一直从事商业咨询工作。而他所拥有的 QQ.COM 域名很长一段时间一直在国外拍卖网站登记待售，甚至竞拍到 200 万美元，后因开价太高以致无人问津。根据目前国际互联网上最著名的域名交易商 Greatdomains 对域名估价模式，Greatdomains 采用三个 C 来估计域名的价值，这三个 C 分别为 Characters（域名长度），Commerce（商业价值），和 .Com（所在的顶级域名），每个 C 都是一个很重要的因素，三个 C 综合起来决定了域名的价值，QQ.COM 域名达到 Greatdomains 所评定的最高级别 4 星等级，根据 4 星等级标准，QQ.COM 估价在 10 万~120 万美元（80 万~1000 万人民币）左右。

② 这是一首流传很广的民间古曲，表现了古人对生活的热爱和对幸福的向往。该曲经过改编，放慢了演奏速度，早期的竹枝词以编磬演奏为主，节奏很快，乐曲悦耳动听，非常美妙，随州电台在 90 年代将该曲作为广播，每天早上在随州城区播放。

③ 《屈原问渡》是用曾侯乙墓出土的编钟所演奏的曲目之一，是中国古典音乐中编钟演奏类的经典之作。有学者认为《屈原问渡》是曾侯乙所作，但存在争议。

④ 《楚商》是参加曾侯乙墓挖掘整理人员根据楚商调的特点，采用和声、复调和转调等手法，为这套编钟改编的一首曲子。全曲的风格较好地体现了"以和为美"的审美情趣。乐曲开始时，编钟的声音如同从天边传来，乐曲结束时，余音缭绕，回味无穷。有人认为《楚商》可能就是因为是用楚地的编钟加上是商调式而命名的。

编钟，争取曾侯乙编钟能进入他们制作的 MTV，增强编钟文化的影响力。

五、大洪山旅游一体化发展对策

大洪山作为国家级重点风景名胜区，是随州的标志性景区。在当前随州实施旅游强市战略的背景下，加快推进大洪山旅游经济的发展，具有重要的战略意义。然而，受制于行政区划、自然因素、市场因素、观念因素等影响，拥有"国家级风景名胜区""国家森林公园""湖北省地质公园"等金字招牌的大洪山，尚存在着旅游资源整合不到位、旅游品牌宣传不集中、旅游景区规划不统一、旅游基础设施不完善等问题。特别是当市场渴望整个大洪山风景区连接在一起而且也应该连接在一起的时候，大家却没有坐在一起研究彼此间的协调发展，而是相互攀比，相互较劲。从区域发展的角度观之，有必要从旅游资源一体化的高度探讨大洪山旅游经济未来发展态势。

从大洪山目前的发展现状看，资源整合应该是实现大洪山跨越式发展的必由之路，从其他地方的成功经验以及理论界对大洪山风景区多年来的探索来看，我们认为，要实现大洪山风景区旅游资源一体化、旅游区域一体化、旅游规划一体化，必须先从区域合作入手，循序渐进，待时机成熟时再考虑行政区划调整手段。具体来讲就是，在思路上，要循序渐进而不是急于求成；在程序上，要先诱致性变迁，后进行强制性变迁；在进程上，要先区域资源联合，后区域规划调整。下面我们将对整个对策系统体系的子系统进行逐一介绍①：

（一）启动阶段：加强各方交流，达成合作意向

目前，大洪山风景区在各地都有了不同程度的开发，各方利益交织，

---

① 需要指出的是，大洪山旅游资源整合的各种阶段只是相对的，对于某一阶段下的具体对策随着条件的成熟可同步进行。

地方利益保护明显，如前所述，各方在管理机构、投资机构、景区建设、旅游推广等方面形成了各自相对稳定和成熟的状态，所以要推进大洪山旅游资源一体化进程，外力的刺激是必要的，但是从根本上来讲，只有加强各方的交流，加深相互的了解，并认识到合作的好处，才能使各方达成合作的意向，为旅游资源的一体化提供内在的保证。近年来，各方在这一阶段的工作已经开始启动，如 2010 年 9 月，省鄂西圈办组织召开的"大洪山核心景区资源整合与策划规划案例分析及培训会"上，提出了"统一规划、联合经营、打破地域界限，实现旅游资源一体化开发"的发展思路；2012 年 2 月份召开的"推进大洪山地区生态文化旅游资源整合试点工作会议"、2012 年 7 月份省发改委战略办牵头组织的"大洪山旅游资源整合规划工作专家组调研活动"上，提出了"整体开发大洪山，实现周边旅游资源共享、游客互动"；"建立一个四方沟通协调的工作机制，统一编制大洪山区域旅游资源整合规划，突出大洪山的整体特色，打造大区域的旅游品牌，建立中国大洪山国家生态文明示范区"等方案，通过活动的举办，加强了随州、荆门、襄阳、孝感等地之间的交流和认识。但此类活动的举办，往往都是上级部门牵头组织的并且缺乏常态性的机制，所以我们建议成立"大洪山旅游资源区域合作发展论坛"，加快形成合作交流机制的常态化、制度化，为各方加强合作交流、达成合作意向提供一个平台。论坛成员由大洪山旅游资源整合地区及相关单位组成，会议组织者由地区成员轮值进行。

（二）实施阶段：开展实质合作，形成合作基础

《湖北省经济和社会发展第十二个五年规划纲要》就曾提出"积极推进大洪山旅游区等跨行政区域资源整合"。但在存在不同利益的情况下开展实质合作，需要我们按照"共生、共建、共享、共赢"的原则，从市场入手，找到合作共赢的突破点，促进区域合作互补联动，实现增强各自竞争能力的目的。目前，从实践来看，大洪山风景区利益相关方有开展实质合作的基础（如随州和荆门联合规划了大洪山旅游道路建设方案），但力

度还远远不够，在合作领域也有很强的局限性。如在生态、民俗、城市、商务、会议、休闲、健身、节庆、娱乐、购物、教育、科技旅游、产业、时尚等旅游资源方面的合作基本没有起色。基于这种现状，我们建议应由省委、省政府牵头制定大洪山区域合作管理办法，并可规定任何关于大洪山的投资计划都必须进行"打包式"投资，即在投资方案的申请上，只受理由各方联合提出的投资方案，以此来强化各方之间对大洪山旅游整体发展的责任；建议各地应统一宣传大洪山旅游风景区，进行"打捆式"品牌推广，各地所拥有的不同资源并不影响大洪山在品牌上的整体推广，相反，还会增强大洪山品牌的影响力；在具体旅游产品上进行"打桩式"发展（如特色旅游产品的包装、特色旅游线路的竞合等），通过重点项目的合作带动更广、更深的整合。

（三）统筹阶段：设立协调机构，促成合作共赢

在促进旅游产业的发展中，既要认识到市场对资源配置的基础性作用，又要充分发挥政府对旅游产业发展的组织、协调、促进作用。随着合作的加深，具体事务的增多，我们建议适时成立"大洪山区域旅游联合协调机构"，机构成员由各方相关人员组成，由秘书处具体处理日常事务。同时为了保证协调机构的权威性，建议机构的名誉主席由省里相关领导担任。该机构的主要职责是，负责制定大洪山发展战略和总体规划，进行旅游精品和线路的研制，组织协调区域联合发展的重大事项，定期向省里提出大洪山旅游资源整合的重要政策和措施，对各方不能解决的重大事项向省里汇报等。通过设立协调机构，打破行政壁垒，做到景区道路、景点等旅游资源的统一规划，统一开发，统一管理，统一宣传。

（四）归并阶段：进行区划调整，实现一体目标

进行行政区域调整可以从根本上解决行政区与旅游区不一致所产生的种种矛盾，但这种刚性的手段用得不好将会带来更加复杂的问题，所以在选择此种方式时，需要我们对各种影响因素进行综合考量。

1. 行政区划调整的优势

在经历过设立协调机构的运行过程中，随着各方之间相互依赖加深，合作需求日益强烈，从而强化了各方的这种认识：在缺乏一个权威性机构主导的合作方式下，受地方利益保护的影响，合作很容易流于形式、口号。诚然，我们经常提到建立资源互补性旅游联合区，通过集聚区域内各行政区的优势资源并进行优化组合达到强化区域旅游的市场竞争力，但是对资源互补的性质也要有足够的认识。我们认为，资源互补也分资源互补独立型和资源互补依赖型。对于资源互补独立型，没有必要进行行政区划这种影响力大、程序复杂、政府干预力度强的手段，可进行旅游联合的形式，实现区域旅游发展，促进共赢；而对于资源依赖型的地区之间，由于资源本身同属一个旅游区且不可分割，那么就需要考虑旅游区与行政区的融合，通过行政区划的手段，建立权威的机构统筹整个旅游区的发展。从历史渊源的角度看，大洪山被国务院评为国家级风景名胜区就是以整个大洪山旅游资源进行评价的，目前分散于各地的大洪山旅游资源内在共生、相互依存，是一个不可分割的整体。为了使大洪山得以更好的发展，必须通过行政区划的调整为旅游资源的整合奠定体制上的基础。如张家界就是湖南省通过行政区划调整的方式得以很好发展的成功范例。而武当山之所以没有进行行政区划的调整，在于它的体制性矛盾是存在于一个地级行政系统内，且武当山风景区有着它内在的独立性。而大洪山则不同，它分属两市（地级）三地，景区被人为分割且每个景区都有各自的投资公司，利益错综复杂，只有进行行政区划这种强有力的行政手段，才能将多个行政区的矛盾内部化成一个行政区内的协调。

2. 行政区划调整的困境

从宏观上的政策困境方面来看：根据我国《宪法》的规定，省、直辖市的人民政府决定乡、民族乡、镇的建置和区域划分；根据《国务院关于行政区划管理的规定》，自治州、自治县的行政区域界线的变更，县、市的行政区域界线的重大变更由国务院审批；县、市、市辖区的部分行政区域界线的变更，国务院授权省、自治区、直辖市人民政府审批；批准变更时，同时报送民政部备案。乡、民族乡、镇的设立、撤销、更名和行政区域界线的变更，乡、民族乡、镇人民政府驻地的迁移，由省、自治区、直辖市人民政府审批。从中可以看出，行政区划调整程序十分复杂，我们在考虑运用行政区划手段时一定要慎之又慎。

从中观上的地方利益困境来看：由于行政区划的调整必将对各地的利益造成一定的影响，且各地都对本地区的旅游资源进行了一定程度的开发和宣传，利益错综复杂。在缺乏一定的利益激励或行政强制手段的情况下，各地政府从本地利益出发，是不愿意也不会同意将自己多年经营的"成果"拱手让人的①。除此之外，由于行政区划调整牵涉地方利益格局的深刻调整，如果缺乏长远的考虑，特别是在行政体制改革深化和旅游业快速发展的背景下，也会出现新的矛盾。如从短期来看黄山风景区虽然通过行政区划的调整促进了旅游经济的发展，但从长期来看，人们对此也存在着争议。如在行政区与旅游区之间的界定上，随着 2000 年安徽省提出的"两山一湖"（黄山、九华山、太平湖）的重要战略，关于行政体制改革的呼声高涨。长期以来，"两山一湖"封闭的"三足鼎立"的行政管理体制（黄山由黄山市管辖，九华山由池州市管辖、太平湖由黄山区管辖），导致了旅游产业"各自为政、分散经营、孤立发展、各唱各的戏"的模式，难以形成合力，制约了该地区旅游经济发展。于是有人就建议成立安徽黄山旅游经济特区（市），副省级或正厅级建制，直属省政府管辖，特区（市）下设黄山、九华山、太平湖三大风景区管委会和乡镇机构，使"两山一湖"地区在一个党委，一个政府的领导下开展工作，实现旅游资源的一体化发展。又如在行政区划调整的利益与成本考量方面，有人提出当时行政区划的调整忽略了徽州文化的价值，在地理名称上缩小了徽州文化的范

---

① 如将武当山设立旅游经济特区划归十堰市直管的问题上，2000 年 4 月 7 日和 2004 年 9 月 15 日，丹江口市先后两次 10 万人上街签名要求收回武当山。

围,破坏了徽州文化地理上的完整性,弱化了徽州文化的影响,正所谓以徽州文化景观的弱化为代价来取得黄山自然景观的发展。

从微观上的市场利益困境来看:由于大洪山风景区各行政区内的景区是由不同的公司进行投资的(前文已述),如果没有对投资主体进行整合和统一,大洪山风景区旅游资源的整合也将是流于形式上的"合并"。

3. 行政区划调整的路径

在对大洪山国家级风景区进行行政区划调整的具体路径方面,我们建议可以考虑分为四个阶段进行:

(1)由随州市牵头拟定大洪山行政区划的整体构想思路等准备工作事宜,并上报省委、省政府研究,改变当前大洪山风景区旅游发展规划由谁牵头至今难以确定的混乱局面。在三个地区中,随州境内拥有"楚北天空第一峰"——宝珠峰、还有中国金顶建设史上单体高度全国最高,建筑体量全国最大的"大洪山慈恩寺金顶"、所占的面积最大(127 平方公里)、景区管理机构级别最高(正县级)等优势。同时,1988 年,随州是大洪山国家级风景名胜区的申报、创建者,正是由于随州的努力,大洪山才和武陵源等一起被国务院审定批准为国家风景名胜区。因此,随州作为大洪山国家级风景名胜区的申报、创建者,有基础、有条件、有能力也有信心做好这件事情;

(2)建议将大洪山国家级风景名胜区纳入湖北"一江两山"旅游规划,向鄂西生态文化旅游圈投资公司申请加大对大洪山风景区的投资力度,结束因经营权分离而形成的"分治"状态。大洪山作为国家级风景名胜区,素有"楚北天空第一峰"的盛誉,应该和长江三峡、神农架、武当山一同纳入"一江两山"旅游规划,从而连成一体,构成湖北西部一条黄金旅游带。同时,借助鄂西圈投资公司的平台,以参股、控股等方式投资大洪山各旅游景区(点)开发,重构利益格局,剪断各自的利益"脐带",合为一个"母体",为大洪山风景区旅游资源一体化提供经济基础;

(3)成立大洪山风景区旅游经济特区(临时),由随州代管,解决由行政区与旅游区的分离所产生的发展难题。通过行政区划调整这种刚性约束的手段，将大洪山风景区单独区划出来。避免在缺乏一个权威性机构主导的情况下，受地方利益保护影响，合作流于形式化。我们之所以优先建议成立旅游特区，是为了缩小范围，先把景区从各自地区独立出来，减少行政级别层次。更重要的是，通过设立旅游经济特区，将各地旅游资源的禀赋情况、投入资金、技术、人才等要素进行评估并确定相应的分配机制，结束当前各自为政、分散开发的局面。待景区本身行政体制理顺后，为了更好地发展旅游区周边的基础设施和公共服务，可由旅游经济特区过渡为县级市。

（4）待体制理顺后，向省委、省政府建议将旅游经济特区建制为以大洪山风景区为主的洪山县，由随州代管，防止由地域管辖权冲突所引起的周边基础设施、公共服务落后等问题。以大洪山风景区为主成立的洪山县要赋予其地域管辖权，建议将随州的长岗镇、洪山镇、三里岗镇、柳林镇，钟祥市的客店镇、张集镇，京山县的绿林镇、三阳镇、杨集镇等大洪山旅游资源富集的地区一起划归其管辖，县政府的所在地可设在洪山镇。

成立后的洪山县必将对大洪山知名度的提升起着极大的促进作用。因为当前大洪山随州风景区原隶属于随州市随县长岗镇，大洪山风景名胜区管理委员会位于长岗。而随州随县境内又有一个洪山镇。地名的模糊性，使得大洪山缺乏文化的整体性和传承性，淹没了大洪山的历史文化，对大洪山风景区的资源形象产生了不可忽视的遮蔽效应，给人以名不副实的印象。而设立洪山县就非常有助于实现文脉和地脉的统一。如 1988 年四川灌县改名为都江堰①，1994 年将湖南大庸市改为张家界市，1998 年将湖北省蒲圻市更名为赤壁市，2000 年原县级井冈山市与宁冈县合并成立新的县级井冈山市等等。这些都是以资源性名称作为地名，在一定程度上突出宣传了当地的资源特色，也有力促进了当地旅游业的发展。

---

① 此种做法有人认为"有扬都江堰抑青城山"之嫌，因为青城山也在都江堰市境内，由于地名，游客往往知道都江堰在都江堰市，而忽略了青城山也在都江堰。这也从反面论证了地名对当地旅游发展的重要性。

六、炎帝文化发展对策

炎帝神农是中华民族的人文始祖，炎帝故里景区是世界华人寻根谒祖的圣地，挖掘炎帝文化资源，发展炎帝文化产业，随州大有可为、大有作为。

（一）丰富文化载体，让炎帝文化旅游"潮起来"

文化的传播，除了要把握住文化的精髓以外，还要找到更适合的表达方式。文化旅游作为文化传播的重要表现形式，要善于把握消费结构升级特点，采取多种方式发展炎帝文化旅游，推进文化旅游转型升级，壮大区域特色主导产业。

1. 融入民俗文化。随州拥有众多原汁原味的民俗文化，如《随州花鼓戏》《打鼓锣》《义阳大鼓》《春秋二谱》《九莲灯》《应山奎面》、民间舞蹈《随州三独》（独人轿、独角兽、独轮车），民间曲艺《随县慢板》等，这些都体现了炎帝神农民俗文化的精髓。同时还有关于炎帝神农的很多传说，如《双龙入怀》《神农洞的故事》《神农出世》《九龙山》《白午集》《百草园》《雾云山的神农茶》《九穗谷》《神农桥》《男耕女织》《神农解和》《烈山九井》《漂水河的来历》《老龙堤的豁疤》《炎帝的传说》等集身世传说、出生地传说、活动区域传说、功绩传说、风物传说、祭祀传说等于一体的炎帝神农传说体系。其中《炎帝神农传说》《随州神农祭典》被列入国家级非物质文化遗产名录。炎帝神农的传说据考证起源于夏代以前，在随州各地及周边地区都有流传，它蕴含了我国原始时期的经济、社会、文化、农业、医学等诸多方面的历史信息，具有极其重要的历史、文化和社会价值。对于丰富的炎帝神农民俗文化，要在收集、整理、传承炎帝神农文化的同时，还要善于借助多种载体表现民俗原生态，如原生态歌舞、原生态音乐、原生态饮食、原生态住宅等，同时借助于寻根节开幕式表演、炎帝神农文化庙会等平台发扬炎帝神农民俗文化，增强炎帝神农文化的生命力、穿透力、影响力、感召力。

2. 打造精品景区。（1）加大炎帝神农故里配套设施建设。配套设施建设是旅游发展之基。针对当前随州炎帝神农故里风景区配套设施较差的状况，要加大投资项目建设，完善配套设施，增加特色旅游休闲项目，例如成都的宽窄巷子被人们称为成都美食文化的另一张脸，成为成都旅游一道独特的风景。对于随州而言，要加快启动姜水文化古街建设，给游客提供吃、住、行、游、购、娱的场所，完善基础设施建设，使游客吃得下饭、住得下来、玩得下去、购得下力、娱得开心。（2）加大炎帝神农故里旅游景点建设。虽然目前随州炎帝神农故里风景区拥有神农牌坊、神农文化广场、炎帝神农纪念馆、神农碑、神农尝百草塑像、神农泉、神农洞、神农庙、功德殿、万法寺、龙凤日月旗杆、烈山湖等20余处人文和自然景观，但给人的总体感觉是以文化谈文化，没有以更加通俗的方式来体现炎帝神农文化，缺乏体验性、参与性、互动性，参观整个景区，没有给人以深刻的旅游感知。当前，生态式农耕博物馆、世界华人大宗祠、农耕园、百草养生园等一个集种植、体验、观赏、休闲、养生为一体的实景景观区正在规划建设之中。但在具体的实施中，要明晰炎帝概念本身就是一个非常大且抽象的概念，要善于通过景点间的融合使游客很好的把握各景点的文化内涵。我们建议，按照历史顺序或炎帝文化的子文化（如根文化、农耕文化、医药文化等）对各景点进行分类，如可分为炎帝神农诞生篇、炎帝神农行迹篇、炎帝神农功绩篇、炎帝神农体验篇、炎帝神农精神篇等几个方面，使无形的文化有形化、情境化，从而使游客触摸炎帝文化脉搏、感知炎帝文化神韵、汲取炎帝文化营养。（3）加大炎帝神农故里旅游特色项目建设。要尽快启动"中国历史朝代园"[1]

---

[1]　我们建议在擂鼓墩古墓群与炎帝神农故里景区的旅游专线两侧，依历史朝代为序打造风格独具的历史文化长廊即"中国历史朝代园"，形成从近代走向远古再到达炎帝神农文化原点的时空隧道，通过穿越历史再现我国5000年历史长河中历朝历代的民居建筑和代表性的文化符号。从而形象地演绎中华文明的传承过程，展现中华民族悠久的历史长卷。

"世界华人宗祠庙"① "中华民族园"② 建设。打造 "中国历史朝代园"。旅游讲究 "旅速游缓"，即游客到达旅游目的地的旅程时间要短，速度要快，同时，游客在景区游览时过程要舒缓，要细细品味，有更多的沉淀感。

3. 优化旅游线路。旅游资源与文化资源有着很强的关联性和互补性，以发展文化旅游为基础，整合旅游资源与文化资源是提升随州旅游产业和文化产业竞争力的有效途径，在炎帝文化产业的发展中，我们要加强省外、省内、市内旅游线路的整合力度。推动市内旅游线路整合。作为炎帝神农故里，随州缺乏成熟的旅游线路，景区之间孤立开发、忽视周边环境的整体配套功能。改变这种情况，必须在不同旅游景区的联合开发上做文章，通过景区、景点之间的配套建设和环境的综合整治，将市内的旅游景点串联整合起来，实现连点成线，将随州旅游真正打造成 "拜炎帝始祖、听编钟神曲、赏千年银杏、看曾侯古墓、游灵山秀水、泡玉龙温泉" 的整体旅游形象。推动省内旅游线路整合。湖北是文化资源大省，有源远流长的荆楚文化，秀美雄奇的三峡文化，人文荟萃的武当文化，天人合一的炎帝神农文化、底蕴丰厚的三国文化，独领风骚的工业文化、商业文化，对此，我们在宏观线路整合上，要结合随州的炎帝神农文化，打造荆楚文化旅游圈；在微观上，以炎帝神农文化为核心，抓好随州旅游线路与省内旅游热线的对接，特别是与鄂西生态文化旅游圈的对接，打造精品旅游线

---

① 打造 "世界华人宗祠庙"。以 "百家姓" 为线索，陈列百家姓的祖宗、牌位、雕像，摆设百家姓的族谱，展示百家姓的来源，再现炎黄子孙的宗脉源流，帮助炎黄子孙弄清 "我从哪里来？我的根在哪儿？" 的祖宗根源问题。

② 打造 "中华民族园"。借鉴北京中华民族园的一些成功经验和好的作法。把 "中华民族园" 定位于集中华民族的传统建筑、民俗风情、歌舞表演、工艺制作以及民族美食为一体的大型民族文化基地。"中华民族园" 可以围绕我国 56 个民族，规划建设中国各民族的 56 组建筑，包括民居建筑、宗教建筑、景观建筑等等。通过实物深入展现各民族衣、食、住、行等各个方面，通过建筑和园林自然景观，真实、全面地营造各民族生活环境，让游客更加直观地了解各民族生活环境，欣赏传统民族建筑，领略各民族风情，观看歌舞表演，购置民族工艺品，亲口品一品民族美食佳肴，从而获得中华民族独具特色的文化艺术享受。

路，着力推进襄樊的谷城、神农架、巴东的神农溪、随州炎帝神农故里四位一体发展格局。推动省外旅游线路整合。我们还要善于从炎黄文化的视野中去发展炎帝神农文化。与河南新郑黄帝故里景区、湖南炎陵景区等地实行大区域联合协作对接，打造"炎黄子孙"寻根之旅的大景观旅游线路，形成区域性联动的拜祖、谒祖、祭祖的精品旅游线路。同时，鉴于目前各地在寻根祭祖模式、产品推广、景区建设等方面存在不良竞争现象，所以，建议各地联合在一起定期召开炎黄文化合作发展论坛，力争达成共识，形成炎黄文化大旅游圈良性发展。

（二）推动全域旅游，让炎帝文化经济"热起来"

1. 提供优质文化服务。为更好的发展炎帝文化产业，不仅需要打造文化精品，还需要我们提供优质的文化服务。随州文化服务产业从整体来看，比较薄弱。今后我们要大力发展演出、娱乐、策划、经纪业等产业，将具有随州特色的历史文化资源通过艺术形式表现出来。如湖北恩施通过一年一度的土家女儿会，结合文艺演出、赶场相亲、土家女儿会论坛、相亲派对文艺晚会等系列活动很好的展现了恩施土家族独特的民俗文化。通过"龙船调"艺术节，全国土家族、苗族歌舞展演（如大型土家风情歌舞《比兹卡》），"山歌大赛"等活动，使人们深入了解了恩施土家族、苗族的原始风情；又如刘老根大舞台以东北二人转为轴，结合多种才艺表演，以其灵活多变，搞笑风趣的风格颇受大家的喜爱。特别是它以表演带宣传的独特方式，起到了良好的效果，使其成为民间资本演出成功的典型案例。就目前随州而言，要做好炎帝文化的演出、策划、经纪工作，通过歌舞的形式将炎帝神农文化、编钟文化等融入其中，并积极向外宣传、巡演，使人们以更加直观的形式了解炎帝神农文化；要大力培养将民族民间传统文化领进市场、适应市场的经纪人才，促进传统文化产品更好的进入市场；要形成炎帝文化庙会的常态化运行机制，繁荣民间传统文化市场。

2. 打造产业基地项目。随州至今尚未建成一个文化产业园区，这在一定程度上影响了文化产业的健康发展。我们要规划建设各具特色的文化产业创意园区、文化产业示范区，同时加强文化产业基地规划，建设培育一批核心竞争力强的文化企业或企业集团，促进非物质文化遗产保护传承与旅游相结合。如主张"文化搭台，经济唱戏，创意兴业"的锦绣潇湘创意产业园通过致力打造艺术培训、创意设计、文化交流、成果转化、商品交易和文化旅游等一条龙服务的文化创意产业链，使一片曾经破烂简陋的农贸市场，摇身一变，成了大河西的经济、艺术、文化中心；要加快文化旅游项目建设，迅速启动农耕博物馆、世界华人大宗祠、农耕园、姜水文化古街建设、擂鼓墩至炎帝景区五千年华夏文化园建设、百草养生园建设等文化项目，培植文化产业新增长点。

3. 拓宽文化产业链条。要以炎帝主题文化为背景，大力建设一批专业旅游产品开发公司、旅游购物市场、历史民俗村。要紧密结合炎帝神农文化，将历史文化元素融入商品之中。如结合炎帝教民制陶的陶器文化发展陶艺品、结合炎帝教民种茶植树的茶树文化发展茶叶产品①、结合炎帝教民辨明各类草药的中医文化打造中部最大的中药市场等；又如结合炎帝神农"制耒耜，植五谷"与淅河西花园的"稻谷化石"、洪山"插秧歌"等稻谷文化，大力发展随州粮食市场等。如 1982 年的电影《少林寺》与 1983 年的电影《武当》，掀起了人们对少林和尚、武当道士的广泛讨论，特别是电影《少林寺》使位于河南登封的少林古寺家喻户晓、蜚声中外。此后，少林寺以"少林药局"为依托，开发了少林灵芝茶、少林保健酒、少林活络膏、少林甘草桔梗含片、少林跌打喷剂、少林祛痛油、少林灵芝茶、少林怀菊茶、少林姜茶等少林千年秘方系列产品。要充分发挥自身优势，在炎帝文化的发展上，要针对游客民俗文化消费心理，开发、制作富有地方风情的旅游纪念品，并在此基础上整合各类文化商品。如以炎帝神农文化为核心，形成"贡品"系列、"精品"系列等地方土特产品（香

---

①　如随州的茶叶市场就比较低端，而咸宁砖茶通过融入传统文化得以很好的发展；杭州的茶农，将茶道与茶叶的经营结合起来，苏州水乡农民，将水乡深厚的文化挖掘出来，变成很好的旅游产品，从龙井茶到紫砂壶，从丝绸到苏绣，从太湖珍珠到养颜化妆品，从东坡肘子到咸水鸭，把"人间天堂"变为经济增长点。

菇、茶叶、葛根、蜜枣等），组合名菜小吃、保健品、纪念品、收藏品、工艺品等商品系列，在丰富生活用品、文化用品、艺术品、纪念品、专用品、保健品、饮食品等旅游商品种类的同时，大力创造荟萃当地民俗文化的精粹、具有鲜明区域性特色的工艺品和文化品，通过旅游商品促进炎帝文化的继承与传播、炎帝文化与经济的有机结合。在这里襄阳的做法值得我们借鉴，在襄阳，吃有孔明饭店，喝有"三国演义酒"，住有卧龙宾馆，看有诸葛亮文化广场，玩有三国旅游专线；在通往古隆中的道路两旁，分布着数不清的酒家、旅馆和旅游品商店，它们均多以"三顾""卧龙""三国""诸葛""孔明"冠名，而旅游品商店中则挂出了形形色色的鹅毛扇，绵延十余里，蔚为壮观。所以我们建议，在炎帝故里景区内设立"十二生肖区"，以十二生肖的雕塑为主题，将生肖成语和故事融入其中，用多媒体展示有关生肖的图片、文字资料、装饰品等，在让游客对生肖文化有更深入的了解的同时，购买与生肖相关的商品；又如文物复仿制作为随州的特色产业，我们要利用该优势制作与炎帝文化相关的纪念品。

（三）创新宣传方式，让炎帝文化品牌"火起来"

1. 多出文化精品。文化精品带动随州炎帝神农文化走出随州、走出湖北、走向全国、走向世界。如 2003 年，中央电视台 CCTV—10《家园》栏目播出了由山西省高平市制作的短片《寻找炎帝遗迹——山西高平市羊头山炎帝文化风景名胜区》；2004 年，由株洲市金焰文化艺术中心、潇湘电影制片厂、湖南省炎帝文化国际促进会联袂打造了一部描写、歌颂炎帝神农氏的电视剧《始祖炎帝》，2009 年，由中央电视台等单位拍摄了《远古的传说》，其中就将"神农尝百草"等上古传说融入剧情之中；2011 年，由张纪中执导的史诗大剧《炎黄大帝》在陕西宝鸡开建拍摄基地，在规划上将集部落会盟所、祭祀大厅、烧陶制陶炉、染坊、古代市集等于一体，再现上古时代祖先生产生活的具体场景，同时拍摄完成后将改造为陈列馆，使之成为弘扬 5000 年华夏文明、展示和宣传宝鸡文化旅游产业发展成就的亮丽名片。这些做法不仅丰富了炎帝文化的历史内涵，而且具有极大的宣传作用，取得了良好的社会效果。当然，除了上述工作外，也可借鉴"铁三角"张艺谋、王潮歌、樊跃三位导演联手打造的"印象"系列大型山水实景演出（如《印象·刘三姐》《印象·丽江》《印象·西湖》等），打造《印象·炎帝》。但鉴于印象系列对资金、技术、游客人数、地方经济等方面的要求较高，从短期来看，并不具有实际可操作性，但是可以作为我们今后努力的方向，目前我们可以先从小型的实景演出开始，然后待时而动、依次推进。

2. 办出文化品牌。第一，秉承办节理念。紧紧围绕"寻根"的理念。寻根，是一种生命符号的认知，是一种文化追求，是世界华人对始祖的牵挂与缅怀，是对美好未来的祈福与向往。举办世界华人炎帝故里寻根节，是对同胞亲情的呼唤，是对同胞心灵的慰藉，是故里的人们对同胞的一种责任，更是炎帝神农故里向世界展示自己的窗口。要通过寻根节的举办，增强世界华人的文脉、血脉、根脉认同，助力"一带一路"建设，推动海峡两岸和谐发展，增进全球华人亲情和福祉，为实现中华民族伟大复兴的中国梦凝心聚力。第二，释放办节红利。一个成功节庆活动对一个地方经济的发展具有很大促进作用。要通过策划更多的经济、文化、旅游等活动，延长办节时间，扩大旅游消费；要通过加强媒体战略合作，增大辐射范围，增强炎帝文化的影响力；要通过政府搭戏台，企业唱主角，通过人气汇聚商气，通过商气铸就名气，努力扩大节庆活动成效，通过办节，办出志气，办出信心，办出繁荣。第三，在节前阶段，继续完善炎帝圣火传递活动，鉴于其他节庆也有类似活动，我们可以作出我们自己的新意，如是否实行网上圣火传递，扩大参与度；在节中阶段，要在之前举办活动经验的基础上，不断增加新的亮点，如在每年的农历四月二十六正值农作物开始成熟时，是否可以通过影像、实地观赏的方式展现田野丰收景象或是否可增设万物生长环节，第一年举办活动时播种希望，第二年举办时收获梦想等；同时在节庆举办的过程中，要以寻根节为平台，着力完善文化论坛、文化研讨、名家书画展、摄影展、寻根行等特色主题活动，使这些活动成为宣传炎帝神农文化的又一大平台；在节后阶段，为避免大型节庆活动举办后，偃旗息鼓，要通过加大宣传力度，并在景区内开展一些定期的表演活动，强化人们对炎帝神农的认识和记忆。如通过市民大讲坛、炎帝神农文化进课堂、广场文化活动、文艺晚会、公共演出、全民阅读等活动，营造一种人人皆文化，人人品文化，人人有文化，人人传文化，人人塑文化的浓厚人文氛围。总之，要通过节庆活动的节前、节中、节后的策划和推广，增强寻根节的巨大的感召力、影响力、辐射力、凝聚力。

3. 突出文化形象。其一，善于借力，扩大炎帝文化宣传的广度。如随州通过在 503 路随州（城）——随县的公交车上，搭载文化展板，将车厢内的商业广告全部换成炎帝神农功绩、故事等宣传展板，使其成为炎帝文化宣传的流动窗口；除此之外，还需要我们充分利用报刊、网络、电视、公共交通工具、机场、车站等工具，积极宣传炎帝神农文化，让炎帝神农文化真正走向世界。这方面恩施的做法非常值得我们借鉴，恩施不仅在天河机场的卫生间墙壁上附有宣传恩施旅游文化的展示，而且还将其名优产品进驻天河机场，取得了很好地宣传效果。又如随州申请的 www.ydsn.gov.cn（注："ydsn"为炎帝神农的缩写）中文域名对炎帝神农文化的对外推广起到了重要的宣传作用，但 www.ydsn.com 这一国际域名早已被某公司注册，为更好的促进宣传，随州是否可以考虑买回该域名。其二，善于借势，扩大炎帝文化宣传的深度。要善于借"名"势。如河南省的"风中少林"、云南省的"印象"系列、湖南省的动漫"蓝猫"、陕西省的"梦回大唐"借助于品牌浓缩文化生产力的势力，有效的促进了当地文化产业的发展。所以，在炎帝文化的宣传上，我们要集中于炎帝文化品牌来展开，借势而行，乘势而上。针对炎帝文化的特点，找到宣传的突破点，除了"固定"感知炎帝文化品牌外（寻根节文化节庆品牌），还要注重"流动"感受炎帝文化品牌，如前文所述的《印象·炎帝》《炎帝大歌》等，通过叫得响的品牌"以点带面"，从而使随州所有的炎帝文化产业成果都能够在炎帝文化品牌中得以体现。其三，善于借语，扩大炎帝文化宣传的知名度。通过网上征集、群众参与等方式，在城市定位上征集像常熟市的"常来常熟"、山西的"晋善晋美"、杭州宋城的"给我一天、还你千年"等简洁明了的宣传标语，使人过目不忘、耳熟能详。善于发挥名人效应，邀请知名专家学者、作家等为随州"代言"，扩大随州炎帝神农故里的知名度。例如中国旅游第一人徐霞客登临黄山发出"黄山归来不看岳"的感叹，大大提高了黄山的知名度，美誉度；李白的望庐山瀑布使人们感受到了庐山的雄伟山势和秀丽风光；苏州"寒山寺"因诗人张继一句"姑苏城外寒山寺，夜半钟声到客船"而闻名天下；湖南凤凰是沈从文先生用笔写出名的，他的《边城》写尽了凤凰的风土人情，勾画了悠然如山水画的湘西。著名作家熊召政就很好地宣传了炎帝神农文化，他说，"中国所有的山峰，无论多么峭拔、奇异，都会俯下身来，向这一座小小的厉山表达深深敬意"。基于名人效应的重要性，我们是否可以考虑邀请知名作家来为随州创作经典著作，扩大炎帝文化的影响力。

结　语

在新时代伟大征程上，在"一主引领、两翼驱动、全域协同"区域和产业发展战略布局中，"汉襄肱骨、神韵随州"建设恰逢其时、正逢其势。为更好地对"汉襄肱骨、神韵随州"建设的时代背景、现实意义、实践路径等加以系统阐释，进一步丰富"汉襄肱骨、神韵随州"建设理论和实践体系，发挥党校新型智库作用，中共随州市委党校适时成立"汉襄肱骨、神韵随州"建设课题组，历经调研、撰写、修改、完善，经专家评审小组讨论，完成了《汉襄肱骨　神韵随州》一书，并将付梓出版。

由于行文仓促，书中难免存在疏漏之处，敬请读者批评指正。通过该书，期望能让社会各界人士更好地认识随州、关注随州、关爱随州。在此，向积极提供素材、文献的单位、部门及精心给予指导的各位专家和专家以及付出辛勤劳动的科研工作人员一并表示致谢。